マルチメディア情報符号化の基礎と応用

― 情報伝達の効率化と信頼性の確保 ―

杉浦　彰彦
岡村　好庸　共著
小暮　　悟

コ ロ ナ 社

「マルチメディア情報符号化の基礎と応用」 正誤表

頁	行・図・式	誤	正
93	下から2行目	平均符号量	平均符号長
124	式(4.45)	$= 2^{H(Y_0)-H(Y_0\|X_0)\cdot 2^N}$	$= 2^{H(Y_0)-H(Y_0\|X_0)} \cdot 2^N$
142 ～ 145, 157	図4.19 ～ 図4.22, 図5.2	左側の表 $\| X \| a_1 \| a_2 \| a_3 \| a_3 \|$	左側の表 $\| X \| a_1 \| a_2 \| a_3 \| a_4 \|$
156	式(5.2) 最下行	a_{k1} a_{k2}	a_{1k} a_{2k}
168	式(5.11) 2行目	$(\alpha^{j} + \alpha^{k})$	$(\alpha^{3j} + \alpha^{3k})$
	式(5.12)	$(S_1^3 + S_3)S_1 - 1$	$(S_1^3 + S_2)S_1^{-1}$
168 ～ 169	式(5.12)含む 4か所	S_3	S_2

①

最新の正誤表がコロナ社ホームページにある場合がございます。
下記URLにアクセスして[キーワード検索]に書名を入力して下さい。
http://www.coronasha.co.jp

ま　え　が　き

近年の情報通信技術はすさまじいスピードで進化している。スマートフォンに代表される通信機器が普及し，身のまわりでマルチメディア情報通信を利用しない日はない。本書は，工学・情報系の大学生・高専生に対して，マルチメディア情報通信で利用されている技術要素と基礎原理をわかりやすく解説するものである。

マルチメディア情報通信の基礎となる情報数学や，情報理論，符号理論といった理論系の科目を長年にわたり担当し，基礎や理論に対する理解こそが新しい技術やブレークスルーを産んでいると実感している。一方で，最新技術と基礎原理をつなげる教科書が多くない点についても痛切に感じている。そこで，本書は基礎と応用を結び付ける教科書として執筆することにした。

本書の半分は，情報理論や符号理論の基礎となる数学や理論について岡村先生と小暮先生に担当していただき，杉浦が応用との関係性を前半で述べることで，基礎と応用の結び付きをもたせる構成をとっている。これまで大学生や高専生に講義をしてきた経験から，身のまわりでどう利用されているか知ったうえで基礎を学ぶことの有用性は高いものと信じ，本書の執筆を進めた。

本書では，初学者の理解を促すために，基礎部分では例題など具体的な記述を多くし，応用部分では実用例や例え話などを多く盛りこみ，基礎と応用のつながりが見えやすくなるように工夫した。また，読者の理解を促すことを優先し，簡素化した例などを挙げて解説し，例外などの説明は省略している。同じ理由で極端な比喩表現なども取り入れているが，見苦しい点があったなら御容赦願いたい。

また本書では，実用化されている音声や画像の符号化方式について，規格化の経緯や基礎原理の説明を中心に述べている。マルチメディア情報通信の規格化は，周辺技術や利用形態により日々変化してしまうが，基礎的な考え方には普遍的な部分も多く，新携帯電話方式に代表される新たな通信に適したアプリケーションを考えるうえでもおおいに役に立つと考えている。

また，マルチメディア情報処理は，通信分野に限らず，さまざまな方面で活用されている。例えば，医学の分野では遠隔医療診断支援や在宅ケアシステムなど，教育分野では遠隔教育やｅラーニングなど，職場ではテレワークやテレビ会議など，分野・応用例は数えきれない。本書は，マルチメディア情報通信技術を活用する皆様にも，符号化方式の特性や限界などを熟知してもらい，応用・開発をスムーズに進めていただくのにも役立てていただければと願っている。

2020 年 9 月

杉浦　彰彦

目　　次

1. 情報のための数学基礎

2. 情報に関する諸量

3.　情報源と符号化

4.　通信路と情報量

5. 符号理論

6. マルチメディア符号化の基礎

7. 音声・オーディオの符号化

8. 画 像 ・ 映 像

1　情報のための数学基礎

マルチメディア情報通信の根底をなしているのが情報理論である。情報理論とはシャノンにより体系化された情報に関する基礎理論で，情報通信に関する諸定理を数学的に論じている。情報理論を理解するために必要な数学の知識として，集合と確率について詳解する。

情報理論では集合の考え方を用いて，さまざまな特徴量を表現している。これらの意味を理解するために，集合の要素を理解しておくことは非常に重要である。例えば，実際には存在しないが，ローマ字で書かれた新聞があったとする。そこに書かれている文字は，母音 A,I,U,E,O とさまざまな子音から構成されている。例えば，カ行の音節は子音 K と五つの母音の組合せ KA,KI,KU,KE,KO のように母音のアルファベットを含んでおり，この観点からすると母音のアルファベットは音節（子音＋母音）のアルファベットの（真）部分集合といえる。こうした関係をディジタル化すべき情報の種類ごとにあてはめて考えるために，各種集合の特性を修得しておく必要がある。また，こうした集合を対象に展開される群論や体論を学ぶ際に，集合表現が適用されるため，復習しておく。

1.1　情報理論と集合・確率

1.1.1　集　合　表　現

これは情報理論を数学的に理解しやすくするための工夫で，さまざまな**集合**の関係性を簡素に的確に表現することができる。また，この表現方法は集合の関係をプログラム言語に落としこむ際にもおおいに用いられており，情報系を学ぶ学生諸君には学んでおいて損のない内容である。さらに，情報理論で学ぶべきさまざまな情報量（2 章）の関係を理解するうえでも，集合どうしの関係性は重要な要素となる。

例えば，情報源 S が 0 または 1 のみを出力する場合，つぎのような集合表記をする。

$$S = \{0, 1\} \tag{1.1}$$

0 および 1 は S の元または要素と呼ばれる。集合表記では，元に順序はなく，{0,1} も {1,0} も同じ集合を表す。また集合は，異なる元の集まりなので，{0,0} のような表記はしない。より一般的に，集合 A が，条件を満たすすべての a の集まりであるときは

$$A = \{a | a \text{ についての条件}\} \tag{1.2}$$

と記述する。例えば，$A = \{a | a = 0, 1\}$ は集合 S と同じ元をもつ。集合とは，対象とするものがその集まりに属しているか否かをはっきりと区別する点に特徴がある。

コインを投げると表が出るとか，雨が降るとかの，繰り返すことができる実験や観測の偶然的な結果のことを事象という。一つひとつの事象を基本事象と呼び，基本事象全体からなる集合を標本空間という。標本空間を Ω で表す。基本事象は情報源からの記号出力とみなすことができる。例えば，M 個の基本事象 $a_1, a_2, \cdots, a_M$ があるとき，基本事象 a_i が生じることは，情報源記号 a_i が出力されることと考え，$\Omega = \{a | a = a_1, a_2, \cdots, a_M\}$ と表すことができる。Ω は元 a からなる集合と考えてもよいし，元 a を出力する情報源と考えてもよい。a が Ω の元であることを $a \in \Omega$ と表す。一方，b が A の元でないときは，$b \notin A$ と表す。

集合 A のすべての元がほかの集合 B の元でもあるとき，すなわち，$a \in A$ ならば $a \in B$ が成立するとき，A は B の**部分集合**であるといい，$A \subseteq B$ と表す。A が B と同じ集合である場合も部分集合の定義に含まれることに注意する。標

本空間 Ω の部分集合を，一般的に**事象**と呼ぶ。標本空間そのものを**全事象**，基本事象を含まない集合を**空事象** ϕ と呼び，これらも部分集合に当たる。事象を A とすると，$A \subseteq \Omega$ と表される。部分集合を図式化して**図 1.1** に示す。

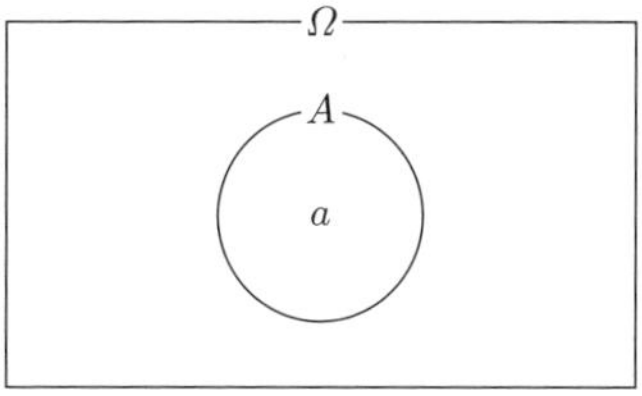

$$A \subseteq \Omega \longleftrightarrow a \in A \rightarrow a \in \Omega$$

図 1.1　部 分 集 合

また，Ω の部分集合すべてからなる集合を Ω のべき集合と呼び，2^{Ω} で表す。

$$2^{\Omega} \equiv \{A|A \subseteq \Omega\} \tag{1.3}$$

Ω の元（基本事象）の数が M 個あると，部分集合 A の数が 2^M なので，このような表記がされている。全事象，空事象も，べき集合の元となる。例えば，$\Omega = \{a_1, a_2\}$ ならば，$2^{\Omega} = \{\{a_1, a_2\}, \{a_1\}, \{a_2\}, \phi\}$ で，A はこれらの元（集合）を表している。

事象は，つぎのような演算を行うことができる。

和事象　$A \cup B \equiv \{a|a \in A$ または $a \in B\}$　A または B の事象

積事象　$A \cap B \equiv \{a|a \in A$ かつ $a \in B\}$　A と B の共通事象

差事象　$A - B \equiv \{a|a \in A$ かつ $a \notin B\}$　B には属さない A の事象

各演算結果を**図 1.2** のように表すことができる。

標本空間内の集合 A に属さない事象を**余事象**と呼び，$\bar{A} \equiv \{a|a \notin A\}$ と定義する。差事象は余事象を用いて $A - B = A \cap \bar{B}$ と表すこともできる。なお，A と B に共通事象がない場合（$A \cap B = \phi$）を A と B はたがいに排反しているという。

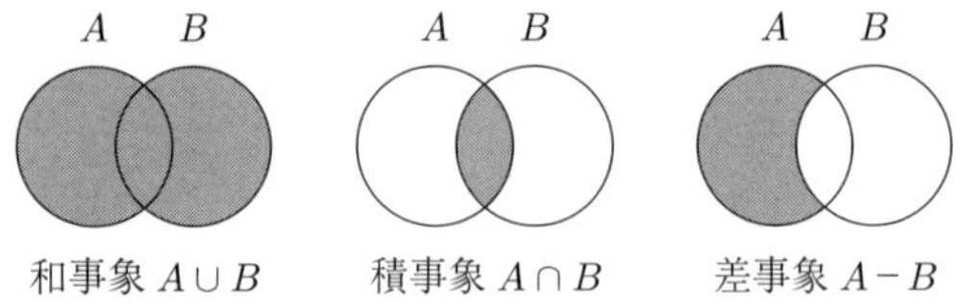

図 1.2　事象の演算（影の部分が演算結果）

1.1.2　事象と確率概念

情報理論では，ある情報の発生する確率の大小に応じて，情報の量を定量化している。例えば「雨が降る」という事象の場合，サバナ気候や熱帯モンスーン気候の地域における雨季に雨が降るのは当たり前で高い確率で発生する事象といえる。逆に，砂漠気候の地域で雨が降るのは異常事態で，非常に低い確率しかない。情報理論の立場からすると，確率が少ない情報は貴重なので情報量が多いものと考え，逆に当たり前に起こる事象は情報量が少ないものと考察する。この考え方は，シャノンの情報理論の第一定理に適用されており，非常に重要な要素といえる。具体的には，生起確率の低い事象（情報）には情報量を多く割り当て，生起確率が高い事象（情報）には情報量を少なく割り当てることで，事象を表現するために必要な情報量の平均値（情報論的エントロピー）を下げている。

情報理論の第一定理では，情報をいかに少ない**ビット**（0/1）数でディジタル化するかが要点となる。その際に活用される数学的要素が集合と確率である。例えば，英字新聞 1 ページ分の英文をできるだけ少ないビット数で表現する課題があったとする。この場合，英字新聞が集合全体であり，その中で用いられているアルファベット 26 文字といくつかの記号（空白）が集合の元となる。以下では話を単純化するために，アルファベット 26 文字と空白 1 文字の計 27 文字だけから構成された新聞であったとして話を進める。

アルファベットのディジタル化を最初に実現したのは，**モールス符号**であるといえる。モールス符号ではビット表現こそ用いないが，短音（・）と長音（—）の 2 種類の音（信号）を組み合わせることで，英文字や和文字を表現している。

例えば，A は（・—），B は（—・・・）という具合に電気信号や光を送出することで，離れた相手に電文を伝えることができる。モールス符号の生みの親モールスは，モールス符号を構成するにあたり，ある日の英字新聞に含まれている A から Z までのアルファベットの文字数を数え，一番多く出てきた文字である E を一番短いモールス符号（・），つぎに多く出てきた T に（—）を割り当てていき，生起確率の多い文字から順に短いモールス符号を割り当てていったといわれている。この工夫により，モールス符号で電文を打つ際に，確率的に最も短いモールス符号量で，英字新聞 1 ページを伝送できることになり，今日まで利用されている。

これは，集合（英字新聞）に含まれる元（アルファベット）の生起確率が高いものに短い符号，生起確率が低いものに長い符号を割り当てたことになる。この考え方はシャノンの情報理論の中でも基本的に活用されており，これを理解するために集合と確率について理解を深めることは非常に重要であるといえる。

また，ある事象の確率の平均を考えた場合，同じ平均値であっても，確率の散らばり具合（分散）によって，意味するところが変わってくる。例えば，平均が 0.5 であったとして，半分の事象が 1.0 で残りの半分が 0.0 であるような場合と，0.0 から 1.0 までの間できれいに分散している場合とでは，情報論的な扱いが大きく異なってしまう。ここでは，確率変数において，平均からの散らばりを示す値として分散についても述べている。

情報通信においては，情報源記号（これらは集合の元として表される）の出力確率が情報量と密接に関連する。確率はある事象が起こる頻度を示す物差しである。例えば，サイコロが多数回振られた場合，各目が同じように出ることを前提とすると，基本事象の数は 6 通りなので，それぞれの目が出る事象の確率は 1/6，奇数の目は 3 通りの事象 $\{1,3,5\}$ があるので，その事象の確率は $3/6 = 1/2$ ということが経験的にいえる。数学的には，$P(A)$ が事象 A の頻度の物差しとした場合

(1) $A \in 2^{\Omega}$ であるすべての A について，$P(A) \geq 0$

(2)　$P(\Omega) = 1$

(3)　A と B が排反事象ならば，$P(A \cup B) = P(A) + P(B)$

を満たす $P(A)$ を事象 A の確率と定義する。確率はつぎのような性質をもつ。

(4)　$1 \geqq P(A) \geqq 0$

(5)　$P(\phi) = 0$

(6)　$P(\bar{A}) = 1 - P(A)$

(7)　$P(A \cup B) = P(A) + P(B) - P(A \cap B)$

確率は 0 から 1 の範囲の量であり，必ず起こる事象の確率は 1，絶対に起こらない事象の確率は 0 である。M 個の基本事象からなる標本空間 Ω において，どの基本事象も等確率で起こると仮定すると，事象 $A \subseteq \Omega$ の起こる確率 $P(A)$ を

$$P(A) = \frac{|A|}{M} \tag{1.4}$$

と表すことができる。ここで，$|A|$ は A の元の数を示す。これは，確率の定義 (1), (2), (3) を満たしている。

A と B の積事象が起こる確率は式 (1.4) より $|A \cap B|/M$ と表すことができるので

$$P(A \cap B) = \frac{|A \cap B|}{M} = \frac{|A \cap B|}{|A|}\frac{|A|}{M} \equiv P(B|A)P(A) \tag{1.5}$$

を得る。ここで

$$P(B|A) \equiv \frac{|A \cap B|}{|A|} \tag{1.6}$$

は，事象 A の元で事象 B にも含まれる元が事象 A 内で実現される確率を表し，条件付確率と呼ばれる。すなわち，事象 A が起こったという条件のもとで事象 B が起こる確率である。$P(A \cap B) = P(A)P(B)$ が成立するとき，式 (1.5) より，$P(B|A) = P(B)$，すなわち，事象 B の確率が，事象 A に依存せず，A と B はたがいに独立であるという。

例題 1.1　0 から 9 までの数字を書いた 10 枚のカードが箱に入っている。箱の中から 1 枚を無作為に取り出すとする。5 以下の数字のカードを取り出す事象を A，偶数の数字のカードを取り出す事象を B とする。なお，0 は偶数に入ると考える。このときつぎの問いに答えよ。

a)　標本空間 Ω，事象 A, B をそれぞれ集合表記せよ。

b)　A の余事象，A と B の和事象，積事象，および差事象 $A-B$ を求めよ。

c)　式 (1.4) を用いて，$P(A), P(B), P(A\cup B), P(A\cap B)$ を計算せよ。確率の性質 (7) が満たされていることを確かめよ。

d)　式 (1.6) を用いて，$P(B|A)$ を計算せよ。

【解答】　a)　$\Omega=\{0,1,2,3,4,5,6,7,8,9\}$, $A=\{0,1,2,3,4,5\}$, $B=\{0,2,4,6,8\}$
b)　$\bar{A}=\{6,7,8,9\}$, $A\cup B=\{0,1,2,3,4,5,6,8\}$, $A\cap B=\{0,2,4\}$, $A-B=\{1,3,5\}$
c)　$P(A)=6/10$, $P(B)=5/10$, $P(A\cup B)=8/10$, $P(A\cap B)=3/10$
d)　$P(B|A)=1/2$

◇

1.1.3　確率変数の平均と分散

サイコロを振れば 1 から 6 のどれかの目が出るが，この結果を変数 X を用いて，$X=\{x|x=1,2,3,4,5,6\}$ と表してみよう。多数回の試行（サイコロ振り）を行えば，変数 X のとる値（1 から 6）に対する確率，すなわち，$X=x$ となる確率 $P_X(x)$ も定まる。このような変数 X を**確率変数**と呼ぶ。確率変数を平均したものを**期待値**と呼び

$$\mu\equiv E[X]\equiv\sum_x xP_X(x) \tag{1.7}$$

と定義する。また，期待値からのずれの大きさの 2 乗を平均したものを**分散**と呼び

$$\sigma^2\equiv V[X]\equiv\sum_x(x-\mu)^2P_X(x)=\sum_x x^2P_X(x)-\mu^2 \tag{1.8}$$

と定義する。分散が大きいほど散らばりが大きい，すなわち，確率分布が広がっているといえる。分散の平方根 σ を**標準偏差**と呼ぶ。サイコロ振りでは，$P_X(1) = P_X(2) = \cdots = P_X(6) = 1/6$ なので，期待値は $\mu = 1 \times (1/6) + 2 \times (1/6) + \cdots + 6 \times (1/6) = 3.5$，分散は $\sigma^2 = (1-3.5)^2 \times (1/6) + (2-3.5)^2 \times (1/6) + \cdots + (6-3.5)^2 \times (1/6) = 2.917$，標準偏差は $\sigma = \sqrt{2.917} = 1.71$ となる。なお，x が連続値であるときは和が積分に置き替わる。

例題 1.2　情報源から 0 が出力される確率を p，1 が出力される確率を q とする。$p+q=1$ である。n 個の記号が出力されたとき 0 が i 個，1 が $n-i$ 個である確率は

$$P_X(i) = \frac{n!}{i!(n-i)!}p^i q^{n-i}$$

と表される。ここで，X は出力記号 n 個中の 0 の個数 $i = 0, 1, \cdots, n$ をその値とする確率変数を表す。X の期待値および分散を求めよ。

［ヒント］　つぎの関係式を利用せよ。

$$\sum_{i=0}^{n} iP_X(i) = \frac{d}{dx}\sum_{i=0}^{n}\frac{n!}{i!(n-i)!}(px)^i q^{n-i}\Bigg|_{x=1}$$

$$\sum_{i=0}^{n} i^2 P_X(i) = \frac{d}{dx}\left\{x\frac{d}{dx}\sum_{i=0}^{n}\frac{n!}{i!(n-i)!}(px)^i q^{n-i}\right\}\Bigg|_{x=1}$$

【解答】　$E[X] = np, V[X] = npq$　◇

1.1.4　結　合　確　率

情報理論では，事象の生起確率を基軸に論理を展開していくが，前述のように一つの事象を対象にしたものだけではなく，複数の事象を合わせて扱うことも可能である。このような場合，複数の事象が同時（または順次）に発生する確率を考える必要がある。二つ以上の事象が同時に発生する場合の確率の一つに**結合確率**がある。例えば，トランプを例に考える。トランプには 4 種類のマーク（ハート，ダイヤ，スペード，クローバー）があり，各マークにはエース（1）〜

キング（13）までの数字を意味する記号が書かれている。このようにトランプには，マークと記号（数）という2種類の事象が含まれている。例えば，事象をマークに限定すれば各マークの発生する確率は1/4である。また，事象を記号に限定すれば各記号の生起確率は1/13となる。ここで，ハートとAという具合にマークも記号も限定すれば，二つの事象を合わせた生起確率は1/52となり，マークの確率と記号の確率の積により合わせた確率を求めることができ，これが結合確率である。ここで，マークと記号の生起確率はたがいに独立であるので，結合確率はそれぞれの確率の積により，簡単に求めることができる。

つぎに，二つの事象の生起確率が独立でない場合について考えてみる。例えば，サイコロを振って出た目について，一つ目の事象 A として出た目が3以下か4以上かを，二つ目の事象 B として出た目が奇数か偶数かを例に考える。ここで，事象 A も事象 B もいずれの確率も1/2であるが，結合事象として3以下奇数，3以下偶数，4以上奇数，4以上偶数を考えると，それぞれの確率は3以下奇数1/3，3以下偶数1/6，4以上奇数1/6，4以上偶数1/3となり，それぞれの事象 A，B の確率の単純な積にはならない。このように，結合確率を考える場合，二つ以上の事象の集合的関係が関係していることがわかる。情報理論では，こうした関係性を結合エントロピーとして表現している。

情報源から単位時点ごとに0または1が出力される場合を考える。その0と1の系列の符号化を考えるとき，その系列が表れる確率が問題となる。3個の記号に対する具体例を**表 1.1** に示す。

表 1.1　3個の2元情報源記号出力の結合確率表

x_0	x_1	x_2	$P_{X_0,X_1,X_2}(x_0,x_1,x_2)$
0	0	0	0.6075
0	0	1	0.0675
0	1	0	0.0225
0	1	1	0.0525
1	0	0	0.0675
1	0	1	0.0075
1	1	0	0.0525
1	1	1	0.1225

ここで, X_i $(i = 0, 1, 2)$ は 0,1,2 の各時点における確率変数を表す。直感的には出力である 0 または 1 を入れる箱を表すと考えればよい。$P_{X_0,X_1,X_2}(x_0, x_1, x_2)$ は情報源記号が $X_0 = x_0, X_1 = x_1, X_2 = x_2$ となる確率，すなわち箱の中身が x_0, x_1, x_2 となる確率を表す。例えば, 表 1.1 においては, 情報源が 000 と出力する確率は $P_{X_0,X_1,X_2}(0, 0, 0) = 0.6075$ となる。数個の確率変数の値が同時に定まるときの確率を結合確率と呼ぶ。任意の n 個の出力記号について，この確率をすべて書き下すことができれば, n 個以内の記号の系列の出力確率は計算により求めることができる。表 1.1 では, 3 個の出力についてすべての確率を書き下しているので，$X_0 = 0, X_1 = 0$ と出力する確率は，$X_0 = 0, X_1 = 0, X_2 = 0$ と出力する確率と $X_0 = 0, X_1 = 0, X_2 = 1$ と出力する確率の和として，$P_{X_0,X_1}(0, 0) = P_{X_0,X_1,X_2}(0, 0, 0) + P_{X_0,X_1,X_2}(0, 0, 1) = 0.6075 + 0.0675 = 0.675$ と求められる（図 **1.3**）。

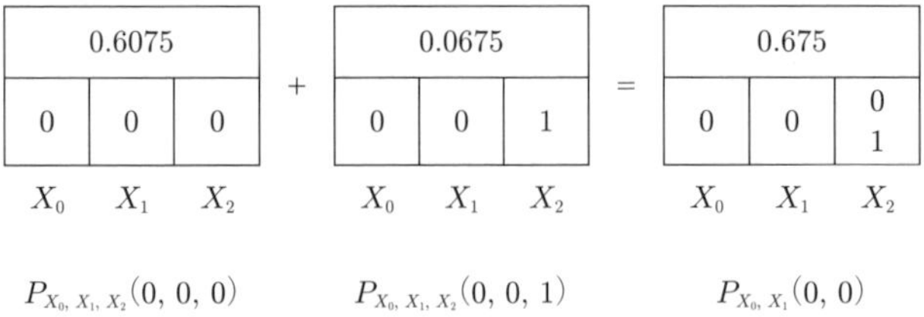

図 1.3　3 個の確率変数をもつ結合確率から 2 個の確率変数をもつ結合確率を計算

同様に, $X_0 = 1, X_1 = 0$ と出力する確率は $X_0 = 1, X_1 = 0, X_2 = 0$ と出力する確率と $X_0 = 1, X_1 = 0, X_2 = 1$ と出力する確率の和として，$P_{X_0,X_1}(1, 0) = P_{X_0,X_1,X_2}(1, 0, 0) + P_{X_0,X_1,X_2}(1, 0, 1) = 0.0675 + 0.0075 = 0.075$ と求めることができる。一般に

$$
\begin{aligned}
&P_{X_0,\cdots,X_{m-1}}(x_0, \cdots, x_{m-1}) \\
&= \sum_{x_m=0}^{1} \cdots \sum_{x_{n-1}=0}^{1} P_{X_0,\cdots,X_{m-1},X_m,\cdots,X_{n-1}}(x_0, \cdots, x_{m-1}, x_m, \cdots, x_{n-1})
\end{aligned}
\tag{1.9}
$$

が成り立つ。n 個中の任意の箇所における出力確率，例えば $P_{X_1,X_2}(x_1,x_2)$ は，その他の箇所 x_0 における出力の和をとることにより同様に計算することができる。

n 個の記号の系列の内容，すなわち，0 と 1 の並びのパターンのみが問題となり，その系列の開始の時点が問題とならない場合には，確率変数 X_i の記述を省略して，その系列パターンが現れる確率を $P(x_0, x_1, \cdots, x_{n-1})$ と記してもよい。

1.1.5　条件付確率

二つ以上の事象を合わせて考える確率として，一つの事象がほか（もう一つ）の事象の生起確率を左右するような状態を想定した確率に**条件付確率**がある。文字どおり，先に発生した事象が条件となり，後に起こる事象の生起確率を変化させるような場合がある。ここでは「先」「後」と時系列で発生するパターンで説明するが，時系列である必要はなく，あくまでも二つの事象のいずれかが条件となり，片方の生起確率を上下させる可能性がある場合を考えてもらえればよい。例えば，3 個の玉が入ったクジがあり，1 個が当りで残りの 2 個がハズレであったとする。このクジを 2 回続けて引く場合，最初に当たる確率も 2 回目に当たる確率も 1/3 である。これは，2 回の玉の出方が（当り，ハズレ）（ハズレ，当り）（ハズレ，ハズレ）の 3 パターンであり，それぞれ 1/3 の結合確率であることからもわかる。ここで，もし最初に出た玉を条件としたら，条件付確率はどのようになるか考える。もし 1 回目が当りだったとすると，2 回目に当たる条件付確率は 0，2 回目にハズレる確率は 1 となる。また，1 回目がハズレたとすると，2 回目に当たる条件付確率は 1/2，2 回目にハズレる条件付確率も 1/2 となる。

このように，同じ事象を考える場合でも，片方を条件と考えることで条件付確率は異なっている。情報理論では，事象の発生に条件を設定することで，条件付確率から導き出される事象を説明している。また，条件付確率から条件付エントロピーを求めることで，こうした事象の性質を定量的に示している。

記憶のある情報源や通信路符号化の問題などには，条件付確率の概念を理解することが必要である。例えば，$X=0$ を出力後 $Y=1$ を出力する確率を表したり，$X=0$ を通信路に入力したとき誤って $Y=1$ が出力される確率などの記述に $P_{Y|X}(1|0)$ のような条件付確率の表記を用いる。これは，確率変数 X の値は 0 であるという条件のもとで，確率変数 Y の値が 1 となる確率を表す。

わかりやすくするため，つぎの例を考えてみよう。ある箱には 0 と印字したカードが 75 枚，1 と印字したカードが 25 枚入っているとする。この箱からカードを取り出す事象を X とする。x（0 または 1）と印字したカードを取り出す確率を $P_X(x)$ と表すと，$P_X(0)=0.75$, $P_X(1)=0.25$ である。つぎに，0 を取り出したときは 0 のカードが 90 枚，1 と印字したカードが 10 枚入っている箱からカードを取り出し，1 を取り出したときは 0 のカードが 30 枚，1 と印字したカードが 70 枚入っている箱からカードを取り出すことにする。この事象を Y と表す。このとき，0 を取り出した後に 0 を取り出す確率は $P_{Y|X}(0|0)=0.9$ と表すことができる。同様に，1 を取り出した後に 0 を取り出す確率は $P_{Y|X}(0|1)=0.3$ と表すことになる。では，$X=0$, $Y=0$ となる確率 $P_{X,Y}(0,0)$ はいくらであろうか。0 を取り出した後に 0 を取り出す確率なので，$P_X(0)\times P_{Y|X}(0|0)=0.75\times 0.9=0.675$ と計算できる。すなわち，$P_{X,Y}(0,0)=P_{Y|X}(0|0)P_X(0)$ が成り立つ（**図 1.4**）。

一般的に，確率変数表示の条件付確率は式 (1.5) に対応して

$$
\begin{aligned}
&P_{X_0,\cdots,X_{m-1},Y_0,\cdots,Y_{n-1}}(x_0,\cdots,x_{m-1},y_0,\cdots,y_{n-1})\\
&\quad=P_{Y_0,\cdots,Y_{n-1}|X_0,\cdots,X_{m-1}}(y_0,\cdots,y_{n-1}|x_0,\cdots,x_{m-1})\\
&\qquad\times P_{X_0,\cdots,X_{m-1}}(x_0,\cdots,x_{m-1})
\end{aligned}
\tag{1.10}
$$

と結合確率を用いて定義することができる。これは

$$
\begin{aligned}
&P_{Y_0,\cdots,Y_{n-1}|X_0,\cdots,X_{m-1}}(y_0,\cdots,y_{n-1}|x_0,\cdots,x_{m-1})\\
&\quad=\frac{P_{X_0,\cdots,X_{m-1},Y_0,\cdots,Y_{n-1}}(x_0,\cdots,x_{m-1},y_0,\cdots,y_{n-1})}{P_{X_0,\cdots,X_{m-1}}(x_0,\cdots,x_{m-1})}
\end{aligned}
\tag{1.11}
$$

と書き直すことができる。すなわち，確率変数 X の値が $x_0,\cdots,x_{m-1}$ と定まっ

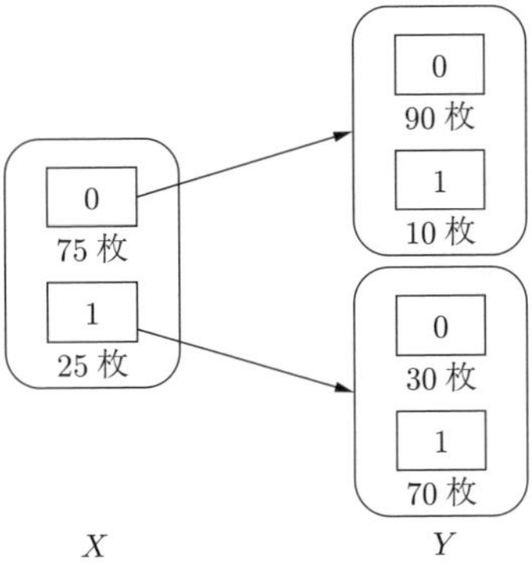

図 1.4 事象 X の結果によって，事象 Y の結果が生じる確率が異なる例

ているとき，確率変数 Y の値が $y_0, \cdots, y_{n-1}$ となる確率は，X と Y の値が同時に $x_0, \cdots, x_{m-1}, y_0, \cdots, y_{n-1}$ となる結合確率を，X が $x_0, \cdots, x_{m-1}$ である結合確率で割ったものとなる。具体例を考えよう。表 1.1 より 0，0 が出力された後に 1 が出力される確率 $P_{X_2|X_0,X_1}(1|0,0)$ は

$$P_{X_2|X_0,X_1}(1|0,0) = \frac{P_{X_0,X_1,X_2}(0,0,1)}{P_{X_0,X_1}(0,0)} = \frac{0.0675}{0.675} = 0.1$$

と計算できる。同様に 1，0 が出力された後に 1 が出力される確率は

$$P_{X_2|X_0,X_1}(1|1,0) = \frac{P_{X_0,X_1,X_2}(1,0,1)}{P_{X_0,X_1}(1,0)} = \frac{0.0075}{0.075} = 0.1$$

と計算できる。この情報源は，0，0 が出力された後でも 1，0 が出力された後でも $X_2 = 1$ を出力する確率が，直前に $X_1 = 0$ を出力してから 1 を出力する確率

$$P_{X_2|X_1}(1|0) = \frac{P_{X_1,X_2}(0,1)}{P_{X_1}(0)} = \frac{0.075}{0.75} = 0.1$$

と同じことを示している。表 1.1 の結合確率では，X_2 の出力確率は X_0 の出力には依存していないことがわかる。条件付確率は，結合確率表から計算することができるので，さまざまな条件付確率を書き下すことにより結合確率表の規則性を見つけうることもある。

例題 1.3　表 1.1 の結合確率を用いて以下の問題を解け。

a)　$P_{X_0}(0), P_{X_0}(1), P_{X_0,X_1}(0,1), P_{X_0,X_1}(1,1)$ を計算せよ。

b)　$P_{X_1|X_0}(0|0), P_{X_1|X_0}(0|1), P_{X_1|X_0}(1|0), P_{X_1|X_0}(1|1)$ を計算せよ。これらは，時点 X_1 における出力確率 $P_{X_1}(0), P_{X_1}(1)$ と同じか。異なる場合は，その理由を考えよ。

c)　$P_{X_2|X_0,X_1}(0|0,0)$, $P_{X_2|X_0,X_1}(0|0,1)$, $P_{X_2|X_0,X_1}(0|1,0)$, $P_{X_2|X_0,X_1}(0|1,1)$ を計算せよ。この結果からなにがわかるか。

d)　$P_{X_1,X_2|X_0}(0,0|0), P_{X_1,X_2|X_0}(0,1|1)$ を計算せよ。

e)　以上の条件付確率の計算結果から，表 1.1 の結合確率がどのような規則性をもつかを考察せよ。

【解答】 a)　$P_{X_0}(0)=0.75$, $P_{X_0}(1)=0.25$, $P_{X_0,X_1}(0,1)=0.075$, $P_{X_0,X_1}(1,1)=0.175$

b)　$P_{X_1|X_0}(0|0) = 0.9$, $P_{X_1|X_0}(0|1) = 0.3$, $P_{X_1|X_0}(1|0) = 0.1$, $P_{X_1|X_0}(1|1) = 0.7$。また，$P_{X_1}(0) = 0.75, P_{X_1}(1) = 0.25$ なので異なる。時点 X_0 における出力に依存しているから。

c)　$P_{X_2|X_0,X_1}(0|0,0) = 0.9$, $P_{X_2|X_0,X_1}(0|0,1) = 0.3$, $P_{X_2|X_0,X_1}(0|1,0) = 0.9$, $P_{X_2|X_0,X_1}(0|1,1) = 0.3$。時点 X_2 における出力が 0 の確率は，時点 X_1 における出力が 0 のとき 0.9，出力が 1 のとき 0.3 で，いずれも時点 X_0 における出力には依存せず，時点 X_1 における出力に依存することがわかる。

d)　$P_{X_1,X_2|X_0}(0,0|0) = 0.81, P_{X_1,X_2|X_0}(0,1|1) = 0.03$　◇

1.2　行　　　列

符号理論を考えるうえで**行列**の知識はおおいに役に立つ。ここでは，高校数学で学ばなくなった行列について最低限必要な演算方法と，行列の基本性質について詳解する。

行列は縦に並ぶ数字の列と，横に並ぶ数字の行によって構成される。前者を**列ベクトル**，後者を**行ベクトル**といい，個々に見ればベクトルとしての性質を有している。そのため，スカラー倍はベクトル同様に各成分をスカラー倍することで計算できる。また，ベクトル同様に各成分の数（次元）が等しければ，成分どうしの和により行列同時の和も計算できる。さらに，ベクトルの積同様に行列も積算（2 次元）ができる。

行列は空間上での座標変換などに用いられることからもわかるとおり，行列の演算は関数による多次元の変換を意味している。また，行列の演算は，これらの変換の変形や合成を意味している。符号理論では，さまざまな情報（ビット列）を目的に適した形式に変換する。こうした変換を単純な形で表現できるのも行列を用いるメリットである。また，行列の基本変形を用いて対角化すれば，各成分中の関係性を簡略化できる。この簡略化により，行列の中で共通（重複）している成分を削除でき，1 次独立な成分のみに変形できる。さらに，この 1 次独立な成分は行列の成分を係数にもつ関数（連立方程式）の解を導き出すことにも利用できる。符号理論では，こうした行列の代数としての特性を利用することで，理論的な展開を容易に説明している。

行列とは $r \times s$ 個の数 a_{ij} $(i = 1, 2, \cdots, r), (j = 1, 2, \cdots, s)$ をつぎのように配置したものをいう。

$$
\begin{array}{rl}
 & \quad\ \downarrow 1\text{列}\quad \downarrow 2\text{列}\qquad\quad \downarrow s\text{列} \\
A = & \begin{pmatrix} a_{11} & a_{12} & \cdots & a_{1s} \\ a_{21} & a_{22} & \cdots & a_{2s} \\ \vdots & \vdots & \ddots & \vdots \\ a_{r1} & a_{r2} & \cdots & a_{rs} \end{pmatrix}
\begin{array}{l} \leftarrow 1\text{行} \\ \leftarrow 2\text{行} \\ \\ \leftarrow r\text{行} \end{array}
\end{array} \tag{1.12}
$$

A を $r \times s$ 行列または r 行 s 列の行列と呼び，数 a_{ij} を行列 A の ij 成分という。ここで，$r \times s$ は行列のサイズ（大きさ）を表す。特に，$r = s$ の場合は行と列の数が同じなので（r 次）**正方行列**という。各行，各列は，それぞれ行ベクトル，列ベクトルと呼ばれる。A の行ベクトルを対応する列ベクトルに置き換えた行列を A の転置行列と呼び，A^t と表す。

$$A^t = \begin{pmatrix} a_{11} & a_{21} & \cdots & a_{r1} \\ a_{12} & a_{22} & \cdots & a_{r2} \\ \vdots & \vdots & \ddots & \vdots \\ a_{1s} & a_{2s} & \cdots & a_{rs} \end{pmatrix} \tag{1.13}$$

この転置行列 A^t は s 行 r 列の行列である。

1.2.1 和　と　積

λ をスカラー（大きさのみをもつ量，大きさと方向をもつ量はベクトルという）として，行列のスカラー倍は

$$\lambda A = \begin{pmatrix} \lambda a_{11} & \lambda a_{12} & \cdots & \lambda a_{1s} \\ \lambda a_{21} & \lambda a_{22} & \cdots & \lambda a_{2s} \\ \vdots & \vdots & \ddots & \vdots \\ \lambda a_{r1} & \lambda a_{r2} & \cdots & \lambda a_{rs} \end{pmatrix} \tag{1.14}$$

と定義する。すなわち，各成分がスカラー倍される。

行列の和は同じサイズの行列に対して，各成分の和として

$$A + B = \begin{pmatrix} a_{11} + b_{11} & a_{12} + b_{12} & \cdots & a_{1s} + b_{1s} \\ a_{21} + b_{21} & a_{22} + b_{22} & \cdots & a_{2s} + b_{2s} \\ \vdots & \vdots & \ddots & \vdots \\ a_{r1} + b_{r1} & a_{r2} + b_{r2} & \cdots & a_{rs} + b_{rs} \end{pmatrix} \tag{1.15}$$

と定義する。ここで，b_{ij} は行列 B の ij 成分を表す。

行列の積 AB は行列 A の列の数が行列 B の行の数と同じときに

$$AB = \begin{pmatrix} a_{11} & a_{12} & \cdots & a_{1s} \\ a_{21} & a_{22} & \cdots & a_{2s} \\ \vdots & \vdots & \ddots & \vdots \\ a_{r1} & a_{r2} & \cdots & a_{rs} \end{pmatrix} \begin{pmatrix} b_{11} & b_{12} & \cdots & b_{1t} \\ b_{21} & b_{22} & \cdots & b_{2t} \\ \vdots & \vdots & \ddots & \vdots \\ b_{s1} & b_{s2} & \cdots & b_{st} \end{pmatrix}$$

$$
= \begin{pmatrix}
\sum_{i=1}^{s} a_{1i}b_{i1} & \sum_{i=1}^{s} a_{1i}b_{i2} & \cdots & \sum_{i=1}^{s} a_{1i}b_{it} \\
\sum_{i=1}^{s} a_{2i}b_{i1} & \sum_{i=1}^{s} a_{2i}b_{i2} & \cdots & \sum_{i=1}^{s} a_{2i}b_{it} \\
\vdots & \vdots & \ddots & \vdots \\
\sum_{i=1}^{s} a_{ri}b_{i1} & \sum_{i=1}^{s} a_{ri}b_{i2} & \cdots & \sum_{i=1}^{s} a_{ri}b_{it}
\end{pmatrix} \tag{1.16}
$$

と定義される。ここで，行列 A の列の数と行列 B の行の数を同じ s としている。r と t は同じである必要はない。行列 A と行列 B が同じサイズの正方行列のときは，積 AB と積 BA はどちらも計算できるが，結果が一致するとは限らないことに注意する。例えば，行列 A と行列 B がつぎのように与えられているとき

$$
A = \begin{pmatrix} 1 & 2 \\ 3 & 0 \end{pmatrix}, \quad B = \begin{pmatrix} -4 & -3 \\ -2 & -1 \end{pmatrix} \tag{1.17}
$$

その積は

$$
AB = \begin{pmatrix} (-4)+(-4) & (-3)+(-2) \\ (-12)+(0) & (-9)+(0) \end{pmatrix} = \begin{pmatrix} -8 & -5 \\ -12 & -9 \end{pmatrix} \tag{1.18}
$$

$$
BA = \begin{pmatrix} (-4)+(-9) & (-8)+(0) \\ (-2)+(-3) & (-4)+(0) \end{pmatrix} = \begin{pmatrix} -13 & -8 \\ -5 & -4 \end{pmatrix} \tag{1.19}
$$

となる。$AB \neq BA$ である。

1.2.2 逆　行　列

同じサイズの正方行列の積 AB が

$$
AB = \begin{pmatrix} 1 & 0 & \cdots & 0 \\ 0 & 1 & \cdots & 0 \\ \vdots & \vdots & \ddots & \vdots \\ 0 & 0 & \cdots & 1 \end{pmatrix} \tag{1.20}
$$

となるとき，B を A の**逆行列**と呼び，$B = A^{-1}$ と表す。式 (1.20) の右辺を**単位行列**と呼び，I で表すと，$AI = IA = A$ なので，逆行列は

$$AA^{-1} = A^{-1}A = I \tag{1.21}$$

を満たす。行列 A がつぎのように与えられているとき

$$A = \begin{pmatrix} a & b \\ c & d \end{pmatrix} \tag{1.22}$$

$|A| \equiv ad - bc \neq 0$ ならば，逆行列は

$$A^{-1} = \frac{1}{ad - bc}\begin{pmatrix} d & -b \\ -c & a \end{pmatrix} \tag{1.23}$$

である。これは式 (1.22) と式 (1.23) を演算することにより容易に確かめられる。なお，$|A|$ を A の**行列式**と呼び，$|A| = 0$ のとき A の各行 (列) ベクトルは線形従属，$|A| \neq 0$ のときは線形独立であることを表す。行列式は $|AB| = |A||B|$ (これより $1 = |A||A^{-1}|$)，$|A^t| = |A|$ の性質をもち，計算のチェックに役立つ。いま，行列 A, B が式 (1.17) で与えられているとき，それらの行列式は $|A| = -6 \neq 0$, $|B| = -2 \neq 0$ なので，逆行列を計算することができて

$$A^{-1} = \begin{pmatrix} 0 & \dfrac{1}{3} \\ \dfrac{1}{2} & -\dfrac{1}{6} \end{pmatrix}, \quad B^{-1} = \begin{pmatrix} 0.5 & -1.5 \\ -1 & 2 \end{pmatrix} \tag{1.24}$$

を得る。

1.2.3 対角化および固有値，固有方程式

$r \times r$ の正方行列 A が同じサイズの正方行列 Y とその逆行列 Y^{-1} によりつぎのように対角化されるとする。

$$Y^{-1}AY = \Lambda \equiv \begin{pmatrix} \lambda_1 & 0 & \cdots & 0 \\ 0 & \lambda_2 & \cdots & 0 \\ \vdots & \vdots & \ddots & \vdots \\ 0 & 0 & \cdots & \lambda_r \end{pmatrix} \tag{1.25}$$

Λ は対角位置以外はすべて 0 の成分をもつ行列で**対角行列**と呼ばれる。行列 Y の ij 成分を y_{ij} として，式 (1.25) に左から Y を掛けると

$$AY = Y\Lambda = \begin{pmatrix} y_{11} & y_{12} & \cdots & y_{1r} \\ y_{21} & y_{22} & \cdots & y_{2r} \\ \vdots & \vdots & \ddots & \vdots \\ y_{r1} & y_{r2} & \cdots & y_{rr} \end{pmatrix} \begin{pmatrix} \lambda_1 & 0 & \cdots & 0 \\ 0 & \lambda_2 & \cdots & 0 \\ \vdots & \vdots & \ddots & \vdots \\ 0 & 0 & \cdots & \lambda_r \end{pmatrix}$$

$$= \begin{pmatrix} \lambda_1 y_{11} & \lambda_2 y_{12} & \cdots & \lambda_r y_{1r} \\ \lambda_1 y_{21} & \lambda_2 y_{22} & \cdots & \lambda_r y_{2r} \\ \vdots & \vdots & \ddots & \vdots \\ \lambda_1 y_{r1} & \lambda_2 y_{r2} & \cdots & \lambda_r y_{rr} \end{pmatrix} \tag{1.26}$$

式 (1.26) の j 列目を取り出すと

$$A \begin{pmatrix} y_{1j} \\ y_{2j} \\ \vdots \\ y_{rj} \end{pmatrix} = \lambda_j \begin{pmatrix} y_{1j} \\ y_{2j} \\ \vdots \\ y_{rj} \end{pmatrix} \tag{1.27}$$

これは，$j = 1, 2, \cdots, r$ について成立している。正方行列 A が与えられているとき，式 (1.27) を満たす λ_j を A の**固有値**，Y の j 列目の成分を固有値 λ_j に属する**固有ベクトル**と呼ぶ。式 (1.27) から明らかなように，固有ベクトルが自明の解 $y_{ij} = 0$ 以外の解をもつためには

$$|A - \lambda I| = 0 \tag{1.28}$$

が満たされなければならない。これを**特性方程式**と呼ぶ。特性方程式の解としてまず固有値を求め，つぎに固有値に対応する固有ベクトルを式 (1.27) により求める。具体的に正方行列 A が式 (1.17) で与えられている場合を考えてみよう。このとき式 (1.27) は，右辺を左辺に移項して

$$\begin{pmatrix} 1 - \lambda_j & 2 \\ 3 & -\lambda_j \end{pmatrix} \begin{pmatrix} y_{1j} \\ y_{2j} \end{pmatrix} = \begin{pmatrix} 0 \\ 0 \end{pmatrix}$$

と表される。明らかに λ_j が特定の値をとるとき以外，この式の解は，$y_{1j} = y_{2j} = 0$ である。ただし，$\lambda_j = -2$ のようなときは

$$\begin{pmatrix} 3 & 2 \\ 3 & 2 \end{pmatrix} \begin{pmatrix} y_{1j} \\ y_{2j} \end{pmatrix} = \begin{pmatrix} 0 \\ 0 \end{pmatrix}$$

となり，y_{1j}, y_{2j} が一定の比として求められる。この特定の λ_j を求めるのが特性方程式であり，その特定の値を固有値と呼ぶ。この例では

$$|A - \lambda I| = \begin{vmatrix} 1-\lambda & 2 \\ 3 & -\lambda \end{vmatrix} = 0 \tag{1.29}$$

より固有値

$$\lambda = 3,\ -2 \tag{1.30}$$

を得る。したがって，固有ベクトルはそれぞれの固有値に対応してつぎの関係式を満たすように定められる。

$$\begin{aligned} \begin{pmatrix} 1 & 2 \\ 3 & 0 \end{pmatrix} \begin{pmatrix} y_{11} \\ y_{21} \end{pmatrix} &= 3 \begin{pmatrix} y_{11} \\ y_{21} \end{pmatrix} \\ \begin{pmatrix} 1 & 2 \\ 3 & 0 \end{pmatrix} \begin{pmatrix} y_{12} \\ y_{22} \end{pmatrix} &= (-2) \begin{pmatrix} y_{12} \\ y_{22} \end{pmatrix} \end{aligned} \tag{1.31}$$

ここでは，固有値 3 に対する固有ベクトルを y_{11}, y_{21}，固有値 -2 に対する固有ベクトルを y_{12}, y_{22} としている。式 (1.31) より

$$\begin{aligned} y_{11} &= y_{21} \\ 3y_{12} &= -2y_{22} \end{aligned} \tag{1.32}$$

を得る。各固有ベクトルは成分が一定の比をなす形で求められ，定まった値として求められるわけではないことに注意する。式 (1.32) を満たすように $y_{11} = y_{21} = 1, y_{12} = 2, y_{22} = -3$ とすると，固有ベクトルからなる行列 Y，およびその逆行列 Y^{-1} は

$$Y = \begin{pmatrix} 1 & 2 \\ 1 & -3 \end{pmatrix}, \quad Y^{-1} = \begin{pmatrix} 0.6 & 0.4 \\ 0.2 & -0.2 \end{pmatrix} \tag{1.33}$$

したがって

$$Y^{-1}AY = \begin{pmatrix} 3 & 0 \\ 0 & -2 \end{pmatrix} \tag{1.34}$$

を得る。対角化の方法は A^n のような計算に有効である。

例題 1.4　行列 A と行列 B がつぎのように与えられているとき，つぎの問いに答えよ。

$$A = \begin{pmatrix} 0.9 & 0.3 \\ 0.1 & 0.7 \end{pmatrix}, \quad B = \begin{pmatrix} 0.84 & 0.48 \\ 0.16 & 0.52 \end{pmatrix}$$

a)　A の転置行列を書け。

b)　$A+B$ を計算せよ。

c)　AB と BA を計算せよ。

d)　A と B の逆行列を計算せよ。

e)　A の固有値，および固有ベクトルを求め，A を対角化する行列 Y を書け。また，$Y^{-1}AY$ が固有値を対角成分とする対角行列となることを確かめよ。

【解答】　a)

$$A^t = \begin{pmatrix} 0.9 & 0.1 \\ 0.3 & 0.7 \end{pmatrix}$$

b)

$$A+B = \begin{pmatrix} 1.74 & 0.78 \\ 0.26 & 1.22 \end{pmatrix}$$

c)

$$AB = BA = \begin{pmatrix} 0.804 & 0.588 \\ 0.196 & 0.412 \end{pmatrix}$$

d)

$$A^{-1} = \begin{pmatrix} \dfrac{7}{6} & -\dfrac{1}{2} \\ -\dfrac{1}{6} & \dfrac{3}{2} \end{pmatrix}, \quad B^{-1} = \begin{pmatrix} \dfrac{13}{9} & -\dfrac{4}{3} \\ -\dfrac{4}{9} & \dfrac{7}{3} \end{pmatrix}$$

e)　固有値 $\lambda = 1,\ 0.6$

$$Y = \begin{pmatrix} 3 & 1 \\ 1 & -1 \end{pmatrix}, \quad Y^{-1} = \begin{pmatrix} 0.25 & 0.25 \\ 0.25 & -0.75 \end{pmatrix}, \quad Y^{-1}AY = \begin{pmatrix} 1 & 0 \\ 0 & 0.6 \end{pmatrix}$$

一般的に

$$Y = \begin{pmatrix} 3u & v \\ u & -v \end{pmatrix}$$

でよい。u, v は 0 以外の任意の数である。　◇

1.3　ガ　ロ　ア　体

1.3.1　群

符号理論を理解するために必要な数学的な概念として，群・環・体がある。**群**は最も基本となる代数の特性を有しており，自己同型（写像）を代数的に表現している。**自己同型写像**とは，関数の変換に相当する作業により，自分自身の集合内に戻すことができる性質である。ここで，ある集合の要素 a に写像（変換）を行った要素 b がいずれももとの集合の要素に戻ってくる状態を閉じているという。例えば情報通信では，文字（データ）になんらかの変換（符号化）を施し相手に送信する。受信した側は逆の変換（復号）を施し，もとの文字を再生する。ここで，文字が 8 ビット（00000000〜11111111）の集合として表現された場合，送信側も受信側も 8 ビットの集合内で閉じた写像をしたことになる。そのため群の特性を知ることは，符号理論の基礎を学ぶために必要不可欠である。

集合 G と演算 $\circ$ について，a, b を G の元としたとき $a \circ b$ も G の元となるとき（数学的には $G \ni a, b \Rightarrow a \circ b \in G$ が成立するとき），G は演算 $\circ$ について

閉じている，または，G には演算 $\circ$ が定義されているという。演算 $\circ$ が定義されていることを前提として，結合法則が成立し（$(a \circ b) \circ c = a \circ (b \circ c)$），単位元 e（$a \circ e = e \circ a = a$）および逆元 a^{-1}（$a \circ a^{-1} = a^{-1} \circ a = e$）が存在するとき，集合 G は群をなすという。具体的に演算 $\circ$ を乗法演算 $\times$ として集合

$$G = \{-1, 1\}$$

が群をなすかどうか考えてみよう。まず乗算の表を作成する。つぎに乗算の表より，$a \times e = e \times a = a$ を満たす単位元 e は 1 であることがわかるので，演算が 1 となる組合せから逆元の表を作る（**表 1.2**）。

表 1.2 乗算表と逆元表

$\times$	-1	1
-1	1	-1
1	-1	1

a	a^{-1}
-1	-1
1	1

乗算表より G は乗法演算 $\times$ について閉じている。結合法則の成立も容易に確かめることができる。数の四則演算については，結合法則は加法演算 $+$，乗法演算 $\times$ については成立するが，減法演算 $-$，除法演算 $\div$ については成立しないことに注意する。単位元，逆元も集合 G の元として存在しているので G は群をなしていることがわかる。

なお，群 G について交換法則（$a \circ b = b \circ a$）が成立するとき，G を可換群と呼ぶ。群 G が数の集合であるならば加法演算 $+$，乗法演算 $\times$ については明らかに可換群となる（$a + b = b + a,\ a \times b = b \times a$）。上の集合 G も可換群である。加算表や乗算表などの演算表を作成するとき可換群でなければ演算の順序も明記しなければならない。

整数全体の集合 Z は 0 や負の数を含むので，明らかに加法演算 $+$ について閉じている。また，a, b, c を整数の元とすると，結合法則（$(a+b)+c = a+(b+c)$）の成立は容易に確かめられる。0 は単位元（$a + 0 = 0 + a = a$）となり，マイナス符号の逆元（$a + (-a) = (-a) + a = 0$）も存在するので，Z は群をなしている。さらに，交換法則（$a + b = b + a$）も成立するので可換群である。これ

に対して，自然数全体の集合は加法演算 $+$ について閉じてはいるが，元に 0 や負の数がないので，単位元や逆元が存在せず群とはならないことに注意する。

例題 1.5　集合 $Z_4 = \{0, 1, 2, 3\}$ について，乗法演算 $\times$ を $a \times b \equiv ab \bmod 4$ と定義する。すなわち，通常の掛け算の結果を 4 で割った余りを演算の結果とする。これを 4 を法とする乗法という。このとき，Z_4 は 4 を法とする乗法演算について群をなすか。

【解答】　乗算表は**表 1.3** となる。

表 1.3　乗　算　表

$\times$	0	1	2	3
0	0	0	0	0
1	0	1	2	3
2	0	2	0	2
3	0	3	2	1

乗算表より単位元は 1 とわかるが，演算結果が 1 となる組合せは 0 と 2 に対して存在しない。すなわち，0 と 2 の逆元は存在しないので群をなさない。　◇

1.3.2　環　と　体

環は群と同様に集合内に閉じた特性を有している。特に，環では足し算（加法）と掛け算（乗法）の 2 種類の計算（2 項演算）においても閉じている。また，四則演算においても閉じているものが**体**である。ここで，ディジタル（ビット）列の演算において，加法と乗法ができれば減算と除算を表現できるため，ビット列のなす環においては，四則演算ができることに等しい。体としての特性を理解することは，符号理論における処理を理解するためにおおいに役立つことになる。

群は集合に一つの演算のみを考えて定義しているが，数の集合には通常加法演算 $+$ と乗法演算 $\times$ が定義されている。減法は加法の逆演算すなわち加法の逆元を加えることと同じであり，除法も乗法の逆元を掛けることと同じであるので，逆元が存在する数の集合にはこの二つの演算を考えれば十分である。このように，集合に加法と乗法の二つの演算を同時に考えた集合を環および体という。

集合 R に加法演算 $+$ と乗法演算 $\times$ が定義されており，加法演算 $+$ については可換群を構成し，乗法演算 $\times$ に関して結合法則が成立し，さらに分配法則が成立する（$a\times(b+c)=a\times b+a\times c, (a+b)\times c=a\times c+b\times c$）とき，集合 R は環をなすという。乗法演算については結合法則が成り立てばよく，群である必要はない。また，環の中で交換法則（$a\times b=b\times a$）の成立するものを可換環，成立しないものを非可換環と呼ぶ。

整数全体の集合 Z は，加法演算 $+$ については可換群を構成するが，乗法演算 $\times$ については，逆元が存在しないので群とはならない。一方，乗法演算 $\times$ について結合法則と分配法則は成立するので，Z は環をなしている。交換法則も成立するので可換環である。

これに対し，集合 K に加法演算 $+$ と乗法演算 $\times$ が定義されており，K に乗法単位元が存在して，加法演算 $+$ については可換群を構成し，K から元 0 を除いた集合を考えると乗法演算 $\times$ についても可換群を構成するとき，集合 K は体をなすという。環と異なり加法演算，および，0 を除いた乗法演算の両方について群でなければならない。整数の集合は体ではないが，有理数の集合，実数の集合，複素数の集合などは体である。

1.3.3 ガロア体と素体

ガロア体とは有限な集合であるような体（有限体）である。有限体である特徴を活用することで，限られた範囲（ビット列）内での誤り訂正などに利用することができる。特に拡大体としての加算（$+$），乗算（$\times$）の性質や，展開式のベクトル表現は符号理論で多用される。また，高次の拡大体の元を求めるための既約多項式（原始多項式）は，巡回符号のもとになる関数であるため，特性を理解する必要がある。

特に原始根（解）の概念を知ることは，BCH 符号やリード・ソロモン符号の原理を理解するために重要である。例えば，以下の数式で示すように，$x^3=1$ の解を求めるとき，① $x=1$ が解であることは理解できるが，一方で ② や ③ のように，3 乗してはじめて 1 になるような解も存在する。② や ③ のように n 乗してはじめて方程式を満たす解（根）のことを**原始 $\boldsymbol{n}$ 乗根**（ω）という。ここで，原始 n 乗根 ω は ω^n まで一致しない特徴があり，誤り訂正ではこうした原始根の特徴を利用して，誤り訂正を実現する。

$$
\begin{aligned}
x^3 &= 1 \\
x^3 - 1 &= 0 \\
(x-1)(x^2+x+1) &= 0
\end{aligned}
$$

① $x = 1$

$1^3 = 1$

② $x = \dfrac{-1+\sqrt{3}i}{2}$

$$
\begin{aligned}
\left(\frac{-1+\sqrt{3}i}{2}\right)^3 &= \frac{-1+\sqrt{3}i}{2}\cdot\frac{-1+\sqrt{3}i}{2}\cdot\frac{-1+\sqrt{3}i}{2} \\
&= \frac{-2-2\sqrt{3}i}{4}\cdot\frac{-1+\sqrt{3}i}{2} \\
&= -\frac{\sqrt{3}i+1}{2}\cdot\frac{\sqrt{3}i-1}{2} \\
&= -\frac{-3-1}{4} = 1
\end{aligned}
$$

③ $x = \dfrac{-1-\sqrt{3}i}{2}$

$$
\begin{aligned}
\left(\frac{-1-\sqrt{3}i}{2}\right)^3 &= \frac{-1-\sqrt{3}i}{2}\cdot\frac{-1-\sqrt{3}i}{2}\cdot\frac{-1-\sqrt{3}i}{2} \\
&= \frac{-2+2\sqrt{3}i}{4}\cdot\frac{-1-\sqrt{3}i}{2} \\
&= -\frac{\sqrt{3}i-1}{2}\cdot\frac{\sqrt{3}i+1}{2}
\end{aligned}
$$

$$= -\frac{-3-1}{4} = 1$$

このとき，② と ③ が 1 の原始 3 乗根（解）である。

n 乗してはじめて α になる ω を α の原始 n 乗根（解）という。

$$\omega \neq \omega^2 \neq \cdots \neq \omega^{n-1} \neq \omega^n = \alpha$$

なお本書では，符号理論の数学的な基礎知識として，2 を法とするガロア体について中心に説明する。

実数全体の集合は無限の元をもつが，ガロア体は有限個の元をもつ体であり，$GF(q)$ で表す。ここで，q は位数と呼ばれ元の数を表す。ガロア体は q が素数のべきのときに限って存在する。すなわち，$q = p^m$ である。ここで，p は素数，m は正の整数を表す。$m = 1$ のときのガロア体 $GF(p)$ を素体と呼び，$m = 2$ 以上の場合を拡大体と呼ぶ。

素体 $GF(p) = \{0, 1, \cdots, p-1\}$ について，加法演算（+）を $a + b \equiv (a + b) \bmod p$，および，乗法演算（×）を $a \times b \equiv ab \bmod p$ と定義する。すなわち，通常の足し算，掛け算の結果を p で割った余りを演算の結果とする（p を法とする加法，乗法として定義するといってもよい）。具体的に考えてみよう。集合 {0,1} は $p = 2$ の素体 $GF(2)$ をなしている。

$$GF(2) = \{0, 1\}$$

まず 2 を法とする加法，乗法の計算を行い，加算表，乗算表を作る（**表 1.4**）。これらの表より加法の単位元は 0，乗法の単位元は 1 とわかる。演算結果が 0 となる組合せを加算の逆元，演算結果が 1 となる組合せを乗算の逆元として逆元表を作る。0 の逆元は存在しない。

表 1.4 $GF(2)$ の加算表，乗算表，逆元表

+	0	1
0	0	1
1	1	0

×	0	1
0	0	0
1	0	1

x	$-x$	x^{-1}
0	0	−
1	1	1

例題 1.6　素体 $GF(3)=\{0,1,2\}$ の加算表，乗算表，逆元 $-x$ と (x^{-1}) を書け。

【解答】　素体 $GF(3)$ の演算表は**表 1.5** となる。

表 1.5　$GF(3)$ の演算表

$+$	0	1	2
0	0	1	2
1	1	2	0
2	2	0	1

$\times$	0	1	2
0	0	0	0
1	0	1	2
2	0	2	1

x	$-x$	x^{-1}
0	0	–
1	2	1
2	1	2

◇

例題 1.7　素体 $GF(5)=\{0,1,2,3,4\}$ の加算表, 乗算表, 逆元 $-x$ と (x^{-1}) を書け。

【解答】　素体 $GF(5)$ の演算表は**表 1.6** となる。

表 1.6　$GF(5)$ の演算表

$+$	0	1	2	3	4
0	0	1	2	3	4
1	1	2	3	4	0
2	2	3	4	0	1
3	3	4	0	1	2
4	4	0	1	2	3

$\times$	0	1	2	3	4
0	0	0	0	0	0
1	0	1	2	3	4
2	0	2	4	1	3
3	0	3	1	4	2
4	0	4	3	2	1

x	$-x$	x^{-1}
0	0	–
1	4	1
2	3	3
3	2	2
4	1	4

◇

1.3.4　ガロア体の拡大体

集合 $Z_4=\{0,1,2,3\}$ はガロア体の拡大体 $GF(2^2)$ なのであろうか。4 を法とする乗算表を作成すると 2 の逆元が存在しないことがわかる。したがって，集合 Z_4 は群とはならずガロア体にはなりえない。$GF(2^2)$ は位数が 4 なので 4 個の元を有するが，素体 $GF(2)$ の元が {0,1} なので，この体をもとにほかの元を求めることにする。この元を係数とする多項式を考える。これを $GF(2)$ 上の多項式と呼ぶ。1 次の多項式は，x と $x+1$ であるが，この多項式を 0 とする方程式の解は 0 と 1 であり体に解がある。同様に，$GF(2)$ 上の 2 次の多項式は，x^2, x^2+1, x^2+x と x^2+x+1 であるが，はじめの三つは因数分解ができ，これらの多項式を 0 とする方程式は体に解がある。これに対して，x^2+x+1 は因数分解ができず，その方程式は体に解をもたない。これは x を 0 としても 1 としても多項式が 0 とならないことから容易に確かめられる。このような多項式を既約多項式と呼ぶ。既約多項式の方程式の解を体の元に加えることにより，以前の体では解くことができなかった方程式を解くことができるようになる。このように拡張された体を拡大体と呼ぶ。$x^2+x+1=0$ の解を α とする。α は

$$\alpha^2+\alpha+1=0 \tag{1.35}$$

を満たす。素体 $GF(2)$ の演算は 2 を法とする加法，乗法として定義されているので，$\alpha^2=\alpha+1$，したがって，$\alpha^3=\alpha^2+\alpha=1$ となり，α は 3 乗で 1 に戻る。α を解とすると，この既約多項式は

$$x^2+x+1=(x+\alpha)(x+\alpha^2) \tag{1.36}$$

と因数分解されるので，ほかの解は α^2 であることがわかる。そこで，この方程式が解をもつためには，拡大体 $GF(2^2)=\{0,1,\alpha,\alpha^2\}$ を考えればよい。素体の場合と同様に，この集合に対して加算表，乗算表を作る（**表 1.7**）。これらの表より加法の単位元は 0，乗法の単位元は 1 とわかる。演算結果が 0 となる組合せを加算の逆元，演算結果が 1 となる組合せを乗算の逆元として逆元表を作る。0 の乗算の逆元は存在しない。

表 1.7　$GF(2^2)$ の加算表，乗算表，逆元表

$+$	0	1	α	α^2
0	0	1	α	α^2
1	1	0	α^2	α
α	α	α^2	0	1
α^2	α^2	α	1	0

$\times$	0	1	α	α^2
0	0	0	0	0
1	0	1	α	α^2
α	0	α	α^2	1
α^2	0	α^2	1	α

x	$-x$	x^{-1}
0	0	−
1	1	1
α	α	α^2
α^2	α^2	α

$GF(2)$ 上の既約多項式 x^2+x+1 を選ぶことにより，拡大体 $GF(2^2)$ の元を，0 以外は解 α のべきで表すことができた（1 は α^0 と同じである）。このような場合には，乗算は $\alpha^3=1$ を，また，加算は既約多項式からの $\alpha^2=\alpha+1$ を利用すれば容易に演算ができることがわかる。特に，後者のような式を α のべき表現の展開式，その係数を並べて $\alpha^2=\alpha+1=(1,1)$ と表現したものを，ベクトル表現と呼ぶ。つぎにその表を示す（**表 1.8**）。

表 1.8　$GF(2^2)$ の元と展開式およびベクトル表現

べき表現	$\alpha, 1$ による展開式	ベクトル表現
0	0	(0,0)
1	1	(0,1)
α	α	(1,0)
α^2	$\alpha+1$	(1,1)

ベクトル表現から明らかなように，$GF(2^2)$ の元は既約多項式 x^2+x+1 による余りの集合 $R_{x^2+x+1}=\{0,1,x,x+1\}$ から構成されていることに注意する。

同様に，$GF(2)$ 上の既約多項式 x^3+x+1 を選ぶことにより，拡大体 $GF(2^3)$ の元を求めることができる。余りの集合 R_{x^3+x+1} が $\{0,1,x,x+1,x^2,x^2+1,x^2+x,x^2+x+1\}$ なので，$x^3+x+1=0$ の解を α とすると，$GF(2^3)$ の元は，$\{0,1,\alpha,\alpha+1,\alpha^2,\alpha^2+1,\alpha^2+\alpha,\alpha^2+\alpha+1\}$ と表すことができる。$\alpha^3+\alpha+1=0$ を用いて，各元が

$$\begin{aligned}
\alpha+1 &= \alpha^3\\
\alpha^2+\alpha &= \alpha(\alpha+1)=\alpha\alpha^3=\alpha^4\\
\alpha^2+\alpha+1 &= \alpha^2+\alpha^3=\alpha^2(\alpha+1)=\alpha^5\\
\alpha^2+1 &= (\alpha^4+\alpha)+1=\alpha^4+\alpha^3=\alpha^3(\alpha+1)=\alpha^6
\end{aligned}$$

と計算できるので，$GF(2^3)$ の元を $\{0,\alpha^0,\alpha^1,\alpha^2,\alpha^3,\alpha^4,\alpha^5,\alpha^6\}$ と選ぶことができる。拡大体 $GF(2^3)$ では，乗算は $\alpha^7=\alpha\alpha^6=\alpha(\alpha^2+1)=\alpha^3+\alpha=1$ を，また，加算はつぎの $\{\alpha^0,\alpha^1,\alpha^2\}$ を基底とした展開式およびベクトル表現を用いると容易に演算ができる（**表 1.9**）。

表 1.9 $GF(2^3)$ の元と展開式およびベクトル表現

べき表現	$\alpha^2, \alpha, 1$ による展開式	ベクトル表現
0	0	(0,0,0)
1	1	(0,0,1)
α	α	(0,1,0)
α^2	α^2	(1,0,0)
α^3	$\alpha+1$	(0,1,1)
α^4	$\alpha^2+\alpha$	(1,1,0)
α^5	$\alpha^2+\alpha+1$	(1,1,1)
α^6	α^2+1	(1,0,1)

このように，高次の拡大体 $GF(2^m)$ についても，それらの元はつぎの $GF(2)$ 上の既約多項式（原始多項式）から求めることができ，その解を α とすると元はそのべきのみで表すことができる（**表 1.10**）。また，展開式の係数 c_i $(i = 0, 1, 2, \cdots, m-1)$ は $GF(2)$ の元なので，0 または 1 である。

表 1.10 $GF(2^m)$ 上の既約多項式（原始多項式）

m	原始多項式	m	原始多項式
1	$x+1$	11	$x^{11}+x^2+1$
2	x^2+x+1	12	$x^{12}+x^6+x^4+x+1$
3	x^3+x+1	13	$x^{13}+x^4+x^3+x+1$
4	x^4+x+1	14	$x^{14}+x^{10}+x^6+x+1$
5	x^5+x^2+1	15	$x^{15}+x+1$
6	x^6+x+1	16	$x^{16}+x^{12}+x^3+x+1$
7	x^7+x+1	17	$x^{17}+x^3+1$
8	$x^8+x^4+x^3+x^2+1$	18	$x^{18}+x^7+1$
9	x^9+x^4+1	19	$x^{19}+x^5+x^2+x+1$
10	$x^{10}+x^3+1$	20	$x^{20}+x^3+1$

一般に，拡大体 $GF(p^m)$ の元を $\{0, \alpha^0, \alpha^1, \alpha^2, \cdots, \alpha^{p^m-2}\}$ で表すことができる既約多項式を原始多項式と呼び，その解 α を原始元という。原始元は $\alpha^0, \alpha^1, \alpha^2, \cdots, \alpha^{p^m-2}$ がすべて異なり

$$\alpha^{p^m-1} = \alpha^0 = 1 \tag{1.37}$$

となる性質をもつ。これは乗算に便利である。また，加算を容易に行うために

は，$\{\alpha^0, \alpha^1, \alpha^2, \cdots, \alpha^{m-1}\}$ を基底とし，素体 $GF(p)$ の元を係数とする多項式

$$c_{m-1}\alpha^{m-1} + \cdots + c_2\alpha^2 + c_1\alpha + c_0 \tag{1.38}$$

を考えるとよい。原始元 α のべきは，このような多項式（展開式）で表すことが可能である。

例題 1.8　素体 $GF(3) = \{0, 1, 2\}$ 上の 2 次の既約多項式は $x^2 + 1, x^2 + x + 2, x^2 + 2x + 2$ である。$x^2 + 1 = 0$ の解を α として，拡大体 $GF(3^2)$ の元が $\{0, 1, 2, \alpha, \alpha + 1, \alpha + 2, 2\alpha, 2\alpha + 1, 2\alpha + 2\}$ となることを示せ。これより，各既約多項式を因数分解せよ。また，その乗算表を作成せよ。

【解答】　$x^2 + 1$ による余りの集合が $R_{x^2+1} = \{0, 1, 2, x, x + 1, x + 2, 2x, 2x + 1, 2x+2\}$ である。$x^2+1 = (x+\alpha)(x+2\alpha)$, $x^2+x+2 = (x+2\alpha+2)(x+\alpha+2)$, $x^2 + 2x + 2 = (x + 2\alpha + 1)(x + \alpha + 1)$。乗算表（**表 1.11**）は $\alpha^2 + 1 = 0$ より $\alpha^2 = 2$ に注意する。

表 1.11　乗　算　表

$\times$	0	1	2	α	$\alpha+1$	$\alpha+2$	2α	$2\alpha+1$	$2\alpha+2$
0	0	0	0	0	0	0	0	0	0
1	0	1	2	α	$\alpha+1$	$\alpha+2$	2α	$2\alpha+1$	$2\alpha+2$
2	0	2	1	2α	$2\alpha+2$	$2\alpha+1$	α	$\alpha+2$	$\alpha+1$
α	0	α	2α	2	$\alpha+2$	$2\alpha+2$	1	$\alpha+1$	$2\alpha+1$
$\alpha+1$	0	$\alpha+1$	$2\alpha+2$	$\alpha+2$	2α	1	$2\alpha+1$	2	α
$\alpha+2$	0	$\alpha+2$	$2\alpha+1$	$2\alpha+2$	1	α	$\alpha+1$	2α	2
2α	0	2α	α	1	$2\alpha+1$	$\alpha+1$	2	$2\alpha+2$	$\alpha+2$
$2\alpha+1$	0	$2\alpha+1$	$\alpha+2$	$\alpha+1$	2	2α	$2\alpha+2$	α	1
$2\alpha+2$	0	$2\alpha+2$	$\alpha+1$	$2\alpha+1$	α	2	$\alpha+2$	1	2α

◇

例題 1.9　$GF(2^3)$ において，$\alpha^4(\alpha + \alpha^6)^{-1}$ を計算せよ。

【解答】　α^6　◇

例題 1.10 a) x^4+x+1 の解を α として, $GF(2^4)$ のべき表現, $\alpha^3, \alpha^2, \alpha, 1$ による展開式とベクトル表現を求めよ。

b) $\alpha^{12}+(\alpha^9+\alpha^3)/(1+\alpha^{10})$ を計算せよ。

【解答】 a) $\alpha^{15}=1$ なので，ベクトル表現は**表 1.12** となる。

表 1.12 ベクトル表現

べき表現	$\alpha^3, \alpha^2, \alpha, 1$ による展開式	ベクトル表現
0	0	(0,0,0,0)
1	1	(0,0,0,1)
α	α	(0,0,1,0)
α^2	α^2	(0,1,0,0)
α^3	α^3	(1,0,0,0)
α^4	$\alpha+1$	(0,0,1,1)
α^5	$\alpha^2+\alpha$	(0,1,1,0)
α^6	$\alpha^3+\alpha^2$	(1,1,0,0)
α^7	$\alpha^3+\alpha+1$	(1,0,1,1)
α^8	α^2+1	(0,1,0,1)
α^9	$\alpha^3+\alpha$	(1,0,1,0)
α^{10}	$\alpha^2+\alpha+1$	(0,1,1,1)
α^{11}	$\alpha^3+\alpha^2+\alpha$	(1,1,1,0)
α^{12}	$\alpha^3+\alpha^2+\alpha+1$	(1,1,1,1)
α^{13}	$\alpha^3+\alpha^2+1$	(1,1,0,1)
α^{14}	α^3+1	(1,0,0,1)

b) 1

◇

2 情報に関する諸量

世の中には，多くのありふれた事象と，たまに遭遇する珍しい事象とが存在する。平日に電車で通勤している社会人は，ほとんどの平日において自身の乗る電車は通常運行しているだろう。しかし，たまに機器トラブルなどでいつも乗車している電車が定時に出発しない状況に遭遇することがある。このように，「ありふれた」や「たまに，まれに」という状況を数学的に捉える枠組みとして情報量という概念がある。情報量は，いわば，得られた情報がどれだけ驚愕に値するかを示す指標である。また，情報量の期待値を計算することで，事象の生起確率がどれだけ偏っているのか知ることができる。

本章では，情報量の定義に加えて，情報量にまつわる各種概念・諸量についても示す。

2.1 情報の伝達

情報理論で用いられる諸量について詳解する。ここでは，情報の伝達を例に諸量の意味するところについても説明する。まず情報理論で用いられる諸量の中で，最も基本的な情報量について考えてみる。1 章で述べたとおり，情報理論では対象とする事象の生起確率に応じた諸量を定義している。すなわち，当たり前の事象では小さくなり，めったに起こらない事象では大きくなるような関係性をもつ必要がある。例えば，細工のされていないサイコロを例にとると，6 面のサイコロを振って “1” が出るという事象と，100 面ダイスを振って “1” 以外が出る事象では，前者のほうが情報量が高いような関数が望ましい。つまり，生起確率が大きいほど小さく，生起確率が小さいほど大きくなるような，生起確率に対して単調減少をするような関数であることが望ましい。また，二つ以上の事象があった場合，それらの事象が独立であったなら，事象が多いほど情報も多くなるため，加法的性質をもった関数である必要がある。この二つの条件をもち合わせた関数として代表的なものが対数関数である。情報理論でも対数関数を用いて，基本的な情報の量を定義している。

さらに情報理論では，さまざまな事象を情報の源（情報源）として扱う。特に対象とする事象の発生する確率（生起確率）が情報理論では重要な要素となるため，情報源を事象と生起確率を上下に並べた形で次式のように記載する。これは情報源 X の中に要素が n 個あり，それぞれの要素 S_i の生起確率が P_i であることを示している。

$$X = \begin{pmatrix} S_1 & S_2 & \cdots & S_n \\ P_1 & P_2 & \cdots & P_n \end{pmatrix}, \quad \sum_{i=1}^{n} P_i = 1,\ P_i \geqq 0 \tag{2.1}$$

2.2　情　　報　　量

情報理論で用いられる諸量の中でも，最も基礎的なものが情報量である。**情報量**は式 (2.2) により示され，2.1 節で述べたとおり，生起確率に対して単調減少であること（**図 2.1**）と，加法的性質の特性とをもち合わせている。ここでは，これら二つの特性を中心に，情報量の特性について詳解する。

$$I = K \log_a \frac{1}{p}, \quad K > 0,\ a > 1 \tag{2.2}$$

また，ここでは 0 と 1 の 2 種類のシンボル（ビット）で事象を表現するディジタル（1/0）で情報量を定義するので，対数関数の底の部分 a は 2 になっている。また，K は通常 1 とするため，情報量は次式で計算できる。

$$I(p) = -\log_2 p \quad 〔ビット〕 \tag{2.3}$$

単位は〔ビット〕である。〔ビット〕という単位は 2 進数 1 桁を表す場合に

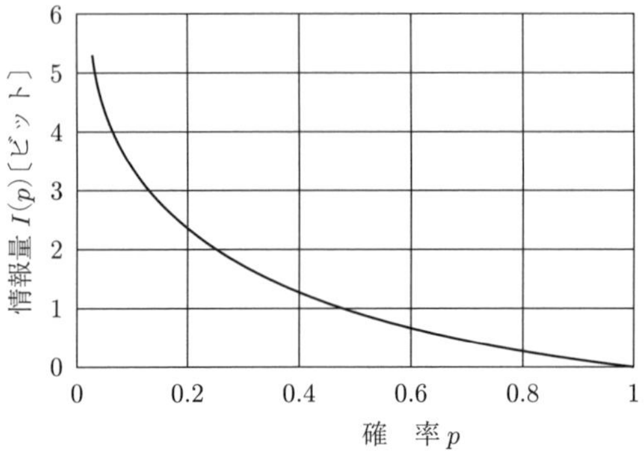

図 2.1　情報量 $I(p)$ は p の単調減少関数である

も用いられている。この情報量は，$p = 1/2$ のとき $I(1/2) = 1$ であり，確率 (1/2) の事象が生起したとき 1 ビットの情報が伝達されたと決めている。例として，サイコロを振ったとき 1 の目が出た場合，伝達された情報量は

$$I(1/6) = -\log_2(1/6) = 2.585 \text{ ビット} \tag{2.4}$$

と計算することができ，また，100 面ダイスを振ってみたとき 1 の目以外が出た場合の伝達情報量は

$$I(0.99) = -\log_2 0.99 = 0.0145 \text{ ビット} \tag{2.5}$$

と求めることができる。このようにして定義された情報量では，起こることが確実な事象 ($p = 1$) が生起しても $I(1) = 0$ であり，情報の伝達はないが，起こるはずのない事象が起こった場合 ($p = 0$) は，$I(0) = \infty$ となり，無限大の情報が伝達されたことになる。すなわち，ビックリしたことが大きいほど多量の情報が伝達されたといえる。

事象 A が生起する確率 p_A と事象 B が生起する確率 p_B が独立な場合，情報量はつぎの性質を満たす。

$$I(p_A p_B) = I(p_A) + I(p_B) \tag{2.6}$$

これは独立事象 A と独立事象 B が起こったとき，伝達された情報量は個々の情報量の和と考えても，独立事象 A と独立事象 B の一体化した事象（生起確率は個々の確率の積）と考えても，伝達された情報量は同じであることを表す。5 円玉と 100 円玉のコイン投げを行い，5 円玉と 100 円玉がともに表となった場合，個々の事象は確率 (1/2) で生じるので，伝達された情報量の和は

$$I(1/2) + I(1/2) = 2 \text{ ビット} \tag{2.7}$$

また，ともに表となる確率は (1/4) なので，伝達された情報量は

$$I(1/4) = 2 \text{ ビット} \tag{2.8}$$

と 2 通りの方法で計算することができ，同じ結果を与える。見て結果を知る代わりに，つぎのような質問により結果を知ることもできる。「5 円玉は表ですか。」答えは yes でも no でも 5 円玉の表裏を判断することができる。つぎに，「100 円玉は表ですか。」同様に yes でも no でも 100 円玉の表裏を判断することができる。すなわち，質問をする前は見ていないためコインの表裏はあいまいであったが，2 回の質問の答えから完全にコインの表裏の情報を得たといえる。この質問の回数が情報量であると考えて，2 ビットの情報が伝達されたといってもよい。ただし，これは確率 (1/2) で生起する事象に対して質問が二者択一でなされた場合に限られることに注意する。以後，特に必要と思われる場合を除いて，単位をいちいち表示しないが，特に断らない限り情報量の単位は〔ビット〕である。

整理すると，情報量には図 **2.2** に示す性質がある。

非負性：	$I(p) \geqq 0$
加法性：	$I(pq) = I(p) + I(q)$
正規性：	$I\left(\dfrac{1}{2}\right) = 1$
単調減少：	$p_1 < p_2 \rightarrow I(p_1) > I(p_2)$

図 2.2　情報量の性質

例題 2.1　情報源から 0 が出力される確率が 0.75 のとき，0 が出力された場合に伝達された情報量はいくらか。

【解答】　0.415　◇

例題 2.2　情報量を

$$I(p) = -\log_{10} p \quad 〔ハートレー〕$$

と定義することもある。1 ハートレーは何ビットか。単位として〔ハートレー〕以外に〔ディット〕や〔デシット〕も用いられている。また，自然対数を用いて

$$I(p) = -\log_e p \quad 〔ナット〕$$

と定義することもできる。1 ナットは何ビットか。

【解答】　1 ハートレー = 3.322 ビット，1 ナット = 1.443 ビット　◇

2.3　平均情報量（エントロピー）

2.3.1　エントロピー

一つの事象について，その生起確率から情報量が求められるが，多くの事象が存在する場合に，それら集合（事象）全体での平均的な情報量を**平均情報量**で表すことができる。平均情報量 H は次式で示されるように，情報量に生起確率を乗じて足し合わせた形で表現され，ちょうど情報量の期待値の形で求めることができる。

$$H = -\sum_{i=1}^{n} P_i \log_2 P_i \tag{2.9}$$

特性が似ていることから，熱力学（物理）におけるエントロピーにちなんで，

情報理論におけるエントロピーと定義され E で表記される。**エントロピー**は情報源に含まれる全通報の理論上の情報量の平均を示しており，いわば平均情報量の理想値（最低値）である。

エントロピーは，事象の数が増えるほど増加する特性をもつ。また，二つの事象の場合，その情報源のエントロピーは，片方の生起確率 $p = 0.5$ で最大値 1.0 を示す。これは事象数が 2 の場合，片方の生起確率が 0.5 であるなら，残りの片方の生起確率も 0.5 であり，どちらになるか確率に均等であることを示している。つまり，エントロピーが大きいということは，予測のしにくさ（不確定度）を示しているともいえる。エントロピーの最小は 0 で，これは予測が完全にできる場合を示し，逆に最大値の場合はランダム性が高く予測できないことを示している。エントロピーの最大値は $\log_2 N$（N：事象の数）で示される。つまり，エントロピーが最大であるとき，生起確率はどの事象でも等しいことになる。

エントロピーの特性について，1.1.2 項でも述べたアルファベットのディジタル化を例に説明する。ここでは，A～Z のアルファベット 26 文字とスペースを合わせた 27 文字（事象）を例に説明する。27 事象を符号化する場合，例えば図 **2.3** に示すように，[00001] から [11011] の 5 ビットあれば表現できる。

A	00001	H	01000	O	01111	V	10110
B	00010	I	01001	P	10000	W	10111
C	00011	J	01010	Q	10001	X	11000
D	00100	K	01011	R	10010	Y	11001
E	00101	L	01100	S	10011	Z	11010
F	00110	M	01101	T	10100	スペース	11011
G	00111	N	01110	U	10101		

図 2.3　アルファベットのディジタル化(例)

これはビットを用いた事象表現において，ビット数が 1 ビット増えるごとに表現できる事象の数は倍になり，5 ビットでは 32 種類の事象まで表現できるからである。アスキーコードにも見られるように，すべての文字（事象）に決まったビット数を割り当てるディジタル化（符号化）のことを固定長符号化という。固定長符号化では，いうまでもなくすべての文字に同じビット数を割り当てるので，図の例では平均的な情報量は1文字当り5ビットとなる。

これに対して，事象の生起確率から求めた情報量に応じてディジタル化した場合，発生頻度が多い文字には少ないビット数，逆に発生頻度が少ない文字には多いビット数を割り振るため，平均情報量は固定長符号化と比べて小さくなる。この傾向は，文字ごとの生起確率の差が大きいほど顕著に表れる。このように，平均情報量を下げることで，通信や記録のために必要な情報量を減らすディジタル化を可変長符号化という。こうした可変長符号化を用いた際に，最もうまく符号化できたとして，平均符号長がいくらになるか理論的にも求めたものがエントロピーである。つまり，エントロピーは平均的な情報量の理論的な下限値を示していることになる。

可変長符号化の特長は，1.1.2項でも述べたモールス符号による電信でも同様である。ではなぜ，モールス符号をそのままディジタル化して利用しなかったのだろうか。例えば，モールス符号の短点（・）と長点（—）をそれぞれ，ディジタルの0と1に割り振れば，効率的な可変長符号ができ上がるように思われる。しかし，モールス符号とディジタル符号化の間には大きな違いがある。それは文字（事象）ごとの区切り（ブランク）である。モールス符号は1文字送信するごとに，少し間をおいてつぎの文字を送付する。一方，ディジタル符号はつぎからつぎにディジタルビットを送信するため，ブランクは存在しない。そのため，ブランクがわかるように工夫をして，連続したディジタルビットを送受信する必要がある。エントロピーは，こうしたブランクに相当するロスも考えたうえで必要な情報量の平均（下限）を示しているのである。

- エントロピーは平均情報量（理論値）を示す。
- エントロピーは情報源の不確定度（最小0）を示す。
- エントロピーの範囲は $0 \leqq E \leqq \log_2 N$ である。

2.3.2　シャノンの補助定理

シャノンの補助定理　任意の数の組 p_i と q_i が

$$1=\sum_{i=1}^{M} p_i, \quad 1 \geqq \sum_{i=1}^{M} q_i, \qquad 1 \geqq p_i \geqq 0,\ 1 \geqq q_i \geqq 0 \tag{2.10}$$

を満たすとき，つぎの関係が成立する。

$$-\sum_{i=1}^{M} p_i \log_2 q_i \geqq -\sum_{i=1}^{M} p_i \log_2 p_i \tag{2.11}$$

(等号は $p_i = q_i \ (i=1,2,\cdots,M)$ のとき)

これを**シャノンの補助定理**と呼ぶ。

証明　(左辺 − 右辺) を計算して，これが正または 0 であることを示す。

$$\begin{aligned}
D &= -\sum_{i=1}^{M} p_i \log_2 q_i - \left(-\sum_{i=1}^{M} p_i \log_2 p_i\right) \\
&= -\sum_{i=1}^{M} p_i \log_2 \frac{q_i}{p_i} \\
&= \frac{1}{\log_e 2}\sum_{i=1}^{M} p_i \left(-\log_e \frac{q_i}{p_i}\right) \\
&\geqq \frac{1}{\log_e 2}\sum_{i=1}^{M} p_i \left(1-\frac{q_i}{p_i}\right) \qquad (-\log_e x \geqq 1-x \text{ 利用}) \\
&\qquad\qquad (\text{等号は } x=1, \text{すなわち } q_i = p_i \text{のとき}) \\
&= \frac{1}{\log_e 2}\left(\sum_{i=1}^{M} p_i - \sum_{i=1}^{M} q_i\right) \\
&\geqq 0 \qquad\qquad (\text{等号は} \sum_{i=1}^{M} q_i = 1 \text{ のとき})
\end{aligned}$$

□

いま，p_i と q_i がそれぞれ異なる M 個の事象に付随する確率を表すとする。すなわち，$\sum_{i=1}^{M} p_i = \sum_{i=1}^{M} q_i = 1$ である。シャノンの補助定理において，$q_i = 1/M$ とおくと

$$-\sum_{i=1}^{M} p_i \log_2 \frac{1}{M} = \log_2 M \geqq -\sum_{i=1}^{M} p_i \log_2 p_i \tag{2.12}$$

となるので，右辺の平均情報量が最大となるのは

$$p_i = \frac{1}{M} \quad (i = 1, 2, \cdots, M) \tag{2.13}$$

の場合であり，このとき最大値 $H_1(S) = \log_2 M$ となる。事象の生起に偏りがなくすべての事象が等確率で起こる場合に，平均情報量は事象数の対数で表され最大となる。

2.3.3　エントロピー関数

事象 $\{a, b\}$ の $M = 2$ の場合について少し詳しく見ておく。事象 a が確率 p で，事象 b が確率 $1 - p$ で起こる場合，平均情報量は

$$\begin{aligned} H_1(\{a(p), b(1-p)\}) &= -p \log_2 p - (1-p) \log_2 (1-p) \\ &\equiv \mathcal{H}(p) \end{aligned} \tag{2.14}$$

と表され，前述の証明どおり $p = 1/2$ で最大値 1 をもつことがわかる（図 **2.4**）。$\mathcal{H}(p)$ は**エントロピー関数**と呼ばれている。

エントロピー関数は，変数 $1 \geqq p \geqq 0$ に対して，つぎの性質を満たす。

$$\mathcal{H}(p) = \mathcal{H}(1-p) \geqq 0 \tag{2.15}$$

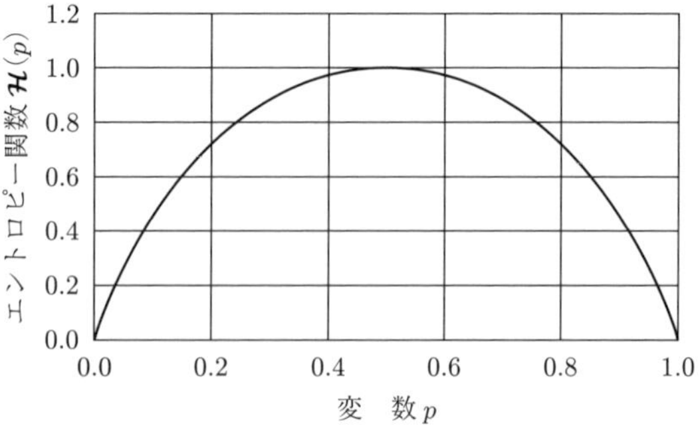

図 **2.4**　エントロピー関数 $\mathcal{H}(p)$ は $p = 1/2$ で最大値 1 をもつ

以後は，エントロピー関数の変数の制限は特に断らないが，0 から 1 の範囲であることに注意する。

2.3.4 冗 長 度

エントロピーが小さい場合，事象の生起確率の偏りが大きいことはすでに説明した。**冗長度** D とは，生起確率の偏りによってエントロピーがどれだけ減少しているかを示す割合で，下式によって求めることができる。情報をディジタル化して通信や記録に用いる場合，冗長度が低い形で符号化することが望ましいが，逆に冗長度が高い形で符号化することによって，情報誤りが生じた場合の誤り訂正能力をもたせることができる。シャノンの第一定理（情報源符号化）では冗長度を下げる効果を利用し，第二定理（通信路符号化）では冗長度を上げたことによる効果を利用している。

$$D = \frac{H_{\max} - H}{H_{\max}} = 1 - \frac{H}{\log_2 n} \tag{2.16}$$

2.3.5 結合エントロピー

事象ごとの生起確率を用いてエントロピーが計算されるが，二つ以上の事象が組み合わさった事象についても同様に考えることができる。二つの事象の生起確率が結合確率で表される場合，生起確率の代わりに結合確率を入れて，2 次元に拡張することで同様に**結合エントロピー**を求めることができる。この結合エントロピーは二つの事象を一つの事象と考えた場合のエントロピーに相当する。

二つの情報源 X と Y を考える。

$$X = \begin{pmatrix} x_1 & x_2 & \cdots & x_n \\ P(x_1) & P(x_2) & \cdots & P(x_n) \end{pmatrix},$$

$$\sum_{i=1}^{n} P(x_i) = 1, \quad P(x_i) \geqq 0 \tag{2.17}$$

$$Y = \begin{pmatrix} y_1 & y_2 & \cdots & y_m \\ P(y_1) & P(y_2) & \cdots & P(y_m) \end{pmatrix},$$

$$\sum_{i=1}^{m} P(y_i) = 1, \quad P(y_i) \geqq 0 \tag{2.18}$$

この X と Y に含まれる事象を組み合わせた情報源 $X \cdot Y$ を考える。

$$X \cdot Y = \begin{pmatrix} (x_1, y_1) & (x_2, y_2) & \cdots & (x_n, y_m) \\ P(x_1, y_1) & P(x_2, y_2) & \cdots & P(x_n, y_m) \end{pmatrix},$$

$$\sum_{i=1}^{n} \sum_{j=1}^{m} P(x_i, y_j) = 1, \quad P(x_i, y_i) \geqq 0 \tag{2.19}$$

結合事象のエントロピーは，結合事象 $X \cdot Y$ を一つの情報源として考えることで，次式によって計算することができる。

$$H(X, Y) = \sum_{i=1}^{n} \sum_{j=1}^{m} P(x_i, y_j) \log P(x_i, y_j) \quad 〔ビット〕 \tag{2.20}$$

2.3.6 条件付エントロピー

二つの事象の生起確率の関係が条件付確率で表される場合，同じようにエントロピーを計算することで，条件付エントロピーを求めることができる。**条件付エントロピー**とは，片方の情報源について知識を得た後，もう片方の情報源にまだ残っている不確定度の大きさを表している。これは，片方の情報源について知識を得た後に，もう片方の情報源から新たに得られる平均の情報量であるともいえる。

二つの情報源 X と Y を考える。

$$X = \begin{pmatrix} x_1 & x_2 & \cdots & x_n \\ P(x_1) & P(x_2) & \cdots & P(x_n) \end{pmatrix},$$

$$\sum_{i=1}^{n} P(x_i) = 1, \quad P(x_i) \geqq 0 \tag{2.21}$$

$$Y = \left(\begin{array}{cccc} y_1 & y_2 & \cdots & y_m \\ P(y_1) & P(y_2) & \cdots & P(y_m) \end{array} \right),$$

$$\sum_{i=1}^{m} P(y_i) = 1, \quad P(y_i) \geqq 0 \tag{2.22}$$

ここで，情報源 X において，通報を受け取った後に情報源 Y から通報を受ける場合を考える。

$$Y|x_i = \left(\begin{array}{cccc} y_1|x_i & y_2|x_i & \cdots & y_m|x_i \\ P(y_1|x_i) & P(y_2|x_i) & \cdots & P(y_m|x_i) \end{array} \right),$$

$$\sum_{i=1}^{m} P(y_i|x_i) = 1, \quad P(y_i|x_i) \geqq 0 \tag{2.23}$$

この情報源 $Y|x_i$ のエントロピーは

$$H(Y|x_i) = -\sum_{j=1}^{m} P(y_j|x_i) \log_2 P(y_j|x_i) \quad \text{〔ビット〕} \tag{2.24}$$

このエントロピーの各 x_i の平均が条件付エントロピーである。

$$H(Y|X) = \sum_{i=1}^{n} P(x_i) H(Y|x_i) \tag{2.25}$$

これを変形して，結合確率を使う形で計算することもできる。

$$\begin{aligned} H(Y|X) &= \sum_{i=1}^{n} P(x_i) H(Y|x_i) \\ &= -\sum_{i=1}^{n} \sum_{j=1}^{m} P(x_i) P(y_j|x_i) \log_2 P(y_j|x_i) \\ &= -\sum_{i=1}^{n} \sum_{j=1}^{m} P(x_i, y_j) \log_2 P(y_j|x_i) \end{aligned} \tag{2.26}$$

2.3.7 エントロピーの性質

ある事象（情報源）X と Y について，情報源 X のエントロピー $H(X)$ と

条件付エントロピー $H(Y|X)$ の和を求めると，次式のように結合エントロピー $H(X,Y)$ と等しくなる。

$$
\begin{aligned}
H(X)+H(Y|X) &= -\sum_{i=1}^{n}\sum_{j=1}^{m} P(x_i,y_j)\log_2 P(x_i) \\
&\quad -\sum_{i=1}^{n}\sum_{j=1}^{m} P(x_i,y_j)\log_2 P(y_j|x_i) \\
&= -\sum_{i=1}^{n}\sum_{j=1}^{m} P(x_i,y_j)\log_2 P(x_i)P(y_j|x_i) \\
&= -\sum_{i=1}^{n}\sum_{j=1}^{m} P(x_i,y_j)\log_2 P(x_i,y_j) \qquad (2.27)
\end{aligned}
$$

また同様に，情報源 Y のエントロピー $H(Y)$ と条件付エントロピー $H(X|Y)$ の和を求めても結合エントロピー $H(X,Y)$ と等しくなる。このことから，三つのエントロピーの間には，以下の等式が成り立っていることがわかる。

$$
\begin{aligned}
H(X,Y) &= H(X)+H(Y|X) \\
H(Y,X) &= H(Y)+H(X|Y)
\end{aligned} \qquad (2.28)
$$

この等式は，X と Y を結合した情報源から得られる平均情報量（結合エントロピー）は，事前に得られる情報源 X から得られる平均情報量と，その後に残りの情報源 Y から新たに得られる平均情報量（条件付エントロピー）の和に等しいことを示している。同様に，情報源 Y から得られる平均情報量と，残りの情報源 X から新たに得られる平均情報量（条件付エントロピー）の和に等しいことにもなる。

ここで，$H(X)$ と $H(Y)$ になんらかの関係がある場合，$H(X)$ と $H(Y)$ の和は $H(X,Y)$ 以上になる。

$$
H(X)+H(Y) \geqq H(X,Y) \qquad (2.29)
$$

そのためエントロピーの等式と併せて考えると，それぞれのエントロピー $H(X)$, $H(Y)$ と条件付エントロピー $H(X|Y)$ の間では以下の不等式が成り立つ。この二つの不等式を**シャノンの不等式**という。

$$H(X) \geqq H(X|Y)$$
$$H(Y) \geqq H(Y|X) \tag{2.30}$$

例えば，不等式 (2.30) では，$H(X)$, $H(X|Y)$ の双方ともが情報源 X に関するエントロピーであるが，右辺の条件付エントロピーのほうが小さいことから，情報源 Y から情報を得たことによって情報源 X から得られるエントロピーが減少していることを示している。同様に，下の不等式は情報源 X から情報を得たことによって情報源 Y から得られるエントロピーが減少したことを示している。シャノンの不等式において，等号が成り立つのは，情報源 X と情報源 Y が無関係である場合であり，このような関係を**独立**という。

例題 2.3 a) 5 円玉と 100 円玉のコイン投げを行う場合，生起事象は (表表), (表裏), (裏表), (裏裏) の 4 通りである。各コインの表裏は等確率で生じるとして平均情報量を計算せよ。

b) 上記の問題において (裏裏) となったときは 1 を，それ以外のときは 0 を出力する 2 元情報源を考える。この情報源の平均情報量はいくらか。

【解答】 a) 2
b) 0.8113 ◇

例題 2.4 $\mathcal{H}(0.25)$, $\mathcal{H}(0.75)$, $\mathcal{H}(0.57)$, $\mathcal{H}(0.3)$, $\mathcal{H}(0.1)$, $\mathcal{H}(0.01)$ を計算せよ。

【解答】 0.8113, 0.8113, 0.9858, 0.8813, 0.4690, 0.0808 ◇

2.4 相 互 情 報 量

シャノンの不等式の左辺から右辺を引いたものを**相互情報量**と呼び，$I(X;Y)$ と記述し，次式のように求めることができる。

$$I(X;Y) = H(X) - H(X|Y) \quad 〔ビット〕$$
$$= \sum_{i=1}^{n}\sum_{j=1}^{m} P(x_i, y_j)\log_2 \frac{P(x_i, y_j)}{P(x_i)P(y_j)} \quad 〔ビット〕 \qquad (2.31)$$

X から得られるエントロピーから，Y に関する情報を得た後に X から得られるエントロピーを引いたもので，これは Y から X について間接的に得られる平均情報量に相当する。言い方を代えると，X がもっている不確定度から，Y に関する情報を得たことによって減少した平均情報量（条件付エントロピー）を減じたものに等しい。そのため，相互情報量は二つの情報源 X と Y の間の関連性を定量的に表したものといえる。この関係は X と Y の順番が入れ替わっても成り立つので，以下の等式が成り立つ。

$$I(X;Y) = I(Y;X) \quad (\geqq 0) \qquad (2.32)$$

これらエントロピーの関係性を集合で用いる包含関係で示すと，図 **2.5** のようになる。

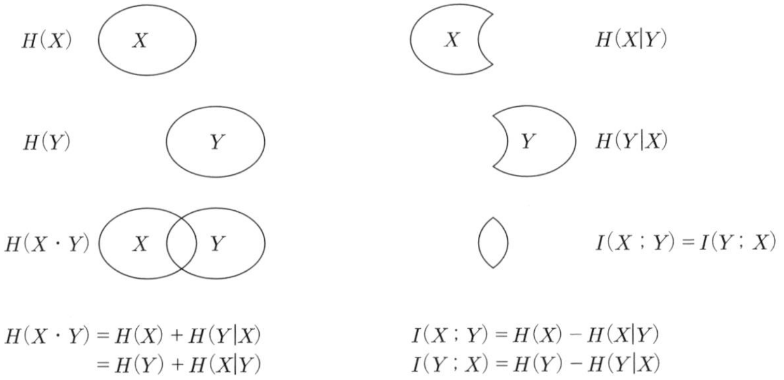

図 **2.5**　エントロピーの関係

相互情報量について，つぎの三つの場合に分けて考えてみよう。

（1）　予測が 100%当たる場合　　まず，予測したとおり結果が生じる場合（事象 a が起こると予測すれば事象 a が起こり，事象 b が起こると予測すれば事象 b が起こる）には，条件付確率は表 **2.1** となる。

すなわち，予測の確率分布が $(P_X(a), P_X(b))$ であるとき，結果の確率分布は

表 2.1　予測が 100%当たる場合

$P(y\mid x)$		予測 X	
		事象 a	事象 b
結果 Y	事象 a	1	0
	事象 b	0	1

$$\begin{pmatrix} P_Y(a) \\ P_Y(b) \end{pmatrix} = \begin{pmatrix} 1 & 0 \\ 0 & 1 \end{pmatrix} \begin{pmatrix} P_X(a) \\ P_X(b) \end{pmatrix} = \begin{pmatrix} P_X(a) \\ P_X(b) \end{pmatrix} \tag{2.33}$$

となり，予測の確率分布と一致する。事象 a または事象 b で条件付けられたあいまいさは

$$H_1(Y|a) = H_1(Y|b) = -1 \times \log_2 1 - 0 \times \log_2 0 = 0 \tag{2.34}$$

なので，条件付けにより結果のあいまいさがなくなったと考えてよい。すなわち，予測のあいまいさ $H_1(X)$ がそのまま結果のあいまいさ $H_1(Y)$ となる。

$$H_1(Y) = H_1(X) \tag{2.35}$$

このとき伝達された情報量 $I(Y;X)$ は，予測のあいまいさ $H_1(X)$ がそのまま伝達され，結果のあいまいさの上にかぶさったと考えてよいので

$$I(Y;X) = H_1(X) \tag{2.36}$$

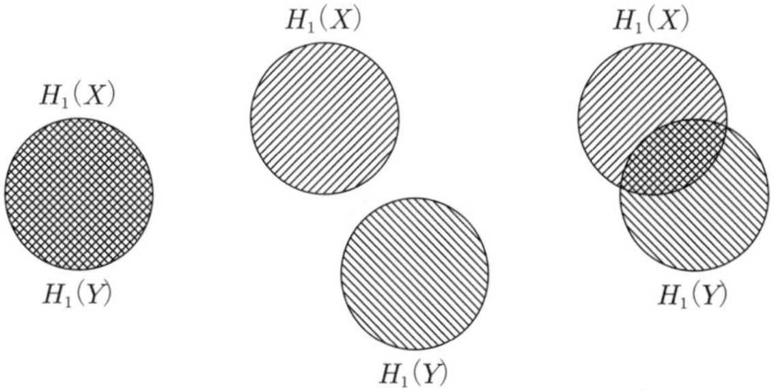

（a）　予測が 100%当たる場合　（b）　予測が結果になんら関係しない場合　（c）　予測が一定程度結果に影響を与える場合

図 2.6　予測と結果の関係（斜線がクロスしている部分（網目）が相互情報量 $I(Y;X)$ を表している）

と表すことができる。この場合の関係は図 **2.6**（a）のようになる。予測が 100% ハズレる場合にも同様の結論が導かれるが，100%ハズレるとは 100%当たるということを逆に述べているにすぎないことに気がつけば納得できるであろう。

（**2**）**予測が結果になんら関係しない場合**　　つぎに予測が結果になんら影響をもたない場合を考える。このときは予測に関係なく結果が一定の確率で発生するので，条件付確率は表 **2.2** となる。

表 2.2　予測が結果になんら関係しない場合

$P(y\|x)$		予測 X	
		事象 a	事象 b
結果 Y	事象 a	p	p
	事象 b	q	q

（1）と同様，予測の確率分布が $(P_X(a), P_X(b))$ であるとき，結果の確率分布は，次式となる。

$$\begin{pmatrix} P_Y(a) \\ P_Y(b) \end{pmatrix} = \begin{pmatrix} p & p \\ q & q \end{pmatrix} \begin{pmatrix} P_X(a) \\ P_X(b) \end{pmatrix} = \begin{pmatrix} p \\ q \end{pmatrix} \tag{2.37}$$

ここで，$P_X(a) + P_X(b) = 1$ を用いた。予測にかかわりなく事象 a は確率 p で，事象 b は確率 q で生じている。したがって，結果のあいまいさは，エントロピー関数を用いて

$$H_1(Y) = \mathcal{H}(p) \tag{2.38}$$

と表すことができる。このとき，事象 a または事象 b で条件付けられたあいまいさは

$$H_1(Y|a) = H_1(Y|b) = -p\log_2 p - q\log_2 q = \mathcal{H}(p) \tag{2.39}$$

なので，条件付あいまいさは

$$H_1(Y|X) = \mathcal{H}(p)P_X(a) + \mathcal{H}(p)P_X(b) = \mathcal{H}(p) \tag{2.40}$$

となる。すなわち，条件を付けたことにより残った結果のあいまいさが，もとの結果のあいまいさと同じであるので，予測は結果のあいまいさになんら影響を与えていない。予測により伝達された情報量 $I(Y;X)$ は

$$I(Y;X) = H_1(Y) - H_1(Y|X) = \mathcal{H}(p) - \mathcal{H}(p) = 0 \tag{2.41}$$

となる。すなわち，このとき伝達された情報量 $I(Y;X)$ は 0 なので，予測のあいまいさ $H_1(X)$ が，結果のあいまいさの上にまったくかぶらず離れたところにあると考えてよい。この場合の予測と結果の関係は図 2.6（b）のようになる。

（3） 予測が一定程度結果に影響を与える場合　最後に，予測が結果になんらかの影響を与えている場合を考える。上記二つの中間的な場合である。条件付確率が**表 2.3** で表されるとき，結果のあいまいさ，および伝達された情報量を求める。

表 2.3　予測が一定程度結果に影響を与える場合

$P(y\|x)$		予測 X	
		事象 a	事象 b
結果	事象 a	0.9	0.3
Y	事象 b	0.1	0.7

結果のあいまいさは明らかに，事象 a が生じる確率と事象 b が生じる確率に具体的に依存するので，予測の確率分布が $(P_X(a), P_X(b)) = (0.9, 0.1)$ とすれば結果の確率分布は

$$\begin{pmatrix} P_Y(a) \\ P_Y(b) \end{pmatrix} = \begin{pmatrix} 0.9 & 0.3 \\ 0.1 & 0.7 \end{pmatrix} \begin{pmatrix} 0.9 \\ 0.1 \end{pmatrix} = \begin{pmatrix} 0.84 \\ 0.16 \end{pmatrix} \tag{2.42}$$

となる。したがって，結果のあいまいさは

$$H_1(Y) = -0.84 \times \log_2 0.84 - 0.16 \times \log_2 0.16 = 0.6343 \tag{2.43}$$

と計算できる。また，事象 a または事象 b で条件付けられたあいまいさは

$$H_1(Y|a) = -0.9 \times \log_2 0.9 - 0.1 \times \log_2 0.1 = 0.4690$$
$$H_1(Y|b) = -0.3 \times \log_2 0.3 - 0.7 \times \log_2 0.7 = 0.8813 \tag{2.44}$$

なので，平均された条件付あいまいさは

$$H_1(Y|X) = 0.4690 \times 0.9 + 0.8813 \times 0.1 = 0.5102 \tag{2.45}$$

となる。したがって，相互情報量は

$$I(Y;X) = H_1(Y) - H_1(Y|X) = 0.6343 - 0.5102 = 0.1241 \tag{2.46}$$

すなわち，このとき伝達された情報量 $I(Y;X)$ は，予測のあいまいさ $H_1(X)$ が伝達され，結果のあいまいさの中に一部含まれていると考えてよい。この場合の予測と結果の関係は図 2.6（c）のようになる。

例題 2.5　a)　予測が表 2.1 のように 100%当たる場合，事象 a,b が $(P_X(a), P_X(b)) = (0.75, 0.25)$ の確率で起こると予測すると，結果のあいまいさ $H_1(Y)$ はいくらか，また伝達情報量 $I(Y;X)$ はいくらか計算せよ。

b)　予測が表 2.2 のように結果にまったく影響を与えない場合，事象 a が 0.75 の確率で，事象 b が 0.25 の確率で起こったとすると，結果のあいまいさ $H_1(Y)$ はいくらか，また伝達された情報量 $I(Y;X)$ はいくらか計算せよ。

c)　予測が表 2.3 のように一定程度結果に影響を与える場合，事象 a,b が $(P_X(a), P_X(b)) = (0.75, 0.25)$ の確率で起こると予測すると，結果のあいまいさ $H_1(Y)$ はいくらか，また伝達された情報量 $I(Y;X)$ はいくらか計算せよ。

【解答】　a)　$H_1(Y) = 0.8113$, $I(Y;X) = 0.8113$

b)　$H_1(Y) = 0.8113$, $I(Y;X) = 0$

c)　$H_1(Y) = 0.8113$, $I(Y;X) = 0.2392$　◇

例題 2.6　予測の確率分布が $(P_X(a), P_X(b)) = (0.6, 0.4)$ で与えられ，予測による結果の条件付確率が**表 2.4** で表されるとき，予測のあいまいさ $H_1(X)$，結果のあいまいさ $H_1(Y)$，条件付あいまいさ $H_1(Y|X)$，および伝達された情報量 $I(Y;X)$ はいくらか。

表 2.4　予測による結果の確率分布

$P(y\|x)$		予測 X	
		事象 a	事象 b
結果	事象 a	0.80	0.35
Y	事象 b	0.20	0.65

【解答】　$H_1(X) = 0.971$, $H_1(Y) = 0.958$, $H_1(Y|X) = 0.8068$,
$I(Y;X) = 0.1513$　◇

例題 2.7　あなたの街の天気はほとんど晴か雨であるとする。この街について，気象予報士の予報と実際の天気を調べてみると，予報が晴だが，実際には雨だったのは 0.25 の確率であった。これを，$P_{予報,\,実際}(晴, 雨) = 0.25$ と表すことにする。その他の場合は，$P_{予報,\,実際}(晴, 晴) = 0.65$，$P_{予報,\,実際}(雨, 晴) = 0.05$，$P_{予報,\,実際}(雨, 雨) = 0.05$ であった。この気象予報士の天気予報の精度を相互情報量を用いて論ぜよ。

[ヒント]　晴の予報のときに晴れた条件付確率が $P_{実際\,|\,予報}(晴\mid晴) = P_{予報,\,実際}(晴, 晴)/P_{予報}(晴)$ と求められることなどを用いて条件付確率の表を作成し，相互情報量を計算せよ。

【解答】　気象予報士は晴と雨の確率を

$$P_{予報}(晴) = P_{予報,\,実際}(晴, 晴) + P_{予報,\,実際}(晴, 雨) = 0.65 + 0.25 = 0.9$$

$$P_{予報}(雨) = P_{予報,\,実際}(雨, 晴) + P_{予報,\,実際}(雨, 雨) = 0.05 + 0.05 = 0.1$$

と予報している。これを用いて条件付確率は**表 2.5** のように作成できる。

表 **2.5**　条件付確率

$P_{実際 \mid 予報}(y \mid x)$		予報 X	
		晴	雨
実際	晴	$0.65/0.9 = 0.7222$	$0.05/0.1 = 0.5$
Y	雨	$0.25/0.9 = 0.2778$	$0.05/0.1 = 0.5$

実際の天気の確率は

$$P_{実際}(晴) = P_{予報,\ 実際}(晴, 晴) + P_{予報,\ 実際}(雨, 晴) = 0.65 + 0.05 = 0.7$$

$$P_{実際}(雨) = P_{予報,\ 実際}(晴, 雨) + P_{予報,\ 実際}(雨, 雨) = 0.25 + 0.05 = 0.3$$

として計算できるので，実際の天気のあいまいさは

$$H_1(実際) = \mathcal{H}(0.7) = 0.8813$$

予報で条件付けられたときのあいまいさは

$$\begin{aligned} H_1(実際 \mid 予報) &= \mathcal{H}(0.7222) \times P_{予報}(晴) + \mathcal{H}(0.5) \times P_{予報}(雨) \\ &= 0.8524 \times 0.9 + 1 \times 0.1 = 0.8672 \end{aligned}$$

となる。したがって，実際の天気のあいまいさと予報で条件付けられたときのあいまいさである相互情報量は

$$\begin{aligned} I(実際; 予報) &= H_1(実際) - H_1(実際 \mid 予報) \\ &= 0.8813 - 0.8672 = 0.0141 \end{aligned}$$

予報によりあいまいさが減少したとはいえないので，予報が実際の天気と関連性が弱く精度は悪い。 ◇

3 情報源と符号化

情報源をネットワークを介して別の場所に送り届けることを考える。情報源の情報を圧縮せずにそのまま送信することは，ネットワーク負荷を考慮すると望まれることではない。よって，なんらかの手段でデータを圧縮する必要がある。データの圧縮には，その圧縮を解除する際に，もとの情報源を正確に再現できるか（可逆性），再現できないか（非可逆性）という分類が存在する。

本章では，情報源を通信に適した形に可逆性を担保して変換する作業である符号化を取り上げる。さらに本章では，符号化の効率に着目し，いくつかの符号化手法を取り上げる。

3.1 情報源とエントロピー

情報の生起確率によってエントロピーを計算することで，情報源の要素を表現するために必要な平均情報量を求めることができる。ここでは，情報源の特性（関係性）によって，エントロピーの種類が異なる点に着目する。

情報源とは情報を出力するものであるが，ここで情報とは数字や文字，音，画像などさまざまなものを含んでいる。アナログ（連続値）的な情報も多いが，今日これらの情報は量子化，符号化されて，コンピュータによりディジタル（離散値）情報として取り扱われているので，ここでも情報源はディジタル情報を出力するものと考える。また，情報の出力はどの時点から始めても，その時点による差異はないものと仮定する。前章では，情報を定量化することを行った。その際導入した平均情報量を一般化するとエントロピーとなる。情報源記

号が M 個あるとき，すなわち，$S = \{a_1, a_2, \cdots, a_M\}$ でそれらの出力確率が $P(a_i), i = 1, 2, \cdots, M$ と表される場合のエントロピーを

$$H_1(S) = -\sum_{i=1}^{M} P(a_i) \log_2 P(a_i) \tag{3.1}$$

と定義して，これを情報源 S の **1 次エントロピー**と呼ぶことにする。これは 2 章で導入した平均情報量と同じものである。いま，情報源 S が情報源記号 {0,1} を確率 $P(0), P(1)$ で出力する場合を考える。このときの 1 次エントロピーは

$$H_1(S) = -P(0) \log_2 P(0) - P(1) \log_2 P(1) \tag{3.2}$$

となる。さて，出力される情報源記号を二つずつ束ねて考えると，情報源が {00,01,10,11} を確率 $P(0,0), P(0,1), P(1,0), P(1,1)$ で出力すると考えてもよい。このように考えた場合のエントロピーを

$$\begin{aligned} H_1(S^2) = & -P(0,0) \log_2 P(0,0) - P(0,1) \log_2 P(0,1) \\ & -P(1,0) \log_2 P(1,0) - P(1,1) \log_2 P(1,1) \end{aligned} \tag{3.3}$$

と書き，2 次の拡大情報源 S^2 の 1 次エントロピーと呼ぶ。一般に，n 次の拡大情報源 S^n の 1 次エントロピーは

$$H_1(S^n) = -\sum_{x_0=0}^{1} \cdots \sum_{x_{n-1}=0}^{1} P(x_0, x_1, \cdots, x_{n-1}) \log_2 P(x_0, x_1, \cdots, x_{n-1}) \tag{3.4}$$

と定義される。情報源の 1 次エントロピーは図 **3.1** のように表せる。

1 情報源記号当りの 1 次エントロピー $H_1(S^n)/n$ は記憶のない情報源では同じとなる（3.2 節参照）が，記憶のある情報源では同じとは限らない。そこで，両方を含めた情報源のエントロピーを次式のように定義する。

$$H(S) \equiv \lim_{n \to \infty} \frac{H_1(S^n)}{n} \tag{3.5}$$

記憶のある情報源では，n 次の拡大情報源の 1 次エントロピーを計算することは通常困難である。ただし，マルコフ情報源のように記憶のない情報源 S_i が

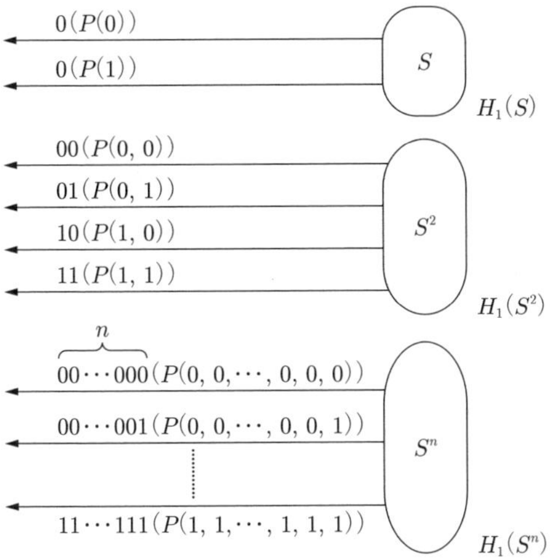

図 3.1 拡大情報源と 1 次エントロピー

いくつか組み合わされて記憶のある情報源 S を構成している場合には，各記憶のない情報源の 1 次エントロピー $H_1(S_i)$ を，その情報源の定常状態における存在確率 $P_i^{(S)}$ を重みとして平均したものとして計算することが可能である。

$$H(S) = \sum_i H_1(S_i)P_i^{(S)} \tag{3.6}$$

これは式 (3.5) で求めた結果と一致することが知られている。

以下の三つの節では，具体的な情報源モデルの説明と，式 (3.6) を用いたエントロピーの計算を行う。

3.2 記憶のない情報源（無記憶情報源）

例えば，1.1.2 項で述べたアルファベットのディジタル化において，各アルファベットの生起確率のみしか考えないものが**記憶のない情報源**である。すでに説明したように，この情報源では生起確率のみに依存して情報源のエントロピーが決まる。また，二つ以上の情報源がある場合でも，両情報源の生起確率が独立であれば，結合確率から求められる結合エントロピーが平均情報量に相当する。

記憶のない情報源とは，各時点における情報源記号の出力がほかの時点の出力と無関係である場合をいう。2 元情報源記号 0,1 をそれぞれ確率 $P(0) = 3/4$, $P(1) = 1/4$ で出力する記憶のない情報源 S を考える。この情報源の 1 次エントロピー $H_1(S)$ は式 (3.2) より

$$H_1(S) = -\frac{3}{4} \times \log_2 \frac{3}{4} - \frac{1}{4} \times \log_2 \frac{1}{4} = 0.8113 \tag{3.7}$$

と計算できる。2 次の拡大情報源では，情報源からの出力確率が記憶のない場合 $P(0,0) = (3/4)^2$, $P(0,1) = P(1,0) = (1/4) \times (3/4)$, $P(1,1) = (1/4)^2$ となるので，その 1 次エントロピー $H_1(S^2)$ は式 (3.3) より

$$\begin{aligned} H_1(S^2) = &- \left(\frac{3}{4}\right)^2 \log_2 \left(\frac{3}{4}\right)^2 - \left(\frac{3}{4} \times \frac{1}{4}\right) \log_2 \left(\frac{3}{4} \times \frac{1}{4}\right) \\ &- \left(\frac{1}{4} \times \frac{3}{4}\right) \log_2 \left(\frac{1}{4} \times \frac{3}{4}\right) - \left(\frac{1}{4}\right)^2 \log_2 \left(\frac{1}{4}\right)^2 \\ = &\ 1.623 \end{aligned} \tag{3.8}$$

で，$H_1(S)$ の 2 倍となる。すなわち，$H_1(S^2) = 2H_1(S)$ である。

記憶のない情報源では，一般につぎの関係が成り立つ。

$$H_1(S^n) = nH_1(S) \tag{3.9}$$

証明　n 次の拡大情報源からの記号出力確率は記憶のない場合，各記号出力の積に分解できる。

$$P(x_0, x_1, \cdots, x_{n-1}) = P(x_0)P(x_1) \cdots P(x_{n-1}) \tag{3.10}$$

式 (3.4) に代入すると

$$\begin{aligned} H_1(S^n) &= -\sum_{x_0=0}^{1} \cdots \sum_{x_{n-1}=0}^{1} P(x_0) \cdots P(x_{n-1}) \log_2 [P(x_0) \cdots P(x_{n-1})] \\ &= -\sum_{x_0=0}^{1} \cdots \sum_{x_{n-1}=0}^{1} P(x_0) \cdots P(x_{n-1}) [\log_2 P(x_0) + \cdots + \log_2 P(x_{n-1})] \\ &= -\sum_{x_0=0}^{1} P(x_0) \log_2 P(x_0) - \cdots - \sum_{x_{n-1}=0}^{1} P(x_{n-1}) \log_2 P(x_{n-1}) \end{aligned}$$

$$= H_1(S) + \cdots + H_1(S)$$
$$= nH_1(S)$$

ここで 2 行目から 3 行目の計算に

$$\sum_{x_i=0}^{1} P(x_i) = 1 \quad (i = 0, 1, \cdots, n-1)$$

を用いた。□

したがって，記憶のない情報源のエントロピーは，式 (3.5) より情報源の 1 次エントロピーに一致することがわかる。

$$H(S) = H_1(S) = \frac{H_1(S^2)}{2} = \cdots \tag{3.11}$$

2 元情報源記号 0,1 をそれぞれ確率 $P(0) = p$, $P(1) = q$ で出力する情報源 S を考える。この情報源の 1 次エントロピーは，エントロピー関数（式 (2.14)）を用いて

$$H(S) = \mathcal{H}(p) \tag{3.12}$$

と表されるが，n 次の拡大情報源において n が十分大きい場合，ある特徴を備えた系列がほとんどとなり，ほかの系列の出力確率は 0 に近くなるので，その特徴的な系列の出力確率やその系列の数をエントロピーを用いて表すことができる。これを見てみよう。展開式 $1 = (p+q)^1 = p+q$ の右辺の p, q はそれぞれ 0,1 の出力確率を表す。すなわち，$S = \{0(p), 1(q)\}$ である。同様に，$1 = (p+q)^2 = p^2 + 2pq + q^2$ の右辺の $p^2, 2pq, q^2$ が 2 次の拡大情報源において，0 が 2 個，0 と 1 が 1 個ずつ，1 が 2 個の出力確率を表す。すなわち，$S^2 = \{00(p^2), 01(pq), 10(pq), 11(q^2)\}$ である。一般に

$$1 = (p+q)^n = \sum_{i=0}^{n} {}_nC_i p^i q^{n-i} \tag{3.13}$$

と展開できる。ここで

$${}_nC_i = \frac{n!}{i!(n-i)!} \tag{3.14}$$

は2項係数と呼ばれる。n 次の拡大情報源において，${}_nC_ip^iq^{n-i}$ は，0が i 個，1が $n-i$ 個の計 n 個の情報源記号を出力する確率を表すことがわかる。S^n が n 個中の0の個数をその値とする確率変数を表すとして，その確率は

$$P_{S^n}(i) = {}_nC_ip^iq^{n-i} \tag{3.15}$$

と記述される。n が十分大きい場合，0と1の発生割合は p と q にほぼ一致するであろう（大数の法則）。すなわち，0が np 個，1が nq 個となる情報源系列の確率を1と近似してよい。特に $n \to \infty$ の場合，ほかの情報源系列の確率はほぼ0となる。これを確率収束するという。

$${}_nC_{np}p^{np}q^{nq} \sim 1 \tag{3.16}$$

ここで，$p^{np}q^{nq}$ は0が np 個，1が nq 個である一つの系列の確率で，${}_nC_{np}$ はそのような特徴をもつ系列の数を表す。このような系列を，系列自体が情報源記号の発生確率を代表しているという意味で代表的系列と呼ぶことにする。両辺の対数をとり整理すると

$$\log_2({}_nC_{np}) \sim n(-p\log_2 p - q\log_2 q) = nH(S) \tag{3.17}$$

すなわち

$$\text{代表的系列の数} \quad {}_nC_{np} \sim 2^{nH(S)} \tag{3.18}$$

および

$$\text{代表的系列の確率} \quad p^{np}q^{nq} \sim 2^{-nH(S)} \tag{3.19}$$

を得る。十分長い情報源系列においては，その場合の数の計算により，情報源のエントロピーを近似することができる。2元情報源の場合，長さ n の系列は 2^n 通りあるが，n を十分大きくとることにより代表的系列のみを考えることができるので，$2^{nH(S)}$ 通りですむ。例えば，$n = 100, p = 0.01$ とすると，$2^{100} \sim 10^{30}$

ではなく $2^{100\mathcal{H}(0.01)} \sim 10^2$ 程度でよい。これは，情報源を符号化するときに重要となる。

例題 3.1　2 元情報源記号 0,1 をそれぞれ確率 $P(0) = 3/4$, $P(1) = 1/4$ で出力する記憶のない情報源 S を考える。

a)　$H_1(S)$ と 3 次の拡大情報源の 1 次エントロピー $H_1(S^3)$ を計算して $H_1(S^3) = 3H_1(S)$ を確かめよ。

b)　n 次の拡大情報源において，代表的系列の数と代表的系列の確率を求めよ。

【解答】　a)　$H_1(S) = 0.8113$, $H_1(S^3) = 2.4338$

b)　代表的系列の数 $\cong 1.7548^n$，代表的系列の確率 $\cong 0.5699^n$　◇

例題 3.2　a)　n が十分大きいとき

$$n! \sim n^n e^{-n}$$

を導け。これは，スターリングの公式と呼ばれる近似式の一つである。

b)　スターリングの公式を用いて

$${}_nC_i \sim \frac{n^n}{i^i(n-i)^{n-i}}$$

を導け。

c)　b) の結果を用いて式 (3.16) を導け。

【解答】　a)　n が十分大きいとき

$$\begin{aligned}
\log_e n! &= \log_e 1 + \log_e 2 + \cdots + \log_e n \\
&\sim \int_1^n \log_e x \, dx \\
&\sim n \log_e n - n \\
&= \log_e n^n + \log_e e^{-n} \\
&= \log_e n^n e^{-n}
\end{aligned}$$

これより

$$n! \sim n^n e^{-n}$$

b)

$$\begin{aligned} {}_nC_i &= \frac{n!}{n!(n-i)!} \\ &\sim \frac{n^n e^{-n}}{i^i e^{-i}(n-i)^{n-i} e^{-(n-i)}} \\ &\sim \frac{n^n}{i^i(n-i)^{n-i}} \end{aligned}$$

c)

$$\begin{aligned} P_{S^n}(np) &= {}_nC_{np} p^{np} q^{nq} \\ &\sim \frac{n^n}{(np)^{np}(nq)^{nq}} p^{np} q^{nq} \\ &= \frac{n^{np+nq}}{(np)^{np}(nq)^{nq}} p^{np} q^{nq} \\ &= 1 \end{aligned}$$

◇

3.3　記憶のある情報源（マルコフ情報源）

例えば，3.2 節で述べたアルファベットにおいて，実際に使われている単語のスペルに注目すると，各アルファベット（前後）にはなんらかの関係性がある場合が多い。例えば，英単語で t の後に h がくる確率が高いのは事実である。このように単独に生起する確率だけではなく，連続して発生する事象（文字）の間の生起確率（情報付確率）を扱うのが**記憶のある情報源**である。こうした情報源のことを**マルコフ情報源**といい，従来の生起確率に代わって条件付確率を適用することで，エントロピー（条件付エントロピー）を表現する。ここで条件付確率のことを遷移確率といい，遷移確率を行列の形式で表したものを遷移確率行列という。遷移確率行列は遷移確率の関係が複雑になった場合に行列演算により，簡単に計算できる。

3.2 節の記憶のない情報源と異なり，ある時点の出力がそれ以前の出力に依存する場合，記憶があるという。記憶のある情報源はつぎのようにモデル化できる。記憶のない情報源から情報源記号が出力後も，つねに同じ情報源から出力されると，その出力は前の出力に依存しないが，情報源記号を出力後は，その出力によって指定された記憶のない情報源から出力されるとすると，つぎの情報源記号の出力は前の出力によることになる。すなわち，出力指定のインジケータが，数個の記憶のない情報源 S_i 上を情報源記号の出力に伴い遷移し，遷移された記憶のない情報源がつぎの出力を行うと考えると，記憶のある情報源のモデル化が可能となる。ここで，記憶のない情報源 S_i を状態と呼び，それからの出力記号とその出力確率を記載し，遷移先の状態とを矢印で結んだ図を**状態遷移図**または**シャノンダイアグラム**と呼ぶ。シャノンダイアグラムは記憶のある情報源記述に有用である。

3.3.1　シャノンダイアグラムと遷移確率行列

図 **3.2** のシャノンダイアグラムで表される情報源モデルを考える。二つの状態 S_0, S_1 に対して，単位時間ごとに情報源記号 0 を出力して，確率 0.9 で S_0 から S_0（矢印に 0(0.9) と表されている）へ，確率 0.3 で S_1 から S_0 に遷移する。また，情報源記号 1 を出力して，確率 0.1 で S_0 から S_1 へ，確率 0.7 で S_1 から S_1 に状態が遷移する。

このシャノンダイアグラムに対応する遷移確率すべてを行列の要素として

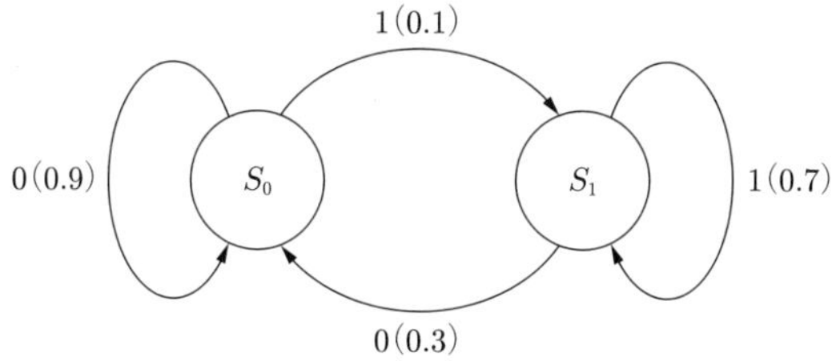

図 **3.2**　2 状態からなる記憶のある情報源を表す
シャノンダイアグラム

$$
\boldsymbol{p} = \begin{array}{c} S_0 \quad S_1 \qquad \text{から} \\ \hline \begin{pmatrix} 0.9 & 0.3 \\ 0.1 & 0.7 \end{pmatrix} \end{array} \begin{array}{|l} S_0 \\ S_1 \\ \text{へ} \end{array} \tag{3.20}
$$

と表すことにする。行列の要素の意味をわかりやすくするために対応する状態 S_0 と S_1 を表示している。通常，行列は二つの量や状態を関連付ける意味をもつ場合が多いので，その要素の意味を明確にすることは大事である。このように定義された $\boldsymbol{p}$ を遷移確率行列と呼ぶことにする。遷移確率行列は状態間の遷移確率を表すのみで，遷移確率とどのように結び付いて情報源記号が出力されているかには言及していないことに注意する。

3.3.2 状態の存在確率が変化しない場合（定常状態）

記憶のない情報源では，情報源の初期状態を特に考える必要はないが，記憶のある情報源では，どの状態から情報源記号が出力されるのかによりその出力確率が異なってくるため初期状態を考える必要がある。一般的な初期状態として，状態間の遷移が十分に繰り返され，もはや状態の存在確率が変化しなくなった状態（定常状態）から情報源記号が出力されると仮定するのが合理的である。ここで状態の遷移とは，出力を指定するインジケータの移動を意味する。定常状態におけるインジケータの存在確率を $(P_0^{(S)}, P_1^{(S)})$ と表すと，この場合は遷移により存在確率が変化しないので

$$
\begin{pmatrix} P_0^{(S)} \\ P_1^{(S)} \end{pmatrix} = \boldsymbol{p} \begin{pmatrix} P_0^{(S)} \\ P_1^{(S)} \end{pmatrix} = \begin{pmatrix} 0.9 & 0.3 \\ 0.1 & 0.7 \end{pmatrix} \begin{pmatrix} P_0^{(S)} \\ P_1^{(S)} \end{pmatrix} \tag{3.21}
$$

を満たす。これは，$(P_0^{(S)}, P_1^{(S)})$ に関して実質一つの関係式 $(P_0^{(S)} = 3P_1^{(S)})$ を満たすにすぎない。ただし，インジケータは状態 S_0, S_1 のどちらかには必ず存在しているので，つねに

$$
P_0^{(S)} + P_1^{(S)} = 1 \tag{3.22}
$$

を満たす。これらを連立方程式として解くと

$$(P_0^{(S)}, P_1^{(S)}) = (0.75, 0.25) \tag{3.23}$$

を得る。インジケータが上の確率で状態 S_0, S_1 に存在すると，もはや抽象的遷移が生じてもその存在確率は変化しない。

3.3.3 初期時点後の状態確率分布

ある初期時点において状態 S_0, S_1 にインジケータが存在する確率を $(P_0^{(0)}, P_1^{(0)})$ とすると，その1時点後の存在確率 $(P_0^{(1)}, P_1^{(1)})$ は遷移確率行列 $\boldsymbol{p}$ を用いて

$$\begin{pmatrix} P_0^{(1)} \\ P_1^{(1)} \end{pmatrix} = \boldsymbol{p} \begin{pmatrix} P_0^{(0)} \\ P_1^{(0)} \end{pmatrix}$$

から計算することができる。2時点後の存在確率 $(P_0^{(2)}, P_1^{(2)})$ は1時点後の存在確率 $(P_0^{(1)}, P_1^{(1)})$ から同様に計算でき，結局

$$\begin{pmatrix} P_0^{(2)} \\ P_1^{(2)} \end{pmatrix} = \boldsymbol{p} \begin{pmatrix} P_0^{(1)} \\ P_1^{(1)} \end{pmatrix} = \boldsymbol{p}^2 \begin{pmatrix} P_0^{(0)} \\ P_1^{(0)} \end{pmatrix}$$

のように，初期時点の存在確率 $(P_0^{(0)}, P_1^{(0)})$ に遷移確率行列 $\boldsymbol{p}$ の2乗を掛けたものとして得ることができる。したがって，n 時点後の存在確率 $(P_0^{(n)}, P_1^{(n)})$ は，初期時点から n 回の遷移が生じた後の分布なので

$$\begin{pmatrix} P_0^{(n)} \\ P_1^{(n)} \end{pmatrix} = \boldsymbol{p}^n \begin{pmatrix} P_0^{(0)} \\ P_1^{(0)} \end{pmatrix} \qquad (n = 0, 1, 2, \cdots) \tag{3.24}$$

と表される。

さて，初期時点においてインジケータが状態 S_0 にあったと仮定する。その確率分布は $(P_0^{(0)}, P_1^{(0)}) = (1, 0)$ と表されるので，図3.2の遷移に基づく1,2,3各時点後の確率分布は式(3.20), (3.24)を用いて，具体的に

$$\begin{pmatrix} P_0^{(1)} \\ P_1^{(1)} \end{pmatrix} = \begin{pmatrix} 0.9 & 0.3 \\ 0.1 & 0.7 \end{pmatrix} \begin{pmatrix} 1 \\ 0 \end{pmatrix} = \begin{pmatrix} 0.9 \\ 0.1 \end{pmatrix}$$

$$\begin{pmatrix} P_0^{(2)} \\ P_1^{(2)} \end{pmatrix} = \begin{pmatrix} 0.84 & 0.4 \\ 0.16 & 0.52 \end{pmatrix} \begin{pmatrix} 1 \\ 0 \end{pmatrix} = \begin{pmatrix} 0.84 \\ 0.16 \end{pmatrix}$$

$$\begin{pmatrix} P_0^{(3)} \\ P_1^{(3)} \end{pmatrix} = \begin{pmatrix} 0.804 & 0.588 \\ 0.196 & 0.412 \end{pmatrix} \begin{pmatrix} 1 \\ 0 \end{pmatrix} = \begin{pmatrix} 0.804 \\ 0.196 \end{pmatrix}$$

と計算できる。さらに，4 時点後，5 時点後と計算を続けていくと，$\boldsymbol{p}^n$ が

$$\begin{pmatrix} 0.75 & 0.75 \\ 0.25 & 0.25 \end{pmatrix}$$

に収束していくので，状態確率分布が (0.75, 0.25) に近づくことが確かめられる（図 **3.3**）。

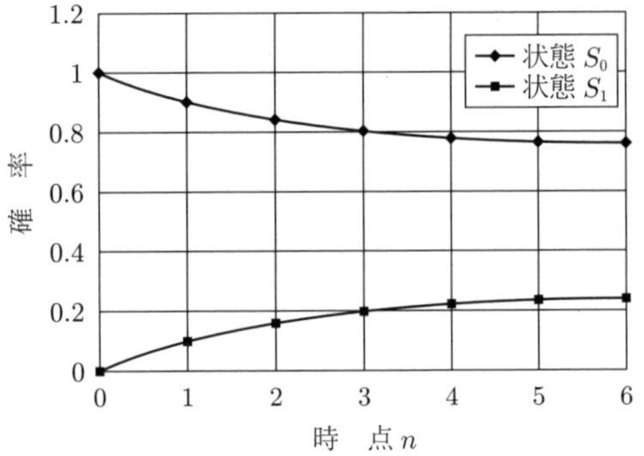

図 3.3　$P_0^{(n)}$ と $P_1^{(n)}$ vs n（定常状態に近づいていることがわかる）

また，この場合 $\boldsymbol{p}^n$ の各行が同じ値に収束していることから，状態確率分布は初期状態にかかわりなく前述の定常確率分布 (0.75, 0.25) に近づくことを注意しておく。

3.3.4　エントロピー計算

式 (3.4) を用いて，拡大情報源 S の 1 次エントロピーを求めてみよう。まず，初期状態は定常であると仮定すると，情報源 S の 1 次エントロピーは

$$
\begin{aligned}
H_1(S) &= -\sum_{x_0=0}^{1} P(x_0)\log_2 P(x_0)\\
&= -P(0)\log_2 P(0) - P(1)\log_2 P(1)\\
&= -P_0^{(S)}\log_2 P_0^{(S)} - P_1^{(S)}\log_2 P_1^{(S)}\\
&= -0.75\times\log_2 0.75 - 0.25\times\log_2 0.25\\
&= 0.8113 \qquad (3.25)
\end{aligned}
$$

と計算できる。定常状態から 0 を出力後はインジケータは状態 S_0 にあり，1 を出力後は状態 S_1 にあるので，結合確率 $P(x_0, x_1)$ は

$$
P(0,0) = P_0^{(S)}\times 0.9 = 0.675,\ \ P(0,1) = P_0^{(S)}\times 0.1 = 0.075
$$
$$
P(1,0) = P_1^{(S)}\times 0.3 = 0.075,\ \ P(1,1) = P_1^{(S)}\times 0.7 = 0.175
$$

となり，2 次の拡大情報源の 1 次エントロピー

$$
\begin{aligned}
H_1(S^2) &= -\sum_{x_0=0}^{1}\sum_{x_1=0}^{1} P(x_0,x_1)\log_2 P(x_0,x_1)\\
&= -P(0,0)\log_2 P(0,0) - P(0,1)\log_2 P(0,1)\\
&\quad -P(1,0)\log_2 P(1,0) - P(1,1)\log_2 P(1,1)\\
&= -0.675\times\log_2 0.675 - 0.075\times\log_2 0.075\\
&\quad -0.075\times\log_2 0.075 - 0.175\times\log_2 0.175\\
&= 1.383 \qquad (3.26)
\end{aligned}
$$

を得る。記憶のない場合の 2 次エントロピー（式 (3.8)）より小さい。同様に，3 次，4 次の拡大情報源のエントロピーを順次計算していくと，1 情報源記号当りのエントロピーは式 (3.6) から求めた値

$$
\begin{aligned}
H(S) &= H_1(S_0)P_0^{(S)} + H_1(S_1)P_1^{(S)}\\
&= \mathcal{H}(0.9)\times 0.75 + \mathcal{H}(0.7)\times 0.25\\
&= 0.5721 \qquad (3.27)
\end{aligned}
$$

に近づくことがわかる。

例題 3.3　記憶のある情報源が図 3.2 のシャノンダイアグラムでモデル化されている。

a)　初期時点のインジケータの確率分布を $(P_0^{(0)}, P_1^{(0)}) = (0.75, 0.25)$ として，1 時点後および 2 時点後の確率分布を計算せよ。

b)　3 次拡大情報源の 1 次エントロピーを計算して，1 情報源記号当りのエントロピーを，式 (3.27) と比較せよ。

【解答】　a)　$(P_0^{(1)}, P_1^{(1)}) = (P_0^{(2)}, P_1^{(2)}) = (0.75, 0.25)$

b)　$H_1(S^3) = 1.955$　◇

例題 3.4　**図 3.4** のシャノンダイアグラムでモデル化されている情報源につき，つぎの問いに答えよ。

a)　遷移確率行列を求めよ。

b)　初期時点の状態確率分布を $(P_0^{(0)}, P_1^{(0)}, P_2^{(0)}) = (1, 0, 0)$ として，1 時点後，2 時点後および 3 時点後の状態確率分布を計算せよ。

c)　定常確率分布を求めよ。

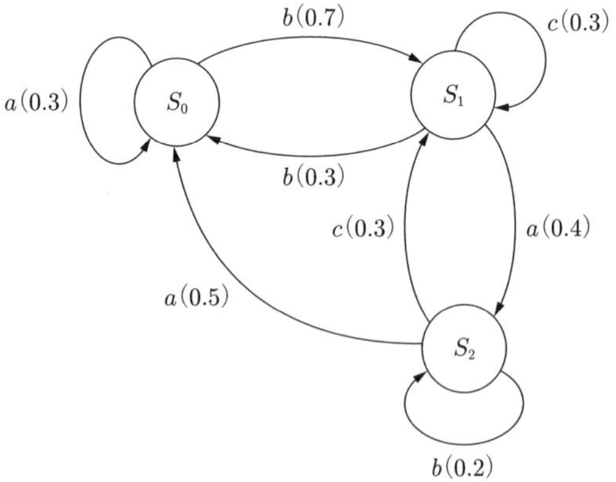

図 3.4　情報源記号 $\{a, b, c\}$ を出力する情報源のシャノンダイアグラム

d)　情報源のエントロピーを計算せよ。

【解答】 a)

$$
\begin{array}{c|l}
\qquad\quad S_0 \quad S_1 \quad S_2 \qquad\quad \text{から} & \\
\hline
\boldsymbol{p} = \begin{pmatrix} 0.3 & 0.3 & 0.5 \\ 0.7 & 0.3 & 0.3 \\ 0.0 & 0.4 & 0.2 \end{pmatrix} & \begin{array}{l} S_0 \\ S_1 \\ S_2 \\ \text{へ} \end{array}
\end{array}
$$

b)　$(P_0^{(1)}, P_1^{(1)}, P_2^{(1)}) = (0.3, 0.7, 0.0)$
　　$(P_0^{(2)}, P_1^{(2)}, P_2^{(2)}) = (0.3, 0.42, 0.28)$
　　$(P_0^{(3)}, P_1^{(3)}, P_2^{(3)}) = (0.356, 0.42, 0.224)$

c)　$(P_0^{(S)}, P_1^{(S)}, P_2^{(S)}) = (0.34375, 0.4375, 0.21875)$

d)　$H(S) = 1.3152$　◇

3.4　単純マルコフ情報源

3.4.1　情報源のモデル

一つ前の事象（スペル）にだけ依存する生起確率が依存するマルコフ情報源を特に**単純マルコフ情報源**といい，条件付エントロピーと同様に以下の式で単純マルコフ情報源のエントロピーを計算することができる。

$$
\begin{aligned}
H_1 &= H(X|X_1) \\
&= -\sum_{i=1}^{n}\sum_{j=1}^{m} P(x_i, x_j)\log_2 P(x_i|x_j)
\end{aligned} \tag{3.28}
$$

マルコフ情報源において，遷移確率の関係をわかりやすく図示したものを状態遷移図（シャノン線図）といい，遷移確率を各状態の間を結ぶ線に記載し，遷移の向き（方向）を矢印で示している。単純マルコフ情報源を例に**図 3.5** のような事象 a,b 間の状態遷移図を考えた場合について，エントロピーを求めてみる。

状態遷移図より状態遷移の確率は以下のとおりとなる。

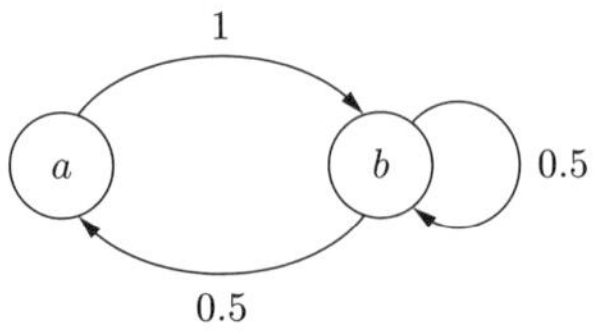

図 3.5　状態遷移図

$$P(a|a) = 0,\ P(b|a) = 1,\ P(a|b) = 0.5,\ P(b|b) = 0.5 \tag{3.29}$$

これより，状態遷移後にそれぞれの状態にいる確率は

$$P(a) = P(a)P(a|a) + P(b)P(a|b) \tag{3.30}$$

$$P(b) = P(a)P(b|a) + P(b)P(b|b) \tag{3.31}$$

となる。式を整理すると

$$P(a) = 0.5P(b) \tag{3.32}$$

$$P(b) = P(a) + 0.5P(b) \tag{3.33}$$

$P(a) + P(b) = 1$ を使うと，$P(a) = 1/3$ および $P(b) = 2/3$ が求まる。

記憶のない情報源のエントロピー H_0 は

$$H_0 = \frac{1}{3}\log_2 3 + \frac{2}{3}\log_2\frac{2}{3} = \log_2 3 - \frac{2}{3} \tag{3.34}$$

となる。これに対して単純マルコフ情報源のエントロピー H_1 は

$$\begin{aligned} H_1 &= -P(a,a)\log_2 P(a|a) - P(b,a)\log_2 P(b|a) \\ &\quad -P(a,b)\log_2 P(a|b) - P(b,b)\log_2 P(b|b) \\ &= -P(a)(P(a|a)\log_2 P(a|a) - P(b,a)\log_2 P(b|a)) \\ &\quad -P(b)(P(a|b)\log_2 P(a|b) - P(b,b)\log_2 P(b|b)) \\ &= -\frac{1}{3}(0\log_2 0 + 1\log_2 1) - \frac{2}{3}\left(\frac{1}{2}\log_2\frac{1}{2} + \frac{1}{2}\log_2\frac{1}{2}\right) \\ &= -\frac{2}{3}\left(\log_2\frac{1}{2}\right) = \frac{2}{3} \end{aligned} \tag{3.35}$$

となる。H_0 は約 0.92 だが H_1 は約 0.67 となり，単純マルコフ情報源のほうがエントロピーが下がっていることが確認できる。

また，マルコフ情報源の冗長度についても，通常の冗長度と同様に以下の式により計算できる。

$$D = \frac{H_{\max} - H}{H_{\max}} = 1 - \frac{H(X|X_1)}{\log_2 n} \tag{3.36}$$

さらに，状態遷移の関係が一つ前だけでなく，M 個前の影響まで受けるような情報源を M 重マルコフ情報源という。M 重マルコフ情報源では，単純マルコフ情報源と同様に一つ前，二つ前，$\cdots$，M 個前の事象からの遷移確率を利用して，2 次，3 次，$\cdots$，M 次の平均を求めることで，エントロピーを計算できる。

$$\begin{aligned} H_M &= H(X|X_m \cdot X_{M-1} \cdots X_2 \cdot X_1) \\ &= -\sum_{i=1}^{n} \sum_{j_1=1}^{n} \cdots \sum_{j_M=1}^{n} P(x_{j_M}, \cdots, x_{j_1}, x_i) \log_2 P(x_i|x_{j_M}, \cdots, x_{j_1}) \end{aligned} \tag{3.37}$$

普通のエントロピー（H_0）に比べて，単純マルコフ情報源のエントロピー（H_1）が下がるのと同じ原理で，M が増すごとにエントロピーは低下するので，以下の関係が成り立つことが知られている（エントロピーの最大値は通常と同じである）。

$$\begin{aligned} H_M &\leqq H_{M-1} \leqq \cdots \leqq H_1 \leqq H_0 \\ &\leqq H_{\max} = \log_2 n \end{aligned} \tag{3.38}$$

さらに，M が十分に大きい場合，新たに生起する 1 事象（文字）を得たときの平均情報量はつぎのように求めることができる。

$$H = \lim_{M \to \infty} H_M \tag{3.39}$$

また，M 次マルコフ情報源の冗長度についても，単純マルコフ情報源の冗長度と同様に以下の式により計算できる。

$$D = \frac{H_{\max} - H}{H_{\max}} \tag{3.40}$$

図 3.6 のシャノンダイアグラムで表される情報源モデルを考える。インジケータが，単位時間ごとに確率 p_0 で S_0 から S_0 へ，確率 q_0 で S_0 から S_1 へ，確率 p_1 で S_1 から S_0 へ，確率 q_1 で S_1 から S_1 へそれぞれ移動する。S_0 へ移動するとき情報源記号 0 を，S_1 へ移動するとき情報源記号 1 を出力する。したがって，インジケータの移動すなわち状態の遷移が情報源記号の出力と直接結び付けられている。図 3.6 の情報源モデルは，図 3.2 の 2 状態モデルを一般化したものである。

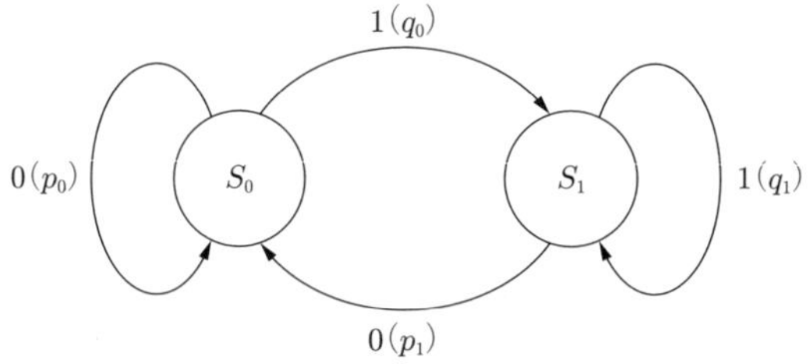

図 3.6　2 状態からなる単純マルコフ情報源のシャノンダイアグラム

ここで，遷移確率は

$$p_0 + q_0 = 1, \quad p_1 + q_1 = 1 \tag{3.41}$$

を満たす。このシャノンダイアグラムに対応する遷移確率行列は

$$\boldsymbol{p} = \begin{pmatrix} p_0 & p_1 \\ q_0 & q_1 \end{pmatrix} \tag{3.42}$$

と表される。さて，式 (3.41) が成立しているので独立な遷移確率パラメータは二つとなり，**異方性パラメータ** ε と**相関パラメータ** δ を次式のように導入すると都合がよい。

$$\begin{aligned} \varepsilon &\equiv p_0 - q_1 = p_1 - q_0 \\ \delta &\equiv p_0 - p_1 = q_1 - q_0 \end{aligned} \tag{3.43}$$

さらに，異方性パラメータは $1 \geqq \varepsilon \geqq 0$ を満たすと仮定しても一般性は失われ

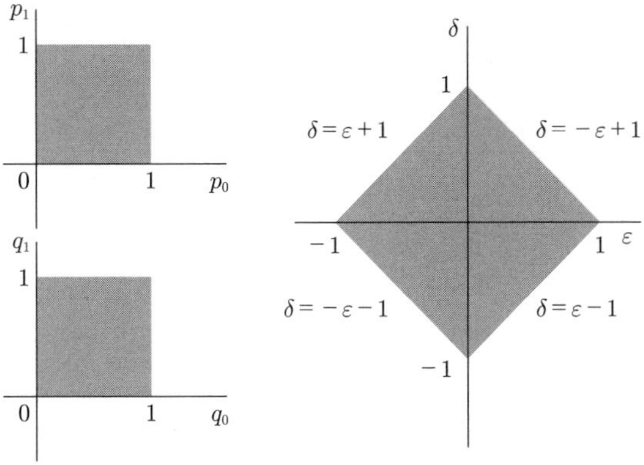

図 3.7　遷移確率パラメータの有効範囲

ない。また，この場合の相関パラメータは $1-\varepsilon \geqq \delta \geqq -(1-\varepsilon)$ を満たす（図 **3.7**）。

このとき，式 (3.41) と式 (3.43) より，つぎの関係式を得る。

$$
\begin{aligned}
p_0 &= \frac{1}{2}(1+\varepsilon+\delta), \quad p_1 = \frac{1}{2}(1+\varepsilon-\delta) \\
q_0 &= \frac{1}{2}(1-\varepsilon-\delta), \quad q_1 = \frac{1}{2}(1-\varepsilon+\delta)
\end{aligned}
\qquad (3.44)
$$

以後必要なときは，これらのパラメータでも表すことにする。

この情報源（単純マルコフ情報源）は，記憶のある情報源モデルの代表としてよく用いられるが，記憶のない情報源としても用いることが可能である。すなわち

$$
\begin{aligned}
p_0 &= p_1 \equiv p \\
q_0 &= q_1 \equiv q
\end{aligned}
\qquad (3.45)
$$

とすると，001 と情報源記号を出力する確率は $P(0)pq$ と表せる。ここで，$P(0)$ は，はじめに 0 を出力する確率である。ある初期時点において，インジケータが状態 S_0, S_1 に存在する確率を $P_0^{(0)}, P_1^{(0)}$ とすると，$P(0) = pP_0^{(0)} + pP_1^{(0)} = p(P_0^{(0)} + P_1^{(0)}) = p$ なので，インジケータの存在確率にかかわりなくその出力確率 $P(0)pq$ は p^2q となる。同様に，100 と情報源記号を出力する確率は $P(1)pp$

となるが，はじめに 1 を出力する確率 $P(1)$ は，$P(1) = qP_0^{(0)} + qP_1^{(0)} = q$ なので，出力確率は p^2q となる。ほかの出力パターンについても出力確率は，0 を確率 p で，1 を確率 q で出力する記憶のない情報源と同等であることがわかる。情報源記号が 3 個の具体的な出力確率を**表 3.1** に示す。

表 3.1　情報源記号が 3 個の具体的な出力確率

情報源出力	000	001	010	011	100	101	110	111
出力確率	p^3	p^2q	p^2q	pq^2	p^2q	pq^2	pq^2	q^3

これは相関パラメータ $\delta = 0$ に対応する。図 3.6 の情報源モデルは記憶のない場合までも含んだ一般的なモデルであることに注意する。記憶のある一般的な場合はどうか。001 と情報源記号を出力する確率は $P(0)p_0q_0$ となるが，はじめに 0 を出力する確率 $P(0)$ は，ある初期時点における状態の存在確率 $(P_0^{(0)}, P_1^{(0)})$ に依存する。すなわち，$P(0) = p_0P_0^{(0)} + p_1P_1^{(0)}$ である。また，100 と情報源記号を出力する確率は $P(1)p_1p_0$ となるが，はじめに 1 を出力する確率 $P(1)$ も $P(1) = q_0P_0^{(0)} + q_1P_1^{(0)}$ のように初期時点における存在確率に依存している。

例題 3.5　図 3.6 の情報源において，遷移確率が式 (3.45) を満たすとき，01, 11, 1010, 1111, 11001, 100111 のそれぞれの情報源出力に対する出力確率を求めよ。

【解答】　**表 3.2** に示す。

表 3.2　出 力 確 率

情報源出力	01	11	1010	1111	11001	100111
出力確率	pq	q^2	p^2q^2	q^4	p^2q^3	p^2q^4

◇

3.4.2　定 常 状 態

初期時点における存在確率を，先ほどと同様にこれを定常状態分布 $(P_0^{(S)}, P_1^{(S)})$ と仮定する。定常状態分布に関しては

$$\begin{pmatrix} P_0^{(S)} \\ P_1^{(S)} \end{pmatrix} = \boldsymbol{p} \begin{pmatrix} P_0^{(S)} \\ P_1^{(S)} \end{pmatrix} = \begin{pmatrix} p_0 & p_1 \\ q_0 & q_1 \end{pmatrix} \begin{pmatrix} P_0^{(S)} \\ P_1^{(S)} \end{pmatrix} \tag{3.46}$$

を満たす。また

$$P_0^{(S)} + P_1^{(S)} = 1 \tag{3.47}$$

も満たすので，これらを連立方程式として解くことにより

$$P_0^{(S)} = \frac{p_1}{1-(p_0-p_1)}, \quad P_1^{(S)} = \frac{q_0}{1-(q_1-q_0)} \tag{3.48}$$

を得る。また，式 (3.44) を用いると

$$P_0^{(S)} = \frac{1}{2}\left(1+\frac{\varepsilon}{1-\delta}\right), \quad P_1^{(S)} = \frac{1}{2}\left(1-\frac{\varepsilon}{1-\delta}\right) \tag{3.49}$$

と表すことができる。定常状態のインジケータの存在確率は大雑把にいって，S_0 から S_1 への移動確率 q_0 とその逆の移動確率 p_1 の大小によって決まる。

3.4.3 極 限 状 態

n 時点後の存在確率 $P_0^{(n)}, P_1^{(n)}$ は，初期時点の状態確率分布 $P_0^{(0)}, P_1^{(0)}$ から n 回の遷移が生じた後の分布となるので

$$\begin{pmatrix} P_0^{(n)} \\ P_1^{(n)} \end{pmatrix} = \boldsymbol{p}^n \begin{pmatrix} P_0^{(0)} \\ P_1^{(0)} \end{pmatrix} \tag{3.50}$$

遷移確率行列 $\boldsymbol{p}$ の n 乗積を計算するために，行列 Y をつぎのように導入する。

$$Y = p_1 \begin{pmatrix} 1 & 1 \\ (1-p_0)/p_1 & -1 \end{pmatrix} \tag{3.51}$$

このとき，逆行列 Y^{-1} は

$$Y^{-1} = \frac{1}{1-(p_0-p_1)} \begin{pmatrix} 1 & 1 \\ (1-p_0)/p_1 & -1 \end{pmatrix} \tag{3.52}$$

と計算される。遷移確率行列 $\boldsymbol{p}$ はこれを用いて

$$Y^{-1}\boldsymbol{p}Y = \begin{pmatrix} 1 & 0 \\ 0 & p_0 - p_1 \end{pmatrix} \tag{3.53}$$

と対角化できるので

$$\begin{aligned} Y^{-1}\boldsymbol{p}^n Y &= Y^{-1}\boldsymbol{p}YY^{-1}\boldsymbol{p}Y \cdots Y^{-1}\boldsymbol{p}Y \\ &= \begin{pmatrix} 1 & 0 \\ 0 & p_0 - p_1 \end{pmatrix}^n \\ &= \begin{pmatrix} 1 & 0 \\ 0 & (p_0 - p_1)^n \end{pmatrix} \end{aligned} \tag{3.54}$$

遷移確率行列 $\boldsymbol{p}$ の n 乗積は

$$\begin{aligned} \boldsymbol{p}^n &= Y \begin{pmatrix} 1 & 0 \\ 0 & (p_0 - p_1)^n \end{pmatrix} Y^{-1} \\ &= \frac{1}{1-(p_0-p_1)} \begin{pmatrix} p_1 + q_0(p_0 - p_1)^n & p_1[1-(p_0-p_1)^n] \\ q_0[1-(p_0-p_1)^n] & q_0 + p_1(p_0-p_1)^n \end{pmatrix} \end{aligned} \tag{3.55}$$

と計算でき，n 時点後の存在確率 $P_0^{(n)}, P_1^{(n)}$ を式 (3.50) を用いて書き下すことができる。ここで，$n \to \infty$ とすると

$$\lim_{n\to\infty} \boldsymbol{p}^n = \frac{1}{1-(p_0-p_1)} \begin{pmatrix} p_1 & p_1 \\ q_0 & q_0 \end{pmatrix} \tag{3.56}$$

十分時間が経過した後の遷移確率行列が列には無関係な値に収束している。したがって，このときの状態確率分布は

$$\begin{aligned} \begin{pmatrix} P_0^{(\infty)} \\ P_1^{(\infty)} \end{pmatrix} &= \lim_{n\to\infty} \boldsymbol{p}^n \begin{pmatrix} P_0^{(0)} \\ P_1^{(0)} \end{pmatrix} \\ &= \begin{pmatrix} \dfrac{p_1}{1-(p_0-p_1)} \\ \dfrac{q_0}{1-(q_1-q_0)} \end{pmatrix} \end{aligned} \tag{3.57}$$

となり，定常状態の確率分布と一致する。この分布は初期状態に依存していない。情報源がこのような性質をもつとき正規マルコフ情報源という。

例題 3.6　式 (3.42) の $\boldsymbol{p}$ の固有値方程式を解くことにより Y を導け。

【解答】

$$\begin{vmatrix} p_0-\lambda & p_1 \\ q_0 & q_1-\lambda \end{vmatrix} = 0$$

より固有値

$$\lambda = 1,\ p_0 - p_1$$

を得る。したがって，固有ベクトルはそれぞれの固有値に対応してつぎの関係式を満たすように定められる。

$$\begin{pmatrix} p_0 & p_1 \\ q_0 & q_1 \end{pmatrix}\begin{pmatrix} y_{11} \\ y_{21} \end{pmatrix}=\begin{pmatrix} y_{11} \\ y_{21} \end{pmatrix}$$

より

$$(1-p_0)y_{11} = p_1 y_{21}$$

また

$$\begin{pmatrix} p_0 & p_1 \\ q_0 & q_1 \end{pmatrix}\begin{pmatrix} y_{12} \\ y_{22} \end{pmatrix} = (p_0-p_1)\begin{pmatrix} y_{12} \\ y_{22} \end{pmatrix}$$

より

$$-p_1 y_{12} = p_1 y_{22}$$

を得る。ここでは，固有値 1 に対する固有ベクトルを y_{11}, y_{21}，固有値 $p_0 - p_1$ に対する固有ベクトルを y_{12}, y_{22} としている。したがって，固有ベクトルは

$$\begin{pmatrix} y_{11} \\ y_{21} \end{pmatrix} = \begin{pmatrix} p_1 \\ 1-p_0 \end{pmatrix}, \quad \begin{pmatrix} y_{12} \\ y_{22} \end{pmatrix} = \begin{pmatrix} p_1 \\ -p_1 \end{pmatrix}$$

と表すことができ，$\boldsymbol{p}$ を対角化する行列として

$$Y = p_1\begin{pmatrix} 1 & 1 \\ (1-p_0)/p_1 & -1 \end{pmatrix}$$

を得る。 ◇

例題 3.7　式 (3.55) を異方性パラメータと相関パラメータを用いて表せ。

【解答】

$$\boldsymbol{p}^n = \frac{1}{2(1-\delta)} \begin{pmatrix} (1+\varepsilon-\delta)+(1-\varepsilon-\delta)\delta^n & (1+\varepsilon-\delta)[1-\delta^n] \\ (1-\varepsilon-\delta)[1-\delta^n] & (1-\varepsilon-\delta)+(1+\varepsilon-\delta)\delta^n \end{pmatrix}$$

◇

3.4.4　エントロピー

単純マルコフ情報源のエントロピーを，式 (3.6) を用いて計算してみよう。図 3.6 では，記憶のない情報源 S_0 の出力が $\{0(p_0), 1(q_0)\}$，S_1 の出力が $\{0(p_1), 1(q_1)\}$ なので，そのエントロピーは

$$\begin{aligned} H(S) &= H_1(S_0)P_0^{(S)} + H_1(S_1)P_1^{(S)} \\ &= \mathcal{H}(p_0)P_0^{(S)} + \mathcal{H}(p_1)P_1^{(S)} \end{aligned} \tag{3.58}$$

と表される。具体的に，式 (3.58) と式 (3.44), (3.49) を用いて

$$\begin{aligned} H(S) &= \frac{1}{2}\left(1+\frac{\varepsilon}{1-\delta}\right)\mathcal{H}\left(\frac{1+\varepsilon+\delta}{2}\right) \\ &\quad + \frac{1}{2}\left(1-\frac{\varepsilon}{1-\delta}\right)\mathcal{H}\left(\frac{1+\varepsilon-\delta}{2}\right) \end{aligned} \tag{3.59}$$

と表すことができる。式 (3.59) のエントロピーを，δ をパラメータとして ε の関数として図示したのが**図 3.8** である。$\varepsilon = 0$ のときは，$H(S) = \mathcal{H}((1+\delta)/2)$ となり相関が強いほどエントロピーは小さくなる。また，$\delta = 0$ のときは，$H(S) = \mathcal{H}((1+\varepsilon)/2)$ となり，異方性（情報源記号の偏り）が大きいほどエントロピーは小さくなる。

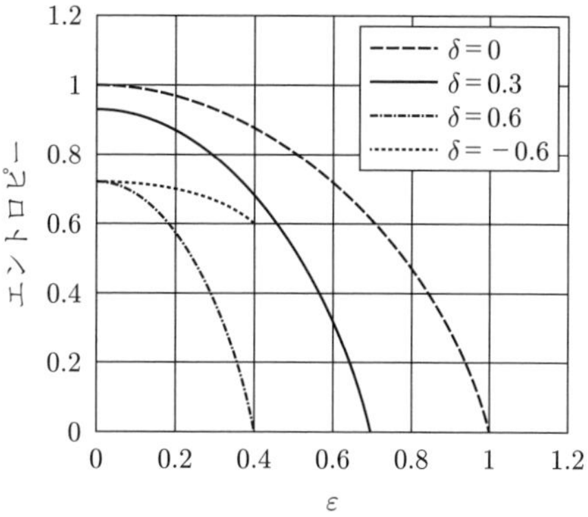

図 **3.8** 単純マルコフ情報源のエントロピー

例題 3.8 記憶のない情報源の代表的系列の数と代表的系列の確率の導出を参考にして，単純マルコフ情報源においても同様の関係

$$\text{代表的系列の数} \quad \sim 2^{nH(S)}$$

$$\text{代表的系列の確率} \sim 2^{-nH(S)}$$

が成立することを導け。

【解答】 S の n 次の拡大情報源において，S_0 からの情報源記号の出力数 n_0 と S_1 からの情報源記号の出力数 n_1 が定常状態における存在確率に比例すると仮定する。

$$n_0 = nP_0^{(S)}, \ n_1 = nP_1^{(S)}$$

また

$$1 = (p_0 + q_0)^{n_0}(p_1 + q_1)^{n_1} = \sum_{i=0}^{n_0} {}_{n_0}C_i {p_0}^i {q_0}^{n_0 - i} \sum_{j=0}^{n_1} {}_{n_1}C_j {p_1}^j {q_1}^{n_1 - j}$$

の展開式において $p + q = 1$ のとき

$${}_nC_{np} p^{np} q^{nq} \sim 1$$

なので，$i = n_0 p_0$, $j = n_1 p_1$ となる代表的系列は次式を満たす。

$$({}_{n_0}C_{n_0p_0})({}_{n_1}C_{n_1p_1}){p_0}^{n_0p_0}{q_0}^{n_0q_0}{p_1}^{n_1p_1}{q_1}^{n_1q_1} \sim 1$$

両辺の対数をとり整理すると，次式となる。

$$\begin{aligned}\log_2({}_{n_0}C_{n_0p_0})({}_{n_1}C_{n_1p_1}) &\sim n_0(-p_0\log_2 p_0 - q_0\log_2 q_0)\\ &\quad +n_1(-p_1\log_2 p_1 - q_1\log_2 q_1)\\ &= nP_0^{(S)}\mathcal{H}(p_0) + nP_1^{(S)}\mathcal{H}(p_1)\\ &= nH(S)\end{aligned}$$

ここで，${p_0}^{n_0p_0}{q_0}^{n_0q_0}{p_1}^{n_1p_1}{q_1}^{n_1q_1}$ は 0 が $(n_0p_0+n_1p_1)$ 個，1 が $(n_0q_0+n_1q_1)$ 個となる代表的系列の確率で，$({}_{n_0}C_{n_0p_0})({}_{n_1}C_{n_1p_1})$ はその代表的系列の数を表す。したがって，次式となる。

$$\begin{array}{lll}\text{代表的系列の数} & ({}_{n_0}C_{n_0p_0})({}_{n_1}C_{n_1p_1}) & \sim 2^{nH(S)}\\ \text{代表的系列の確率} & {p_0}^{n_0p_0}{q_0}^{n_0q_0}{p_1}^{n_1p_1}{q_1}^{n_1q_1} & \sim 2^{-nH(S)}\end{array}$$

◇

3.4.5 出力パターン

図 3.6 において，$1 \cong p_0 > q_1 > p_1 > q_0 \cong 0$ の場合の出力パターンを考えてみよう。S_0 から 0 を出力する確率 p_0 は非常に大きく，1 を出力する確率 q_0 は非常に小さい。S_1 から 1 を出力する確率 q_1 はある程度大きく，0 を出力する確率 p_1 はある程度小さい。このとき，出力としては 0 が続き，まれに 1 が出力されるとしばらく 1 が続き，0 が出力されるとその後長く 0 が続くであろう。このようなパターンをバーストと呼ぶ。この連続した 1 の中に 0 がランダムに混じる出力パターンを単純マルコフ情報源で記述するのは困難である。このような出力パターンは，インジケータの遷移と出力を分離することでモデル化が可能となる。例えば，インジケータの遷移確率はそのままにしておいて S_0 の状態からはいつも 0 が出力され，S_1 の状態からは確率 h で 1 が，確率 $1-h$ で 0 が出力されるとすればよい。このように，情報源の出力パターンから情報源をモデル化するためには，マルコフ過程のみならずさまざまな要素を考慮する必要があることに注意する。

3.5 情報源符号化

一般的に以下のようにモデル化できる。ここで，符号化の部分はさらに**情報源符号化**と**通信路符号化**に細分化される。

情報源 → 符号化 → 通信路 → 復号 → 情報源（再生）
符号化 ＝ 情報源符号化＋通信路符号化

情報源符号化とは，さまざまな特性（エントロピー）をもつ情報源を実際の0,1のディジタル符号で表現するための符号化手法である。具体的には，情報源のもつ冗長度をできるだけ除いた形式の符号記号（0,1）の組合せ（符号語）に変換することを指す。ここで用いられる符号語の記号を情報源符号という。また，通信路符号化では，通信路で生じる情報（ビット）誤りに対して耐性をもたせるために，冗長度を付加した符号語に変更する。いったんは情報源符号化で削減した冗長度を，通信路符号化で改めて付加することで，効率のよいディジタル情報通信を実現している。ここでは，情報源符号化について説明する。

すでにアルファベットや英単語（スペル）を例に述べたように，情報通信でやりとりする情報源は，さまざまな生起確率の関係を有しており，エントロピーは単純な固定長ビット数よりも相当に低いものとなる。情報源符号化では，モールス符号と同様に，こうした生起確率の違いを適用して，あらかじめ用意した別の符号語に置き換えることで，冗長度の低い符号化を実現する。情報源符号化では**図 3.9** に示すように，情報源（事象：アルファベット S）を符号アルファベット列 a に変換する。ここで，符号アルファベット列を送信するために必要な時間を l とするが，これは符号の長さに比例するので，各符号アルファベット列の長さ（ビット数）だと考えてもらえばよい。

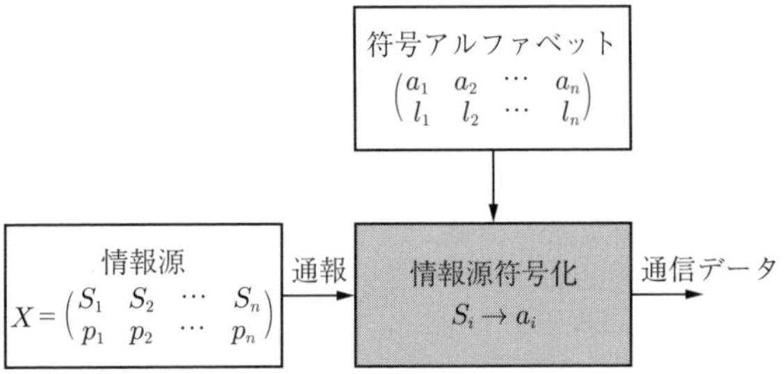

図 3.9　情報源符号化の基本方針

3.5.1　情報伝送速度と通信路容量

ここで情報源 X のエントロピー H（平均情報量）は計算できるので，1 アルファベット当りに必要な情報量（ビット数）が決まり時間長 l と等しいとすると，符号アルファベット 1 文字当りの平均時間長 L は各アルファベットの生起確率から次式のようになる。

$$L = \sum_{i=1}^{n} p_i l_i \quad 〔秒〕 \tag{3.60}$$

エントロピー H を平均時間長 L で割ることで，通信路を通じて単位時間当りに伝送できる平均情報量を求めることができる。これが**情報伝送速度** R である。

$$R = H/L \quad 〔ビット/秒〕 \tag{3.61}$$

ここで，R の最大値 C は次式の正の解（根）として求めることができる。

$$\sum_{i=1}^{n} 2^{-Cl_i} = 1 \quad (C > 0, p_i = 2^{-Cl_i}) \tag{3.62}$$

この値は通信路を通じて伝送できる最大容量を示し，**通信路容量** C と定義される。

3.5.2　クラフトの不等式

通信路を最大限有効に利用して情報通信を行うためには，それぞれの生起確率 p_i に応じてそれぞれの送信時間 l_i を設定する必要がある。この関係は，これまでにも述べてきたとおり，生起確率 p_i が高い符号アルファベットに短い時間（ビット数）の l_i を最適に割り振ることを意味している。逆をいえば，生起確率に差異がなく均等であれば，**固定長符号化**のように均等に l を割り振ることになってしまい，情報源符号化は効をなさないことになる。ここでは，生起確率（条件付確率）に差があるものとして，情報源符号化について詳解する。

モールス符号と異なり，情報源符号化においては，符号アルファベット間の区切り（ブランク）がなくても一意に復号できなければならない。この特性をもち合わせた符号を**一意復号可能な符号**という（逆に一意に復号できない符号を一意復号不可能な符号という）。一意復号でなければ，情報源符号化として利用できないことはいうまでもない。また，符号アルファベット一つを受信するたびに復号できる符号を**瞬時符号**という。また，通信の終了時などにまとめて復号する符号を**非瞬時符号**という。瞬時符号のほうが望ましいが，必ずしも瞬時符号である必要はない。また，各アルファベットごとに同じ符号長（ビット数）を割り振る符号を**等長符号**，異なる符号長を割り振る符号を**非等長符号**という。情報源符号化における符号語の例を**表 3.3** に示す。

表 3.3　情報源符号化における符号語の例

<table>
<tr><th>情報源記号</th><th>$\Gamma^{(1)}$</th><th>$\Gamma^{(2)}$</th><th>$\Gamma^{(3)}$</th><th>$\Gamma^{(4)}$</th><th>$\Gamma^{(5)}$</th><th>$\Gamma^{(6)}$</th></tr>
<tr><td>a_1</td><td>00</td><td>0</td><td>0</td><td>0</td><td>0</td><td>0</td></tr>
<tr><td>a_2</td><td>01</td><td>10</td><td>10</td><td>01</td><td>10</td><td>10</td></tr>
<tr><td>a_3</td><td>10</td><td>110</td><td>110</td><td>011</td><td>11</td><td>11</td></tr>
<tr><td>a_4</td><td>11</td><td>1110</td><td>111</td><td>111</td><td>01</td><td>0</td></tr>
<tr><td></td><td colspan="5">非特異符号</td><td>特異符号</td></tr>
<tr><td></td><td colspan="4">一意復号可能な符号</td><td colspan="2" rowspan="2">一意復号不可能な符号</td></tr>
<tr><td></td><td colspan="3">瞬時符号</td><td>非瞬時符号</td></tr>
<tr><td></td><td>等長符号</td><td colspan="5">非等長符号</td></tr>
</table>

これらの情報源符号化が実際に利用できるものであるかどうかは，**クラフトの不等式**を満たす符号語数になっているかどうかで，最適な符号化であるか確認することができる。また，符号語の符号の木（ツリー構造）を書き，接点と葉の関係から確認することができる。

$$\sum_{i=1}^{n} k^{-m_i} \leqq 1 \tag{3.63}$$

ここで，クラフトの不等式を満たすような符号語 $m_1 \sim m_n$ の平均符号語数 $\overline{m}$ を次式で求めることができる。

$$\overline{m} = \sum_{i=1}^{n} p_i m_i \tag{3.64}$$

ここで，クラフトの不等式を満足する符号において，以下の式を満たす符号が存在する。

$$\frac{H}{\log_2 k} \leqq \overline{m} < \frac{H}{\log_2 k} + 1 \tag{3.65}$$

さらに，$\log_2 k = Cl$ であるので両辺の $\log_2 k$ に Cl を代入して，l を乗じると以下の式に変形できる。ここで，L は lm と等しく，符号語の平均時間長である。

$$\frac{H}{C} \leqq L < \frac{H}{C} + l \tag{3.66}$$

3.5.3　第一符号化定理

情報源のエントロピーを H〔ビット〕，符号アルファベット通信路容量を C〔ビット/秒〕とするとき，この符号アルファベットを用いて 1 秒当り $(C/H)(1-\varepsilon)$ 個の割合（ε：任意に小さい正数）で情報源を符号化して伝送できる。これは，情報源から発生しうる 2^{HN} 個の文字列を，符号アルファベットを用いて生じる 2^{CT} 個の文字列に 1 対 1 に置き換えることに等しい。例えば，記憶のない情報源で，それぞれを別の単一記号に変更してしまえば，情報源の記号個数と符号アルファベットの記号個数が等しくなってしまう。**第一符号化定理**では，M 重マルコフ情報源における生起確率の偏りや事象間の関係性を取り除く形で符号化を行う。符号化された後の符号アルファベットは，ランダムに生起しているかのように符号化し，情報源の冗長度を取り除いた符号語に変換する。第一符号化定理は，事象の発生する系列を十分に長くした極限で成立する定理である。

3.5.4 ブロック符号

第一符号化定理は，理論上，最適な符号化が存在していることを示していた。しかし，情報源の系列を十分に長くとると瞬時符号でなくなり，遅延が生じてしまう。瞬時符号であり一意復号可能な符号であるブロック符号では，情報源のアルファベット $S_1 \sim S_n$ を文字長 $m_1, m_2, \cdots, m_n$ で符号化する。ブロック符号において以下の式を満たす整数 m_i を決められればよい。

$$-\frac{\log_2 p_i}{\log_2 k} \leqq \overline{m}_i < -\frac{\log_2 p_i}{\log_2 k} + 1 \tag{3.67}$$

3.5.5 一意復号可能な符号

情報源が，情報源記号 $\{a_1, a_2, a_3, a_4\}$ を一定の確率で出力する場合，2 元符号を用いて表 3.3 のような 6 通りの符号化 $\Gamma^{(1)}, \cdots, \Gamma^{(6)}$ を考える。符号化により情報源記号に割り当てられた 0,1 の並びを符号語と呼ぶ。例えば，$\Gamma^{(1)}$ の符号化において，a_1 の符号語は 00 である。そして，これら符号語の集合を符号といい，$\Gamma^{(1)} = \{00, 01, 10, 11\}$ のように表す。

$\Gamma^{(6)}$ の符号化は a_1 と a_4 に同じ 0 という符号語を用いており，0 が a_1 とも a_4 とも復号されるため，復号が一意とはならない。このように，異なる情報源記号に同じ符号語を用いる符号を特異符号という。$\Gamma^{(5)}$ の符号も 0110 が $0(a_1)11(a_3)0(a_1)$ と復号されたり $01(a_4)10(a_2)$ と復号されたりするので，一意復号が不可能である。これに対して，$\Gamma^{(1)}$ から $\Gamma^{(4)}$ の符号は一意復号が可能である。もっとも $\Gamma^{(4)}$ では 0 を見ただけでは a_2, a_3 の可能性もあるので，ただちに a_1 と復号することはできず，01 となっても a_3 の可能性を残し，a_2 と復号することはできない。例えば，011110 を復号するとき二つ目の 0 を見るまでは $01(a_2)111(a_4)0(a_1)$ と情報源記号を確定できないので，このような符号は非瞬時符号と呼ばれる。$\Gamma^{(1)}$ から $\Gamma^{(3)}$ の符号は，その符号語を見るとすぐに復号できるので瞬時符号と呼ばれる。瞬時符号が好ましい符号化であることは明らかである。なお，$\Gamma^{(1)}$ のように符号語の長さ（符号長）が等しい符号を等長符号，そうでないものを非等長符号という。$\Gamma^{(2)}$ は 0 が符号語の終わりを示し，コンマの役割をするのでコンマ符号と呼ばれることもある。全体としてより少ない 2 元符号で符号化するためには，符号語の平均符号長が問題となる。平均符号長は情報源記号の出力確率と符号長から求められる。$\Gamma^{(3)}$ は $\Gamma^{(2)}$ より平均符号長が短いことは明らかであるが，$\Gamma^{(1)}$ より短いかどうかはその出力確率による。

3.5.6　クラフト・マクミランの不等式

以上，6 通りの符号化 $\Gamma^{(1)}, \Gamma^{(2)}, \Gamma^{(3)}, \Gamma^{(4)}, \Gamma^{(5)}, \Gamma^{(6)}$ は図 **3.10** で表すことができる。これを**符号の木**と呼ぶ。

2 元符号の符号の木は，起点（根）から 2 本の枝が出て，その枝の先（節点）

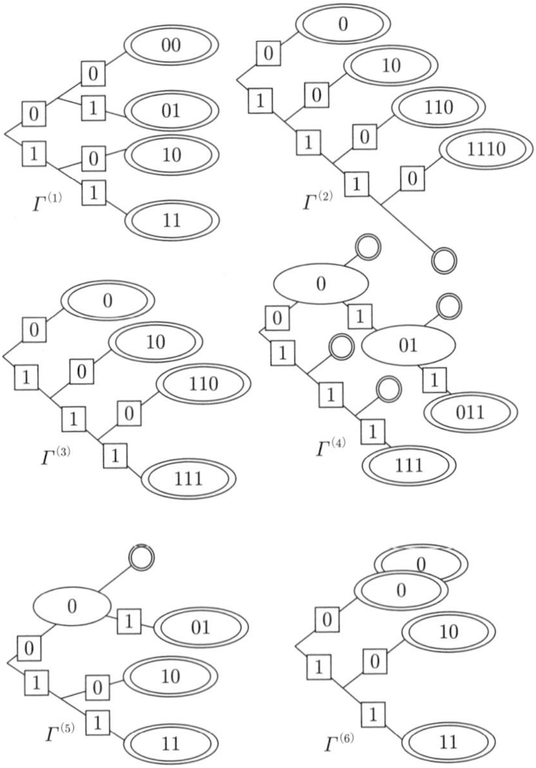

図 3.10　符号語と符号の木

からさらに2本の枝が出て，連なっていく構造をしている。もはや枝を出さなくなった節点を葉という。枝には0または1の符号が割り当てられる。根から枝をたどって到達した葉または節点に，たどった枝の順番に枝の符号を並べ，それが符号語に当たるときには符号語を記載する。図3.10では，節点に符号語が記載されるときは特に一重丸で囲み，葉は二重丸で囲んである。また，枝の符号を四角囲みしている。すべての符号語と葉が記載されると符号の木は終了する。根から葉または節点までの枝の数をその葉または節点の次数と呼ぶ。すなわち，根から符号語に当たる葉または節点までの次数が符号長である。

図3.10から，瞬時符号 $\Gamma^{(1)}$, $\Gamma^{(2)}$, $\Gamma^{(3)}$ では符号語がすべて異なる葉に割り当てられていることがわかる。このように，符号語がすべて異なる葉に割り当てられると瞬時符号となることは直感的にわかるが，瞬時符号であることをどのように量的に表せばよいのだろうか。葉からはもはや枝が伸びていないので根から流れ込んだ養分が，節点で半分ずつになりながら流れて各葉で止まると考えると，葉に流れ込んだ養分の和は根から吸収された養分に等しいといえる。根から1の養分が流れ込んだとして，次数が d の葉は d 回養分が半分となるので，2^{-d} の養分が流れ込む。したがって，符号語に対応する葉（すべての葉の場合もあればその一部の場合もある）に流れ込んだ養分の和は

$$1 \geqq \frac{1}{2^{d_1}} + \frac{1}{2^{d_2}} + \cdots + \frac{1}{2^{d_M}} \equiv \varDelta \tag{3.68}$$

を満たす。ここで，M は符号語に対応する葉の数であり，d_i はその i 番目の葉の次数である。クラフトは，M が符号語に対応する葉の数というよりは符号語の数そのもの（情報源記号の数），$d_i (i = 1, 2, \cdots, M)$ が葉の次数というにとどまらず符号長を表すとして，上式が2元符号が瞬時符号となるための必要十分条件であることを証明した。また，後にマクミランにより一意復号可能な符号の条件でもあることが示されたので，式(3.68)は**クラフト・マクミランの不等式**と呼ばれている。符号語が葉だけでなく節点にある場合や，複数個の符号語が1枚の葉に対応する場合も含めて，符号長およびクラフト・マクミランの不等式の右辺量 $\varDelta$ を**表3.4**に示す。

表 3.4　符号長とクラフト・マクミランの不等式の右辺量 Δ

情報源記号	$\Gamma^{(1)}$	$\Gamma^{(2)}$	$\Gamma^{(3)}$	$\Gamma^{(4)}$	$\Gamma^{(5)}$	$\Gamma^{(6)}$
a_1	2	1	1	1	1	1
a_2	2	2	2	2	2	2
a_3	2	3	3	3	2	2
a_4	2	4	3	3	2	1
Δ	1.0	0.9375	1.0	1.0	1.25	1.5

$\Gamma^{(5)}$, $\Gamma^{(6)}$ の符号はクラフト・マクミランの不等式を満たさないことがわかる。

3.5.7　平均符号長の下限と情報源符号化定理

情報源 S が，確率 p_i で情報源記号 a_i を出力するとして

$$S = \{a_1(p_1), a_2(p_2), \cdots, a_M(p_M)\} \tag{3.69}$$

と表すことにする。ここで，M は情報源記号の数であり，p_i は記号 a_i を出力する確率を表すので

$$\sum_{i=1}^{M} p_i = 1 \tag{3.70}$$

を満たす。この情報源のエントロピー（1 次エントロピー）は

$$H_1(S) = -\sum_{i=1}^{M} p_i \log_2 p_i \tag{3.71}$$

となる。いま，情報源記号を $a_i \to \sigma_i$ と 2 元符号化したときの符号長を d_i とする。この符号語の集合 Γ を

$$\Gamma = \{\sigma_1(p_1, d_1), \sigma_2(p_2, d_2), \cdots, \sigma_M(p_M, d_M)\} \tag{3.72}$$

と表すことにする。集合内の符号語の後のカッコは (出力確率, 符号語の長さ) を表す。このとき，平均符号長 L は

$$L = \sum_{i=1}^{M} d_i p_i \tag{3.73}$$

となる。符号 Γ が一意復号可能な符号とすると，クラフト・マクミランの不等式（式 (3.68)）が成立するので，シャノンの補助定理（式 (2.11)）の左辺において $q_i = 2^{-d_i}$ とおくことができ

$$-\sum_{i=1}^{M} p_i \log_2(2^{-d_i}) = \sum_{i=1}^{M} d_i p_i = L \geqq H_1(S) \qquad (3.74)$$

$$(\text{等号は } p_i = 2^{-d_i} \ \ (i = 1, 2, \cdots, M) \text{ のとき})$$

を得る。ここで，右辺は式 (3.71) を用いた。これは，一意復号可能な符号 Γ の平均符号長がその 1 次エントロピー以上の値をとることを示している。

つぎに，出力確率 p_i に対して

$$p_i \geqq 2^{-d_i} \quad (i = 1, 2, \cdots, M) \qquad (3.75)$$

を満たす符号長 d_i をもつ符号語 σ_i を考えよう。和をとると $1 \geqq \sum_{i=1}^{M} 2^{-d_i}$ となり，クラフト・マクミランの不等式を満たすことがわかる。そこで，符号長 d_i をもつ符号語 σ_i の集合は，一意復号可能な符号を構成することができる。式 (3.75) の両辺に対数をとって d_i が整数であることに注意すると，つぎの条件を満たす d_i を選ぶことができる。

$$-\log_2 p_i + 1 > d_i \geqq -\log_2 p_i \quad (i = 1, 2, \cdots, M) \qquad (3.76)$$

上式に p_i を掛けて，i につき和をとると

$$H_1(S) + 1 > L \geqq H_1(S) \qquad (3.77)$$

を得る。これは一意復号可能な符号の平均符号長の下限を示すとともに，式 (3.77) を満たす瞬時符号が構成可能であることを示している。もっとも，式 (3.76) を満たす符号長 $d_i = \lceil -\log_2 p_i \rceil$ なる 2 元符号を割り当てても必ずしも平均符号長を最小とできるわけではない（最適とはならない）ことに注意する (例題 3.15 参照)。ここで，$\lceil x \rceil$ は x 以上の最小の整数を表す。

3.1 節と同様，S の n 次の拡大情報源 S^n を考える。式 (3.77) は S の n 次の

拡大情報源の1次エントロピーについても成立するので

$$H_1(S^n) + 1 > L_n \geqq H_1(S^n) \tag{3.78}$$

ここで，L_n は n 個の情報源記号の平均符号長を表す。式 (3.78) を n で割り，$n \to \infty$ の極限をとる。式 (3.5) を用いると

$$H(S) + \varepsilon > L \geqq H(S) \tag{3.79}$$

を得る。ここで，$L \equiv \lim_{n\to\infty} L_n/n$ は1情報源記号当りの平均符号長を表し，$\varepsilon \equiv \lim_{n\to\infty} 1/n$ は任意の正数を表す。すなわち，情報源 S は，1情報源記号当りの平均符号長が式 (3.79) を満たすように2元瞬時符号に符号化することはできるが，その情報源のエントロピーより小さく一意復号可能な符号に符号化することはできない（情報源符号化定理）。なお，r 元符号で符号化するときには式 (3.79) の $H(S)$ を $H(S)/\log_2 r$ で置き換えた式が成立する（例題 3.10 参照）。

例題 3.9　表 3.3 において情報源記号とその出力確率が

$$S_\alpha = \{a_1(0.25), a_2(0.25), a_3(0.25), a_4(0.25)\}$$

$$S_\beta = \{a_1(0.5625), a_2(0.1875), a_3(0.1875), a_4(0.0625)\}$$

と二つのパターンで与えられている。パターン S_α は情報源記号の出力確率がすべて等しい場合，パターン S_β は出力確率に偏りがある場合である。両パターンについてつぎの問いに答えよ。

a)　6通りの符号化 $\Gamma^{(1)}, \Gamma^{(2)}, \Gamma^{(3)}, \Gamma^{(4)}, \Gamma^{(5)}, \Gamma^{(6)}$ それぞれにおける平均符号長を計算せよ。

b)　各情報源記号を式 (3.76) を満たすように，符号長 $d_i = \lceil -\log_2 p_i \rceil (i = 1, 2, 3, 4)$ なる2元符号を割り当てて符号化したとする。このときの平均符号長 L を計算し，a) の結果と比較して最適か否かを答えよ。

c)　上記出力確率における1次エントロピーを計算して，一意復号可能な符号の平均符号長がこれ以上であることを確かめよ。

【解答】 パターン S_α につき

a)

符号	$\Gamma^{(1)}$	$\Gamma^{(2)}$	$\Gamma^{(3)}$	$\Gamma^{(4)}$	$\Gamma^{(5)}$	$\Gamma^{(6)}$
平均符号長 L_Γ	2.0	2.5	2.25	2.25	1.75	1.5

b) $L = 2.0 = L_{\Gamma^{(1)}} < L_{\Gamma^{(2)}}, L_{\Gamma^{(3)}}, L_{\Gamma^{(4)}}$ 最適である。

c) $H_1(S_\alpha) = 2.0 = L_{\Gamma^{(1)}} < L_{\Gamma^{(2)}}, L_{\Gamma^{(3)}}, L_{\Gamma^{(4)}}$

パターン S_β につき

a)

符号	$\Gamma^{(1)}$	$\Gamma^{(2)}$	$\Gamma^{(3)}$	$\Gamma^{(4)}$	$\Gamma^{(5)}$	$\Gamma^{(6)}$
平均符号長 L_Γ	2.0	1.75	1.6875	1.6875	1.4375	1.375

b) $L = 1.9375 \geqq L_{\Gamma^{(2)}}, L_{\Gamma^{(3)}}, L_{\Gamma^{(4)}}$ 最適でない。

c) $H_1(S_\beta) = 1.623 < L_{\Gamma^{(1)}}, L_{\Gamma^{(2)}}, L_{\Gamma^{(3)}}, L_{\Gamma^{(4)}}$ ◇

3.6 情報源符号化法

クラフトの不等式を満たす符号化法の平均符号長の範囲として，以下の不等式（次式）はすでに 3.5.2 項で説明した。実際の符号化においては，この平均符号長を満たすように，ここの符号語の長さを設定していく必要がある。ここでは，理論上（理想）関係式を現実的な符号化手法に適用する方法について説明する。

$$\frac{H}{\log_2 k} \leqq \overline{m} < \frac{H}{\log_2 k} + 1 \tag{3.80}$$

ここで，生起確率が独立な N 個の情報源の符号化を考える。本来は N 次の拡大情報源を用いて説明するが，ここではイメージ的に理解するために，独立な情報源が N 個ある場合を考える。この場合，情報源のエントロピーは結合エントロピーとして計算できるので，$H(X^N) = NH$ となる。上式の H に NH を代入し，両辺を N で割ると以下の式に変形できる。

$$\frac{H}{\log_2 k} \leqq \frac{\overline{m}_N}{N} < \frac{H}{\log_2 k} + \frac{1}{N} \tag{3.81}$$

実際の符号化では，この式を満たすような符号語（長）を作成する必要がある。この関係を個々の符号語の長さ m で考えると，事象の生起確率ごとに以下の範囲に収まるように設定してやればよい。

$$-\frac{\log_2 p_i}{\log_2 k} \leqq m_i < \frac{H}{\log_2 k} + 1 \tag{3.82}$$

ここで，もし $\log_2 p_i/\log_2 k$ が整数になれば，等式が成り立つ状態の符号語長になり，最も短い理想的な形で符号化が実現できるが，実際の事象の生起確率からすべての m が整数になる場合は皆無であるので，その分は実際の符号化のロスとなる。そのため，実際に利用できる情報源符号化では必ず符号化の際に情報量のロスが発生し，平均情報量がエントロピー以上になってしまう。その意味でエントロピーは理想（理論）的な平均情報といえる。

ここでは，この不等式を満たすことができる情報源符号化法について詳解する。

3.6.1　シャノンの符号化

事象 S_1～S_n を生起確率の高い順に並べ，$p_1 \geqq p_2 \geqq \cdots \geqq p_n$ のようにして，累計確率を順番に計算する。ただし，便宜上 $q_1 = 0$ とする。

$$q_i = \sum_{j=1}^{i-1} p_j \tag{3.83}$$

つぎに，q_i を 2 進数展開し，小数点数以下 m_i（次式）桁を用いて符号語 a_i とするのが**シャノンの符号化**である。

$$-\log_2 p_i \leqq m_i < -\log_2 p_i + 1 \tag{3.84}$$

例えば，以下の情報源 X を例に符号化する。

$$X = \begin{pmatrix} S_1 & S_2 & S_3 & S_4 & S_5 \\ \dfrac{5}{16} & \dfrac{4}{16} & \dfrac{3}{16} & \dfrac{2}{16} & \dfrac{2}{16} \end{pmatrix} \tag{3.85}$$

実際の符号化の流れを**表 3.5** に示す。符号の木（**図 3.11**）からも，問題なく符号化が成されていることが確認できる。

表 3.5　シャノンの符号化（例）

S_i	p_i	$-\log_2 p_i$	p_i(2 進数)	q_i(2 進数)	m_i	$\boldsymbol{a}_i$
S_1	5/16	1.678	0.0101	0.**0000**	2	00
S_2	4/16	2	0.0100	0.**0101**	2	01
S_3	3/16	2.415	0.0011	0.**1001**	3	100
S_4	2/16	3	0.0010	0.**1100**	3	110
S_5	2/16	3	0.0010	0.**1110**	3	111

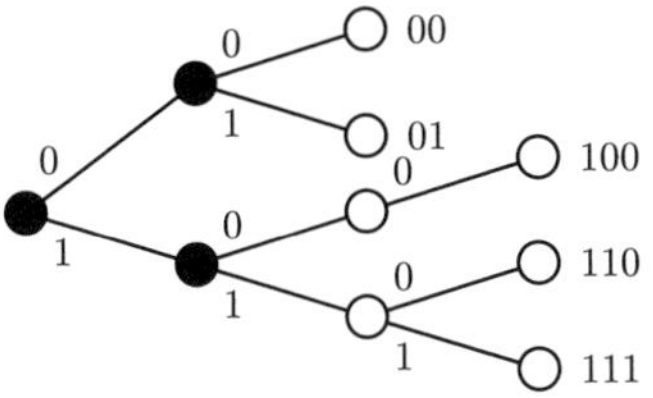

図 3.11　符号の木（シャノンの符号化）

この情報源において，エントロピーを求めると 2.23 ビットになる。また，求めたシャノンの符号化の符号長の平均は約 2.44 ビットとなる。$2.23/2.44 = 0.91$ より，エントロピー（理想値）に 91% まで近い平均符号量（情報量）で符号化できたことになる。

3.6.2　ハフマンの符号化

ハフマンの符号化では，生起確率の最も小さい二つの事象 S_i, S_j に 0 と 1 を順に割り当てる。つぎに，S_i と S_j を 1 組として，これを仮想の一つの事象 $S_{k'}$ とおき，その生起確率を $p_{k'} = p_i + p_j$ と割り当て再度高い順に並べ直す。この作業を繰り返し，終わったら 0, 1 の割り当てを逆順にたどってできる 0,1 の列が S_i に対応する符号語 a_i である。これにより，生起確率が大きいものに短い符号を割り当て，平均符号量を下げることができる。シャノンの符号化でも用いた以下の情報源 X を例に説明する。

$$
X = \begin{pmatrix} S_1 & S_2 & S_3 & S_4 & S_5 \\ \dfrac{5}{16} & \dfrac{4}{16} & \dfrac{3}{16} & \dfrac{2}{16} & \dfrac{2}{16} \end{pmatrix} \tag{3.86}
$$

実際のハフマンの符号化の流れを図 **3.12** に示す。

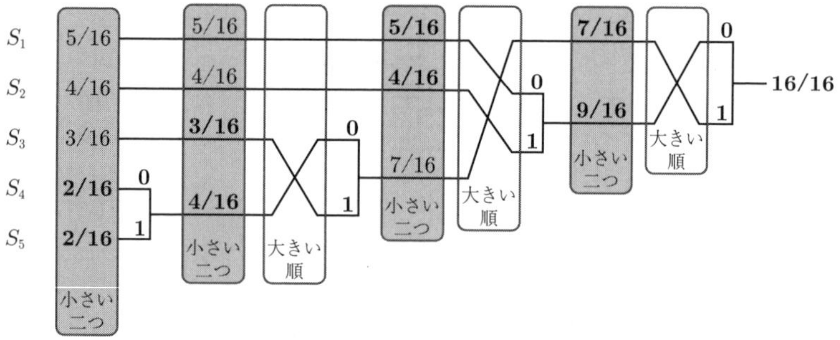

図 **3.12**　ハフマンの符号化（例）

さらに，符号の木（図 **3.13**）についても確認する。結果，生起確率の高い事象では 2 ビット，低い事象では 4 ビットが割り振られており，良好に符号化がなされていることがわかる。また，符号の木にも問題がないことが確認できる。

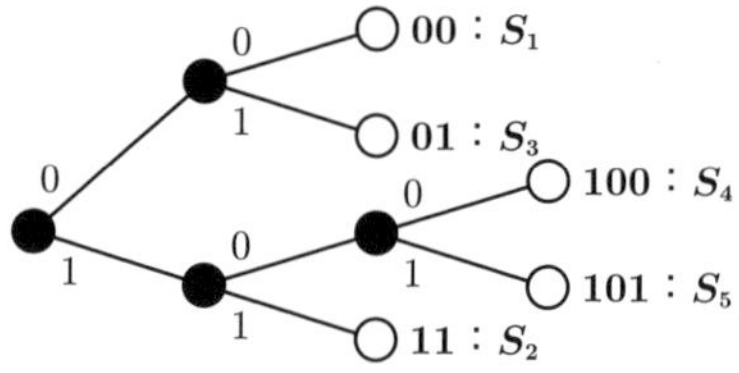

図 **3.13**　符号の木（ハフマンの符号化）

この情報源において，エントロピーを求めると 2.23 ビットになる。また，求めたハフマンの符号化の符号長の平均は約 2.25 ビットとなる。$2.23/2.25 = 0.99$ より，エントロピー（理想値）に 99% まで近い平均符号量（情報量）で符号化できたことになり，非常に効率のよい最適な符号化法といえる。シャノンの符号化とハフマンの符号化について，比較した結果を表 **3.6** にまとめる。

表 3.6　シャノンの符号化とハフマンの符号化の比較

符号化手法	シャノン	ハフマン	理想
エントロピー	$H = 2.23$		
平均符号長	2.44	2.25	2.23
符号化効率	0.91	0.99	1.00

3.6.3　ハフマン符号構成法

情報源 S に対し情報源記号を一意復号可能な符号に符号化するとき，平均符号長が最小となる符号をコンパクト符号と呼ぶ。ハフマンは，出力確率の大きい記号には短い符号語を，また出力確率の小さい記号には長い符号語を割り当てることにより，コンパクト符号の構成法を考案した。彼の方法をハフマン符号構成法と呼び，これにより得られる符号をハフマン符号という。2 元ハフマン符号はつぎの (1)，(2)，(3) の手順に従って構成される。

(1)　各記号に対応する葉を作り，おのおのの葉に記号の出力確率を記す。

(2)　確率の最も小さい 2 枚の葉に対し一つの節点を作り，その節点と 2 枚の葉を枝で結ぶ。この 2 本の枝には 0 と 1 を割り当てる。さらに，この節点に 2 枚の葉の確率の和を記し，この節点を新たに葉と考える。

(3)　葉が 1 枚しか残っていなければ，その残った 1 枚の葉からもとの葉に連なる枝をたどり，枝に割り当てられた 2 進数をつないで符号語として終了する。そうでなければ (2) に戻る。

ここで，確率の最も小さい 2 枚の葉の選び方は一通りでない場合もあるが，その場合は任意に選んでよい。また，2 本の枝に割り当てる 0 と 1 はどちらが 0 でどちらが 1 でもよい。2 元符号で構成する場合は 2 枚の葉を束ねていくことがポイントである。具体的に考えてみよう。

表 3.3 において情報源記号とその出力確率が

$$S = \{a_1(0.5625), a_2(0.1875), a_3(0.1875), a_4(0.0625)\} \tag{3.87}$$

と与えられている場合，**図 3.14** のように，情報源記号 $a_i, i = 1, 2, 3, 4$ に対応する葉と出力確率を記す。

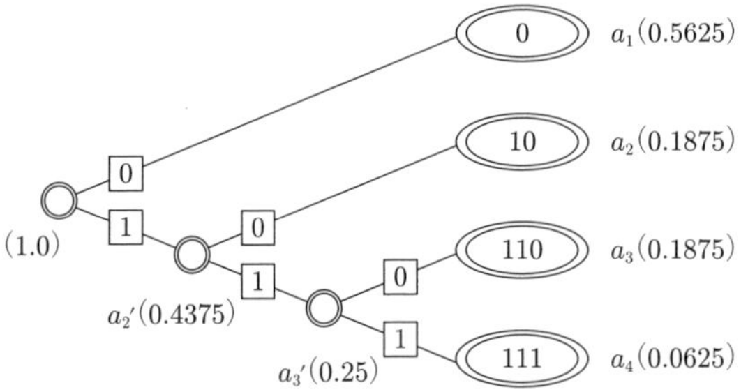

図 3.14　ハフマン符号構成図

確率の最も小さい 2 枚の葉は a_2, a_4，または a_3, a_4 であるが，ここでは a_3, a_4 を選んでおく。a_3, a_4 に対し一つの節点 $a_3{}'$ を作り，その節点と 2 枚の葉 a_3, a_4 を枝で結ぶ。枝に 0 と 1 を割り当て $a_3{}'$ に 2 枚の葉の確率の和 0.25 を記す。この節点を葉とみなすと葉が 3 枚残っているので，つぎに確率の最も小さい 2 枚の葉として $a_2, a_3{}'$ を選ぶ。これに対し，同様に一つの節点 $a_2{}'$ を作り，その節点と 2 枚の葉を枝で結ぶ。枝に 0 と 1 を割り当て $a_2{}'$ に 2 枚の葉の確率の和 0.4375 を記す。この節点を葉とみなすと葉が 2 枚残っているので，a_1 と $a_2{}'$ に対する節点を作り，それらを枝で結び，0 と 1 を割り当てる。この節点が最後の 1 枚の葉となるので，これからもとの葉に連なる枝をたどり，枝に割り当てられた 2 進数をつないで符号語とする。図 3.14 では，最後に葉の中に符号語を記入している。構成されたハフマン符号 Γ_H を**表 3.7** に表す。

表 3.7　情報源記号の出力確率とハフマン符号

出力確率	0.5625	0.1875	0.1875	0.0625
情報源記号 S	a_1	a_2	a_3	a_4
ハフマン符号 Γ_H	0	10	110	111

これは，前述の $\Gamma^{(3)}$ の符号化に当たる。したがって，この場合のハフマン符号の平均符号長は $L = 1.6875$ であり，情報源のエントロピー $H_1(S) = 1.623$ にかなり近い値となっている。

なお，一般の r 元ハフマン符号の場合には確率の最も小さい r 枚の葉を束ねることにより同様の手順でハフマン符号を構成することができる（例題3.10参照）。

例題 3.10　情報源 S の情報源記号とその出力確率が

$$S = \{a_1(0.6), a_2(0.25), a_3(0.1), a_4(0.05)\}$$

と与えられている。つぎの問いに答えよ。

a)　2元符号 {0,1} を用いてハフマン符号を構成し平均符号長を計算せよ。

b)　3元符号 {0,1,2} を用いてハフマン符号を構成し平均符号長を計算せよ。
　[ヒント]　出力確率 0 の情報源記号 a_5 を加えて，最小確率の葉を三つずつ束ねるハフマン符号構成法を用いよ。

c)　情報源 S のエントロピー $H_1(S)$ を計算して，a) のハフマン符号の平均符号長と比較せよ。また，$H_1(S)/\log_2 3$ を計算して，b) の平均符号長と比較せよ。

【解答】　a)　平均符号長 $L = 1.55$

情報源記号 S	a_1	a_2	a_3	a_4
2元ハフマン符号 Γ_H	0	10	110	111

b)　平均符号長 $L = 1.15$

情報源記号 S	a_1	a_2	a_3	a_4
3元ハフマン符号 Γ_H	0	1	20	21

c)　$H_1(S) = 1.49$, $H_1(S)/\log_2 3 = 0.94$　◇

例題 3.11　情報源 S の情報源記号とその出力確率が

$$S = \{a_1(p_1), a_2(p_2), a_3(p_3), a_4(p_4)\}, \quad \sum_{i=1}^{4} p_i = 1$$

と与えられている。ここで，出力確率が等確率，すなわち $p_1 = p_2 = p_3 =$

$p_4 = 0.25$ の場合，2 元ハフマン符号の平均符号長は情報源 S のエントロピーと一致している $(L = H_1(S) = 2)$。では，$1 > p_1 > p_2 > p_3 = p_4 > 0$ と仮定した場合，p_i がどのような確率のとき 2 元ハフマン符号の平均符号長は情報源 S のエントロピーと一致するか。また，そのエントロピー値を求めよ。

【解答】　$1 > p_1 > p_2 > p_3 = p_4 > 0$ のとき 2 元ハフマン符号 Γ_H は

情報源記号 S	$a_1(p_1)$	$a_2(p_2)$	$a_3(p_3)$	$a_4(p_4)$
2 元ハフマン符号 Γ_H	0	10	110	111

となるので，$L = H_1(S)$ より

$$p_1+2p_2+3p_3+3p_4=-p_1\log_2 p_1-p_2\log_2 p_2-p_3\log_2 p_3-p_4\log_2 p_4$$

を得る。ここで，$p_3 = p_4 = p$ とすると

$$p_1 + 2p_2 + 6p = -p_1\log_2 p_1 - p_2\log_2 p_2 - 2p\log_2 p$$

係数が等しいとおくと

$$1 = -\log_2 p_1,\quad 2 = -\log_2 p_2,\quad 6 = -2\log_2 p$$

したがって，$p_1 = 0.5$，$p_2 = 0.25$，$p = p_3 = p_4 = 0.125$，このとき $L = H_1(S) = 1.75$ となる。 ◇

3.6.4　ハフマンブロック符号

情報源 $S = \{a_1, a_2\}$ のハフマン符号 Γ_H は出力確率にかかわりなく明らかに $\{0,1\}$ となる。平均符号長も 1 であり圧縮の効果はない。ところが，n 次の拡大情報源を符号化したときの平均符号長とエントロピーは式 (3.78) を満たすことから，情報源記号一つ当りの平均符号長（以後はこれを単位平均符号長と呼ぶ）は，$n \to \infty$ において情報源のエントロピーに $1/n$ で漸近的に限りなく近づく（情報源符号化定理，式 (3.79) 参照）。すなわち，次数の高い拡大情報源ほどこれをハフマン符号化すれば効率のよい符号化を行うことができそうである。このような一定次数の拡大情報源をハフマン符号化した符号をハフマンブ

ロック符号と呼ぶ。具体的に，a_1 の出力確率が $p = 3/2^2$ であるとき，2 次の拡大情報源 $S^2 = \{a_1a_1, a_1a_2, a_2a_1, a_2a_2\}$ をハフマン符号化してみよう。ハフマン符号は**図 3.15** より，**表 3.8** のようになる。

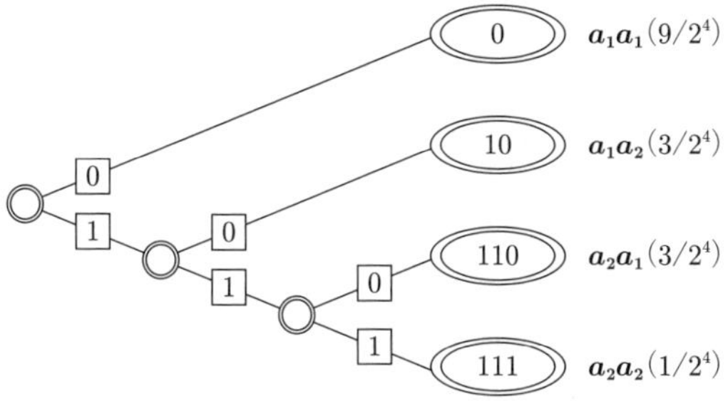

図 3.15　2 次拡大情報源のハフマン符号構成図

表 3.8　ハフマン符号

出力確率	$9/2^4$	$3/2^4$	$3/2^4$	$1/2^4$
情報源記号 S^2	a_1a_1	a_1a_2	a_2a_1	a_2a_2
ハフマン符号 ${\mathit{\Gamma}_H}^2$	0	10	110	111

このハフマン符号の平均符号長は

$$L_2 = 1 \times 9/2^4 + 2 \times 3/2^4 + 3 \times 3/2^4 + 3 \times 1/2^4 = 27/2^4$$

したがって，単位平均符号長は

$$L = L_2/2 = 0.844$$

となる。さらに 3 次の拡大情報源 S^3 をハフマン符号化すると，**表 3.9** のようになる。

表 3.9　3 次拡大情報源のハフマンブロック符号

出力確率	$27/2^6$	$9/2^6$	$9/2^6$	$3/2^6$
情報源記号 S^3	$a_1a_1a_1$	$a_1a_1a_2$	$a_1a_2a_1$	$a_1a_2a_2$
ハフマン符号 ${\mathit{\Gamma}_H}^3$	0	100	101	11100
出力確率	$9/2^6$	$3/2^6$	$3/2^6$	$1/2^6$
情報源記号 S^3	$a_2a_1a_1$	$a_2a_1a_2$	$a_2a_2a_1$	$a_2a_2a_2$
ハフマン符号 ${\mathit{\Gamma}_H}^3$	110	11101	11110	11111

このハフマン符号の平均符号長は

$$L_3 = 1 \times 27/2^6 + 3 \times 9/2^6 + 3 \times 9/2^6 + 5 \times 3/2^6$$
$$+3 \times 9/2^6 + 5 \times 3/2^6 + 5 \times 3/2^6 + 5 \times 1/2^6$$
$$= 158/2^6$$

したがって，単位平均符号長は

$$L = L_3/3 = 0.823$$

となる。これは3次の拡大情報源をハフマンブロック符号化した場合は2次または1次の拡大情報源のハフマンブロック符号よりも単位平均符号長が短くなることを具体的に示している。したがって，より高次の拡大情報源を符号化することがよりよい符号化法といえる。しかし，拡大情報源が高次になればなるほど急激に符号化すべき情報源記号の数（情報源記号が2元のときは 2^n）が増えてくることになるので，この点の工夫が必要となる。

例題 3.12　情報源 $S = \{a_1(3/2^2), a_2(1/2^2)\}$ のエントロピーを計算せよ。

【解答】　$H_1(S) = 0.8113$　◇

例題 3.13　2次の拡大情報源 $S^2 = \{a_1a_1(p^2),\ a_1a_2(pq),\ a_2a_1(pq),\ a_2a_2(q^2)\}$ のハフマン符号が，**表 3.10** となる場合の出力確率 p の条件を求めよ。ここで，$p+q=1$ である。

表 3.10　ハフマン符号

出力確率	p^2	pq	pq	q^2
情報源記号 S^2	a_1a_1	a_1a_2	a_2a_1	a_2a_2
ハフマン符号 $\Gamma_H{}^2$	0	10	110	111

【解答】　$1 > p > (-1+\sqrt{5})/2 = 0.618$　◇

3.6.5 ランレングスハフマン符号

等長な情報源記号を符号化するハフマンブロック符号の短所を改善する方法として，情報源記号を非等長になるように選択して符号化する方法がある。すなわち，出力確率の大きい情報源記号はできるだけひとかたまりにして短い符号語を割り当てることにより，ブロック符号化よりも，符号化する情報源記号の数を少なくして単位平均符号長を短くすることが可能である。ただし，非等長な情報源記号の確率の和が1となるように選択しなければならないことに注意する。

例えば，a_1 の出力確率を $p(> 1/2)$ として，符号化する情報源記号の集合を

$$S^{(rl)} = \{a_2, a_1a_2, a_1a_1a_2, \ldots, a_1a_1 \cdots a_2, a_1a_1 \cdots a_1\}$$

と選ぶことにする（図 **3.16**。カッコ内はその情報源記号の出力確率を表す）。

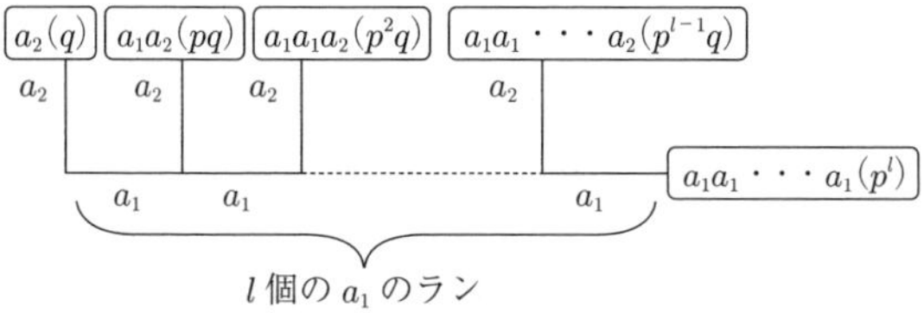

図 **3.16**　非等長な情報源記号作成のラン図とその確率

集合の最後の元 $a_1a_1 \cdots a_1$ には a_1 が l 個並んでいる。a_1 の並びを a_1 のラン（連続）と呼ぶ。a_1 が i 個のランと最後が a_2 の並びで構成される情報源記号の長さは $i+1$ で，その出力確率は p^iq となるので，集合 $S^{(rl)}$ の情報源記号の平均の長さは

$$\bar{n} = \sum_{i=0}^{l-1}(i+1)p^iq + lp^l = \frac{1-p^l}{1-p} \tag{3.88}$$

と計算できる。l が大きいほど平均の長さが長くなる。このようなランレングス（一定の長さ）を基準にしてハフマン符号化したものを**ランレングスハフマン符号**と呼ぶ。

具体的に，a_1 の出力確率が $p = 3/2^2$ であるとき，$l = 2$ のランである情報源

記号の集合 $S^{(r2)} = \{a_2, a_1a_2, a_1a_1\}$ をハフマン符号化してみよう。

図 3.17 より，**表 3.11** のようなハフマン符号を得ることができる。

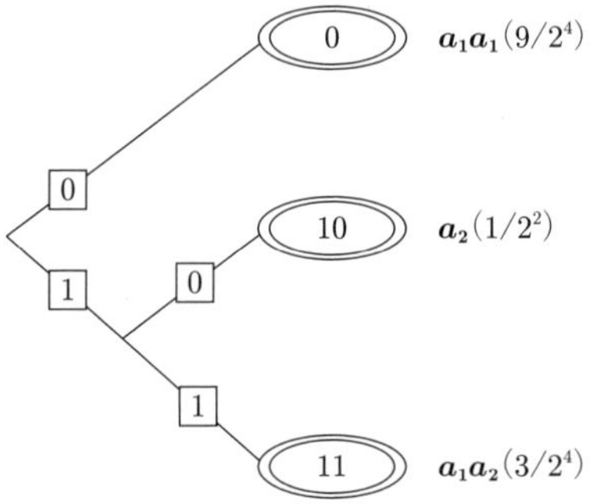

図 3.17　a_1 が 2 個のランレングスハフマン符号構成図

表 3.11　ハフマン符号

出力確率	$1/2^2$	$3/2^4$	$9/2^4$
情報源記号 $S^{(r2)}$	a_2	a_1a_2	a_1a_1
ハフマン符号 ${\mathit{\Gamma}_H}^{(r2)}$	10	11	0

このハフマン符号の平均符号長は

$$L_{\bar{n}} = 1 \times 9/2^4 + 2 \times 1/2^2 + 2 \times 3/2^4 = 23/2^4$$

となる。添字 $\bar{n}$ は情報源記号の平均の長さを表し，表 3.11 より

$$\bar{n} = 2 \times 9/2^4 + 1 \times 1/2^2 + 2 \times 3/2^4 = 28/2^4 = 1.75$$

と直接計算することができる。あるいは，式 (3.88) において $l = 2$ として求めることもできる。したがって，単位平均符号長は

$$L = L_{\bar{n}}/\bar{n} = 0.821$$

となる。これは 2 次または 3 次の拡大情報源をハフマンブロック符号化した場合よりも単位平均符号長が短くなっており（ハフマンブロック符号の計算例参照），符号化する情報源記号の数が少ないことからも，よりよい符号化法といえる。

例題 3.14 式 (3.88) を導出せよ。

[ヒント] つぎの関係式を用いよ。

$$\sum_{i=0}^{l-1}(i+1)p^i = \sum_{i=0}^{l-1} \frac{d}{dx}x^{i+1}\bigg|_{x=p} = \frac{d}{dx}\left(\sum_{i=0}^{l-1} x^{i+1}\right)\bigg|_{x=p}$$

【解答】

$$S = \sum_{i=0}^{l-1} x^{i+1} = x + x^2 + x^3 + \cdots + x^l$$
$$xS = x^2 + x^3 + \cdots + x^{l+1}$$

より

$$(1-x)S = x - x^{l+1}$$
$$S = \frac{x - x^{l+1}}{1-x}$$
$$\frac{dS}{dx} = \frac{1-(l+1)x^l}{1-x} + \frac{x - x^{l+1}}{(1-x)^2}$$

したがって

$$\begin{aligned}\bar{n} &= \sum_{i=0}^{l-1}(i+1)p^i q + lp^l \\ &= \frac{dS}{dx}\bigg|_{x=p} q + lp^l \\ &= \left\{\frac{1-(l+1)p^l}{1-p} + \frac{p-p^{l+1}}{(1-p)^2}\right\} q + lp^l \\ &= 1-(l+1)p^l + \frac{p(1-p^l)}{1-p} + lp^l \\ &= \frac{1-p^l}{1-p}\end{aligned}$$

となる。 ◇

例題 3.15 a_1 の出力確率が $p = 3/2^2$ であるとき，$l = 3$ のランである情報源記号の集合 $S^{(r3)} = \{a_2, a_1a_2, a_1a_1a_2, a_1a_1a_1\}$ をハフマン符号化せ

よ。また，その単位平均符号長を求め，$l=2$ の場合と比較せよ。

【解答】 ハフマン符号は，**表 3.12** となり，単位平均符号長 $L=0.824$ となる。

表 3.12　ハフマン符号

出力確率	$1/2^2$	$3/2^4$	$9/2^6$	$27/2^6$
情報源記号 $S^{(r3)}$	a_2	a_1a_2	$a_1a_1a_2$	$a_1a_1a_1$
ハフマン符号 ${\Gamma_H}^{(r3)}$	10	110	111	0

◇

例題 3.16　$S=\{a_1(0.8), a_2(0.2)\}$ の記憶のない 2 元情報源 S について，つぎの問いに答えよ。(　) 内は出力確率を表す。

a)　S をハフマン符号化せよ。また，その単位平均符号長を求めよ。

b)　2 次の拡大情報源 $S^2=\{a_1a_1, a_1a_2, a_2a_1, a_2a_2\}$ をハフマンブロック符号化せよ。また，その単位平均符号長を求めよ。

c)　3 次の拡大情報源 $S^3=\{a_1a_1a_1, a_1a_1a_2, a_1a_2a_1, a_1a_2a_2, a_2a_1a_1, a_2a_1a_2, a_2a_2a_1, a_2a_2a_2\}$ をハフマンブロック符号化せよ。また，その単位平均符号長を求めよ。

d)　$l=2$ のランである $S^{(r2)}=\{a_2, a_1a_2, a_1a_1\}$ をランレングスハフマン符号化せよ。また，その単位平均符号長を求めよ。

e)　$l=3$ のランである $S^{(r3)}=\{a_2, a_1a_2, a_1a_1a_2, a_1a_1a_1\}$ をランレングスハフマン符号化せよ。また，その単位平均符号長を求めよ。

f)　情報源 S のエントロピーを計算せよ。

【解答】 a)　単位平均符号長 $L=1.0$

b)　ハフマンブロック符号は**表 3.13** となり，単位平均符号長 $L=0.78$ となる。

表 3.13　ハフマン符号

出力確率	0.64	0.16	0.16	0.04
情報源記号 S^2	a_1a_1	a_1a_2	a_2a_1	a_2a_2
ハフマン符号 ${\Gamma_H}^2$	0	10	110	111

c)　ハフマンブロック符号は**表 3.14** となり，単位平均符号長 $L = 0.728$ となる。

表 3.14　ハフマンブロック符号

出力確率	0.512	0.128	0.128	0.032
情報源記号 S^3	$a_1a_1a_1$	$a_1a_1a_2$	$a_1a_2a_1$	$a_1a_2a_2$
ハフマン符号 ${\mathit\Gamma_H}^3$	0	110	101	11101

出力確率	0.128	0.032	0.032	0.008
情報源記号 S^3	$a_2a_1a_1$	$a_2a_1a_2$	$a_2a_2a_1$	$a_2a_2a_2$
ハフマン符号 ${\mathit\Gamma_H}^3$	100	11110	11100	11111

d)　ランレングスハフマン符号は**表 3.15** となり，単位平均符号長 $L = 0.756$ となる。

表 3.15　ランレングスハフマン符号

出力確率	0.2	0.16	0.64
情報源記号 $S^{(r2)}$	a_2	a_1a_2	a_1a_1
ハフマン符号 ${\mathit\Gamma_H}^{(r2)}$	10	11	0

e)　ランレングスハフマン符号は**表 3.16** となり，単位平均符号長 $L = 0.728$ となる。

表 3.16　ランレングスハフマン符号

出力確率	0.2	0.16	0.128	0.512
情報源記号 $S^{(r3)}$	a_2	a_1a_2	$a_1a_1a_2$	$a_1a_1a_1$
ハフマン符号 ${\mathit\Gamma_H}^{(r3)}$	10	110	111	0

f)　$H_1(S) = 0.7219$　◇

4 通信路と情報量

3 章で説明した情報源符号化では，情報源のもつ生起確率の偏り（特性）を利用して符号化を行い，冗長度を下げることで効率のよい情報伝送や情報記憶を実現した。冗長度を下げたことで少ない情報量（ビット数）で情報源を表現できる反面，なんらかの障害で情報（ビット）に誤りが発生した場合に，情報誤りの影響が過大に出てしまうことになった。例えば，平均情報量を 1/2 に圧縮できる符号化を用いた通信を行う場合，1 ビットの価値が 2 倍になり，この 1 ビットに情報誤りが生じた場合に影響が 2 倍出てしまう。通信路に情報誤りが発生しない場合は問題ないが，実際の通信路や記憶媒体においては，情報誤りは避けて通ることができない。そこで考案されたのが，通信路符号化である。通信路符号化では，情報源符号化とは逆に，冗長度を付加することで，情報誤りに対する耐性を強化している。

4.1　通信モデルと伝達情報量

4.1.1　ビット誤り率

情報通信において，ディジタル信号（ビット）が 0/1 反転してしまうことを**ビット誤り**という。また，ビット誤りの発生する割合を**ビット誤り率**という。ここで，**図 4.1** のような 11010 の 5 ビットの送信文字系列を例に，ビット誤りの発生する仕組みを説明する。

ディジタル情報 11010 は，図 4.1 上段のような振幅 A の送信パルス列（凸凸凹凸凹）に変換され，電気信号となり電線の中を通り伝達される。ここで，図

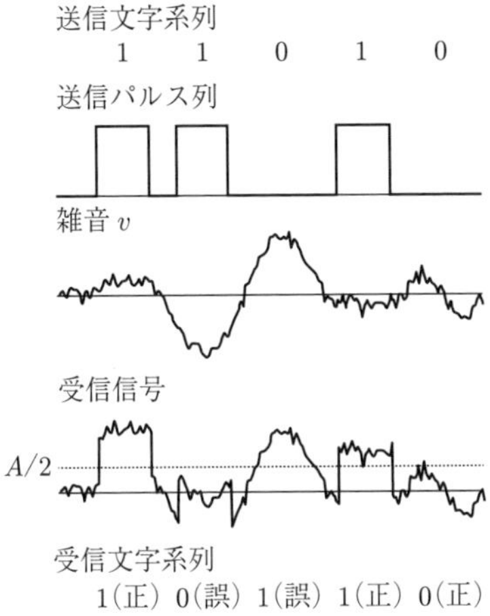

図 4.1　ビット誤りの発生

中段のような雑音 v が伝送路の途中で送信パルスに付加されてしまったとする。すると受信側では，この二つの信号が合わさった図下段のような信号に変形された受信信号として観測される。受信側では，送信パルス列 1 ビット分の信号の振幅（面積）$A/2$ を基準に，ディジタルビット列 0/1 のどちらに近いかを比較して，受信文字系列を推定する。図の例では 10110 と復号されており，1 ビットごとに見ると 1（正），0（誤），1（誤），1（正），0（正）となっている。この場合，ビット誤り率は 2/5（40%）である。

この関係からもわかるように，ビット誤りは雑音 v の振幅 A に対する相対的な大きさで決まる。実際の雑音にはさまざまな種類のものがあるが，ここでは最も一般的な**ガウス雑音**を例に考える。例えば，電力 N のガウス雑音 v の確率密度関数 $P(v)$ は以下のようになる。

$$P(v) = \frac{1}{\sqrt{2\pi N}} e^{-\frac{v^2}{2N}} \tag{4.1}$$

この雑音の信号が送信パルス列に加わり，もとの信号を変形してしまう割合がビット誤り率 ε である。ビット誤り率 ε は，振幅が $A/2$ 以上の雑音 v の量によって決まるので，$P(v)$ を積分した量（次式）により求めることができる。

$$\varepsilon = \int_{A/2}^{\infty} P(v)dv \tag{4.2}$$

つまり実際の誤り率は，送信パルスの振幅 A とガウス雑音の電力 N により決まる。送信パルスの振幅 $A/2$ に対して，ガウス雑音の電力 N を変化させたときのビット誤り率の例を**表 4.1** に示す。

表 4.1　雑音の電力と誤り率の関係

$A/2$	$\sqrt{N}$	$2\sqrt{N}$	$3\sqrt{N}$
ε	0.159	0.0228	0.00135

ビット誤り率 ε は，通常 10^{-3} というような書き方で表現され，これは 1000 ビット伝送して 1 ビット誤る（0.1%）ことを示している。例えば，身のまわりのディジタル情報通信回線である電話回線では 10^{-4}～10^{-5} である。

この関係を入力 0/1 と出力 0/1 の状態遷移と考え，図示すると**図 4.2** のようになる。

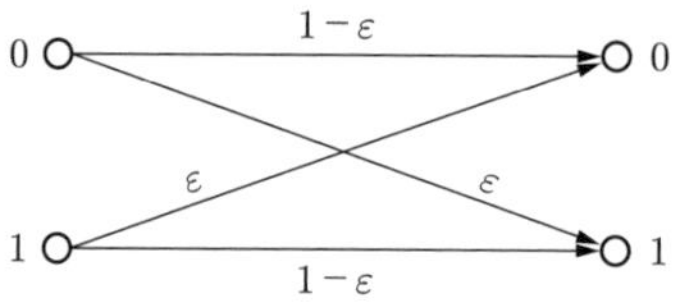

図 4.2　入力 0/1 と出力 0/1 の状態遷移

入力から出力への遷移確率を行列で示したものを**通信路行列** $\boldsymbol{t}$ といい，図 4.2 の通信路行列 $\boldsymbol{t}$ は次式のようになる。

$$\boldsymbol{t} = \begin{pmatrix} 1-\varepsilon & \varepsilon \\ \varepsilon & 1-\varepsilon \end{pmatrix} \tag{4.3}$$

4.1.2　通信モデル

図 4.3 のように，雑音のある通信路を考える。入力 x（生起確率 $P(x)$）が通信路で雑音の影響を受け，出力 y（確率 $P(y)$）となることを示している。ここでは，単純化するために雑音は入力文字に独立に作用し，雑音の性質は変動し

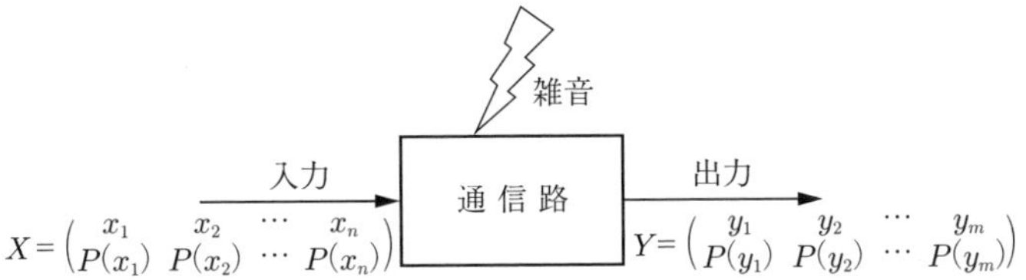

図 **4.3**　雑音のある通信路

ないものとする。

このモデルにおいて，x_i を入力したときに雑音の影響で y_j となって出力される確率は，条件付確率 $P(y_j|x_i)$ で示すことができる。この状態遷移を図示すると**図 4.4** のようになる。

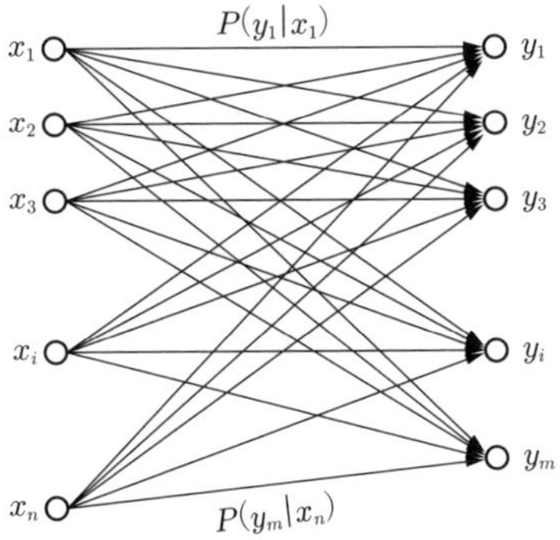

図 **4.4**　雑音のある通信路の入出力の状態遷移図

入力 x から出力 y への遷移確率を行列で示した通信路行列 $\boldsymbol{t}$ は次式のようになる。

$$\boldsymbol{t} = \begin{pmatrix} P(y_1|x_1) & P(y_2|x_1) & \cdots & P(y_m|x_1) \\ P(y_1|x_2) & P(y_2|x_2) & \cdots & P(y_m|x_2) \\ \vdots & \vdots & \ddots & \vdots \\ P(y_1|x_n) & P(y_2|x_n) & \cdots & P(y_m|x_n) \end{pmatrix} \tag{4.4}$$

4.1.3 情報量伝達

この通信モデルにおいて，入力 X と出力 Y がもつそれぞれの平均情報量 H は下式により求めることができる。ここで，受信者は Y の情報しかもちえないが，本当にほしい情報は送信者が送った X である。そのため，通信路で雑音の影響を受けて変形した情報 Y から，もともとの情報 X を推測する必要がある。これには，情報 Y に含まれている情報 X の成分である相互情報量 $I(X;Y)$ が利用できる。

$$H(X) = -\sum_{i=1}^{n} P(x_i) \log_2 P(x_i) \tag{4.5}$$

$$H(Y) = -\sum_{j=1}^{m} P(y_j) \log_2 P(y_j) \tag{4.6}$$

相互情報量は X または Y のエントロピーから，それぞれの条件付エントロピー（$H(X|Y)$ または $H(Y|X)$）を差し引くことで次式のように求めることができる。この式が情報論的に相互情報量の意味を示している。上段の式では X のエントロピーから情報のあいまい度 $H(X|Y)$ を除いたことを示し，下段の式では Y のエントロピーから散布度 $H(Y|X)$ を差し引いたものであることを示している。

$$\begin{aligned} I(X;Y) &= H(X) - H(X|Y) \\ &= H(Y) - H(Y|X) \end{aligned} \tag{4.7}$$

相互情報量が大きいほど実際の伝送路（雑音あり）で伝送できる情報量は増える。ここで，すべての情報（ビット）の時間長が等しく l〔秒〕であった場合，1 秒当りに伝送される平均情報量を情報伝送速度 R といい，次式で定義される。

$$R = \frac{I(X;Y)}{l} \tag{4.8}$$

また，相互情報量を最大にするような $P(x_i)$ を想定したときの情報伝送速度 R（最大）を通信路容量 C という。

$$C = \max_{P(x_i)} R, \quad P(x_i) \geqq 0, \quad \sum_{i=1}^{n} P(x_i) = 1 \tag{4.9}$$

通信路にはある時点 i において，一つの**通信路記号** x_i が入力され，一つの通信路記号 y_i が出力されるとする。時点 0 から，任意の長さ $n(>0)$ の通信路記号 $x_0, x_1, x_2, \cdots, x_{n-1}$ が入力され，それに対応する通信路記号 $y_0, y_1, y_2, \cdots, y_{n-1}$ が出力される場合を考える。どの時点からの入力も同じ統計的性質を示すと仮定（定常通信路）すると，通信路を表す条件付確率は，最初の入力時点 0 にはよらず入力と出力の通信路記号系列パターンのみによるので

$$P_{Y|X}(y_0, y_1, y_2, \cdots, y_{n-1}|x_0, x_1, x_2, \cdots, x_{n-1}) \tag{4.10}$$

と記述することができる。X と Y は条件付確率の入力と出力を区別するために用いられている。式 (4.10) を要素とする行列は通信路行列と呼ばれ，通信路の特性を表す。

さて，入力と出力の通信路記号が $\{0, 1\}$ の場合を考えてみよう。$n = 3$ の場合の定常通信路の条件付確率は，入力系列が $2^3 = 8$ 通りあり，出力系列も同様に 8 通りあるので，全部で $8^2 = 64$ 通りあることになる。すなわち，通信路行列のサイズが 8×8 となる。このように，通信路を記述するために必要とされる条件付確率の数は一般に膨大であるので，通信路を伝送する情報の解析にはなんらかのモデル化が必要となる。

各時点の出力がその時点の入力のみに依存しそれ以外の時点の入出力に関係しないとき，この通信路を記憶のない通信路と呼び，式 (4.10) を

$$\prod_{i=0}^{n-1} P_{Y|X}(y_i|x_i) \tag{4.11}$$

と表すことができる。したがって，記憶のない 2 元定常通信路の統計的性質は，x を入力したとき，y が出力される条件付確率 $P_{Y|X}(y|x)$ を要素とする通信路行列

$$\boldsymbol{t} \equiv \begin{pmatrix} P_{Y|X}(0|0) & P_{Y|X}(0|1) \\ P_{Y|X}(1|0) & P_{Y|X}(1|1) \end{pmatrix} \tag{4.12}$$

により定まる。具体的に，いま 0 が入力されたとき確率 q で誤りが生じ，1 が入力されたとき確率 q' で誤りが生じると仮定する。このとき通信路行列は

$$\boldsymbol{t} = \begin{pmatrix} 1-q & q' \\ q & 1-q' \end{pmatrix} \tag{4.13}$$

と表されるが，この通信路行列を**図 4.5** のように図式化することができる。これは**通信路線図**と呼ばれ，通信路の特徴を一目で理解できるので幅広く用いられている。

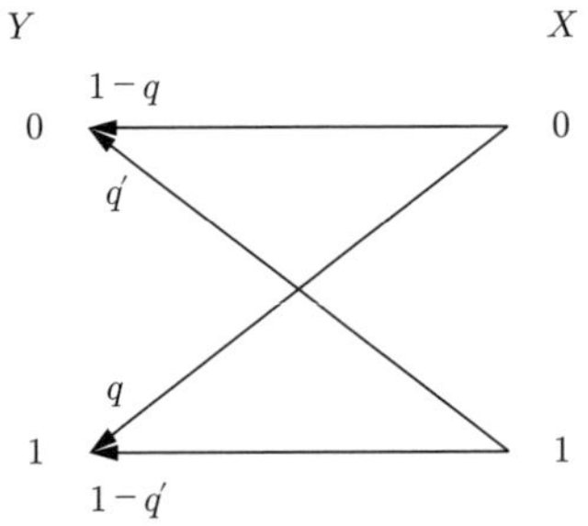

図 4.5 通信路線図（入力 0 は誤り確率 q で出力，入力 1 は誤り確率 q' で出力）

では，この通信路で伝送される情報量はどのようなものであろうか。一つの通信路記号が伝達する平均の情報量について考える。出力側で受け取る情報量は平均情報量 $H_1(Y)$ で表される。これは，入力から伝達された情報量と，通信路内の誤りにより付加された情報量の和である。この誤りにより付加された情報量は，0 が入力されたときは誤り確率 q で出力されるので，その付加された平均情報量はエントロピー関数を用いて，$\mathcal{H}(q)$ と表すことができる。なぜならば，Y で 0 が出力されたとき伝達された情報量は $-\log_2(1-q)$, 1 が出力されたときは $-\log_2 q$ となるので，その平均情報量は $-q\log_2 q-(1-q)\log_2(1-q)=\mathcal{H}(q)$ と計算できるからである。これは，条件付平均情報量 $H_1(Y|0)$ を表している。同様に，1 が入力されたときは誤り確率 q' で出力されるので，その付加された平均情報量は $\mathcal{H}(q')$ と表すことができる。0 と 1 が入力される確率をそれぞれ $P_X(0)$, $P_X(1)$ とすると付加された平均情報量は $\mathcal{H}(q)P_X(0)+\mathcal{H}(q')P_X(1)$ となる。これは前に述べた条件付平均情報量（条件付あいまいさ）$H_1(Y|X)$ にほ

かならない。

$$\mathcal{H}(q)P_X(0)+\mathcal{H}(q')P_X(1) = H_1(Y|0)P_X(0)+H_1(Y|1)P_X(1) = H_1(Y|X) \tag{4.14}$$

したがって，入力から伝達された平均情報量は，$H_1(Y)$ から $H_1(Y|X)$ を引いた量となる。これは前に定義した相互情報量 $I(Y;X)$ と同じものである。

$$I(Y;X) = H_1(Y) - H_1(Y|X) \tag{4.15}$$

付加された条件付平均情報量は条件付エントロピー，通信路を伝達する情報量を表す相互情報量は通信エントロピーと呼ばれる。通信エントロピーは入力確率 $P_X(0)$, $P_X(1)$ に依存し，つぎの性質を満たす。式 (4.15) より

$$\begin{aligned} &I(Y;X) \\ &= -\sum_{y=0}^{1} P_Y(y)\log_2 P_Y(y) + \sum_{x=0}^{1} P_X(x)\sum_{y=0}^{1} P_{Y|X}(y|x)\log_2 P_{Y|X}(y|x) \\ &= -\sum_{y=0}^{1}\sum_{x=0}^{1} P_{Y,X}(y,x)\log_2 P_Y(y) + \sum_{y=0}^{1}\sum_{x=0}^{1} P_{Y,X}(y,x)\log_2 \frac{P_{Y,X}(y,x)}{P_X(x)} \\ &= \sum_{y=0}^{1}\sum_{x=0}^{1} P_{Y,X}(y,x)\log_2 \frac{P_{Y,X}(y,x)}{P_Y(y)P_X(x)} \end{aligned} \tag{4.16}$$

ここで，結合確率の性質

$$P_Y(y) = \sum_{x=0}^{1} P_{Y,X}(y,x) \tag{4.17}$$

$$P_{Y|X}(y|x)P_X(x) = P_{Y,X}(y,x)\ (= P_{X|Y}(x|y)P_Y(y)) \tag{4.18}$$

を用いた (式 (1.9) および式 (1.10) 参照)。この式 (4.18) は後述のベイズの定理の導出にも用いられる。ここで，結合確率 $P_{Y,X}(y,x)$ は定義により $P_{X,Y}(x,y)$ と同じ量であり，通信エントロピーは入力 X と出力 Y に関して対称であることがわかる。すなわち

$$I(Y;X) = I(X;Y) = H_1(X) - H_1(X|Y) \tag{4.19}$$

また，関係

$$I(Y;X) = H_1(Y) + H_1(X) - H_1(Y,X) \tag{4.20}$$

$$= H_1(Y,X) - H_1(Y|X) - H_1(X|Y) \tag{4.21}$$

も容易に導くことができる。ここで，$H_1(Y,X)$ は結合エントロピーと呼ばれ，結合確率を用いて

$$H_1(Y,X) = -\sum_{y=0}^{1}\sum_{x=0}^{1} P_{Y,X}(y,x)\log_2 P_{Y,X}(y,x) \tag{4.22}$$

と定義される。これらの関係（式 (4.15), (4.19)〜(4.21)）から，出力エントロピー $H_1(Y)$，入力エントロピー $H_1(X)$，出力 Y で条件付けられたエントロピー $H_1(X|Y)$，入力 X で条件付けられたエントロピー $H_1(Y|X)$ および結合エントロピー $H_1(Y,X)$ の集合関係を**図 4.6** に示す。

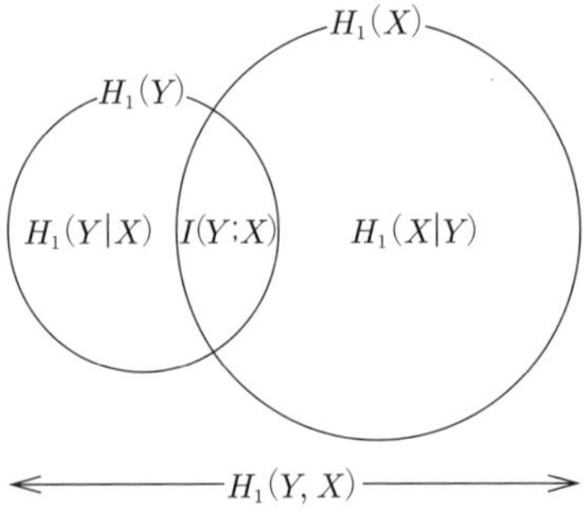

図 4.6　相互情報量と入出力エントロピーの関係

この図から出力 Y を知ったときに入力 X に関して得る情報量 $I(Y;X)$ と入力 X を知ったときに出力 Y に関して得る情報量 $I(X;Y)$ が同じであり，通信エントロピー，すなわち，伝達される情報量が相互情報量と呼ばれることも理解できる。また，図 4.6 よりつぎのような等式

$$H_1(Y,X) = H_1(Y) + H_1(X|Y) \tag{4.23}$$

$$= H_1(X) + H_1(Y|X) \tag{4.24}$$

および大小関係

$$\min\{H_1(X), H_1(Y)\} \geqq I(Y;X) \geqq 0 \tag{4.25}$$

$$H_1(Y,X) \geqq H_1(X) \geqq H_1(X|Y) \geqq 0 \tag{4.26}$$

$$H_1(Y,X) \geqq H_1(Y) \geqq H_1(Y|X) \geqq 0 \tag{4.27}$$

が成立することも明らかである。

最後に式 (4.19) の意味を考えてみると，相互情報量が伝達された情報量 $H_1(X)$ が入力された情報量を表すことから，$H_1(X|Y)$ は通信路の誤りにより伝達されなかった情報量と考えられる。そこで以上をまとめて，通信による情報量の伝送は図 **4.7** のように表すことができる。

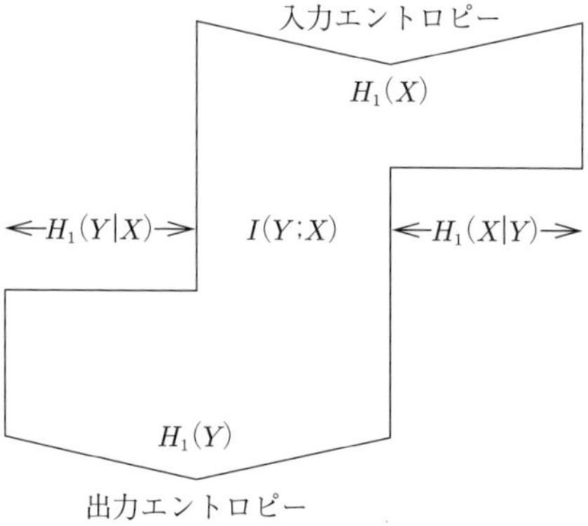

図 4.7　誤りが生じる通信路における情報量の伝達図

0 と 1 が入力される確率をそれぞれ $P_X(0)$, $P_X(1)$ として，図 4.5（式 (4.13)）の通信路につき伝送情報量をエントロピー関数を用いて具体的に書き下してみよう。入力された情報量は

$$H_1(X) = \mathcal{H}(P_X(0)) \tag{4.28}$$

通信路の誤りにより付加された情報量は式 (4.14) のとおり

$$H_1(Y|X) = \mathcal{H}(q)P_X(0) + \mathcal{H}(q')P_X(1) \tag{4.29}$$

結合エントロピーは式 (4.24) より

$$H_1(Y,X)=\mathcal{H}(P_X(0))+\mathcal{H}(q)P_X(0)+\mathcal{H}(q')P_X(1) \tag{4.30}$$

となり，いずれも入力確率に依存する。出力された情報量は

$$H_1(Y)=\mathcal{H}(P_Y(0)) \tag{4.31}$$

と表され，ここで出力確率は入力確率と通信路行列（式 (4.13)）によりつぎのように関係付けられている。

$$\begin{pmatrix} P_Y(0) \\ P_Y(1) \end{pmatrix} = \begin{pmatrix} 1-q & q' \\ q & 1-q' \end{pmatrix} \begin{pmatrix} P_X(0) \\ P_X(1) \end{pmatrix} \tag{4.32}$$

相互情報量および誤りのため伝送されなかった情報量は，式 (4.15) と式 (4.19) を用いて

$$I(Y;X)\ \ =\mathcal{H}(P_Y(0))-\mathcal{H}(q)P_X(0)-\mathcal{H}(q')P_X(1) \tag{4.33}$$

$$H_1(X|Y)=\mathcal{H}(P_X(0))-\mathcal{H}(P_Y(0))+\mathcal{H}(q)P_X(0)+\mathcal{H}(q')P_X(1) \tag{4.34}$$

と計算できる。通信路の特性は通信路行列により定まるので，q, q' はその特性を表すパラメータとして扱うことができ，これらの情報量も結局入力確率に依存していることがわかる。誤りがまったく生じない（$q=q'=0$）か，必ず誤りが生じる（$q=q'=1$）場合には，$\mathcal{H}(0)=\mathcal{H}(1)=0$ であることから各情報量はつぎのように表される。

$$H_1(Y|X)=H_1(X|Y)=0 \tag{4.35}$$

$$H_1(X)=H_1(Y)=H_1(Y,X)=I(Y;X)=\mathcal{H}(P_X(0)) \tag{4.36}$$

すなわち，$H_1(X)$ と $H_1(Y)$ とが完全に重なっている。

なお，十分長い長さ n の系列を考えると，入力の代表的系列の数は $2^{nH_1(X)}$ であり（式 (3.18) 参照)，その一つの系列が通信路の誤り（雑音）により情報量 $H_1(Y|X)$ が付加されるため，出力では $2^{nH_1(Y|X)}$ の数の系列に分散する。し

たがって，付加された情報量 $H_1(Y|X)$ は，**雑音エントロピー**または**散布度**と呼ばれる。また，出力の代表的系列の数は $2^{nH_1(Y)}$ であり，その一つが出力された場合には，誤りのため伝送されなかった情報量 $H_1(X|Y)$ は，その系列になりうる入力系列の数 $2^{nH_1(X|Y)}$ に基づくあいまいさを表すので，**あいまいエントロピー**または**あいまい度**と呼ばれる。この様子を図 **4.8** に示す。

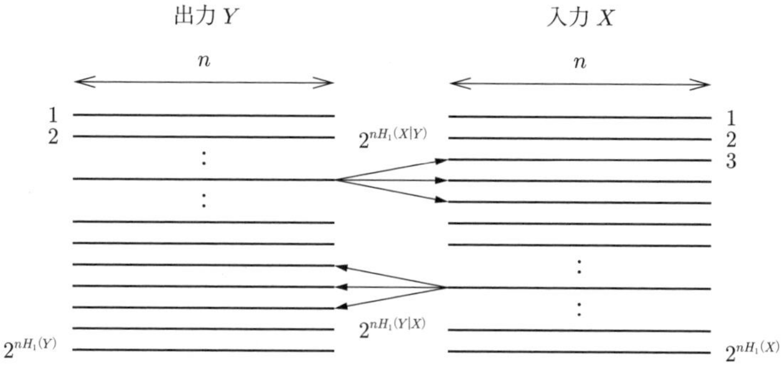

図 **4.8** 十分長い長さ n の系列（代表的系列）の入力と出力

例題 4.1 図 4.5 で表される通信路線図において，$q = 0.2$, $q' = 0$ とする。また，入力確率を $P_X(0) = P_X(1) = 0.5$ としてつぎの問いに答えよ。

a) $H_1(X)$, $H_1(Y|X)$, $H_1(Y, X)$, $H_1(Y)$, $I(Y; X)$, $H_1(X|Y)$ をそれぞれ計算せよ。

b) 式 (4.18) を利用して，条件付確率

$$\begin{pmatrix} P_{X|Y}(0|0) & P_{X|Y}(0|1) \\ P_{X|Y}(1|0) & P_{X|Y}(1|1) \end{pmatrix}$$

を計算せよ。また，この条件付確率を用いて $H_1(X|Y)$ を計算して上記の結果と一致することを確かめよ。

【解答】 a) $H_1(X) = 1.0$, $H_1(Y|X) = 0.361$, $H_1(Y, X) = 1.361$, $H_1(Y) = 0.971$, $I(Y; X) = 0.610$, $H_1(X|Y) = 0.390$

b)

$$\begin{pmatrix} P_{X|Y}(0|0) & P_{X|Y}(0|1) \\ P_{X|Y}(1|0) & P_{X|Y}(1|1) \end{pmatrix} = \begin{pmatrix} 1.0 & 0.167 \\ 0.0 & 0.833 \end{pmatrix}$$

◇

例題 4.2　入力された一つの十分長い長さ n の系列が出力では $2^{nH_1(Y|X)}$ 個の系列に分散することを示せ。

【解答】　長さ n の系列である出力 Y には，四つの結合確率をもつ 0 と 1 が混在している。条件付確率を $p_0 = P_{Y|X}(0|0)$, $q_0 = P_{Y|X}(1|0)$, $p_1 = P_{Y|X}(0|1)$, $q_1 = P_{Y|X}(1|1)$ と表すと，その四つの結合確率で表される 0 と 1 の数は，それぞれ $i = np_0P_X(0)$, $j = nq_0P_X(0)$, $k = np_1P_X(1)$, $l = nq_1P_X(1)$ であり，$p_0P_X(0) + q_0P_X(0) + p_1P_X(1) + q_1P_X(1) = 1$ を満たす。その並びの数 M（代表的系列 X から生じた系列 Y の数）は，次式となる。

$$\begin{aligned} M &= {}_nC_i \cdot {}_{n-i}C_j \cdot {}_{n-i-j}C_k \cdot {}_{n-i-j-k}C_l \\ &= \frac{n!}{i!j!k!l!} \\ &\sim \frac{n^n}{i^i j^j k^k l^l} \\ &= \frac{1}{(p_0P_X(0))^i (q_0P_X(0))^j (p_1P_X(1))^k (q_1P_X(1))^l} \end{aligned}$$

両辺に対数をとると

$$\begin{aligned} \log_2 M &\sim n(-P_X(0)\log_2 P_X(0) - P_X(1)\log_2 P_X(1)) \\ &\qquad + n(-p_0P_X(0)\log_2 p_0 - q_0P_X(0)\log_2 q_0 - p_1P_X(1)\log_2 p_1 \\ &\qquad - q_1P_X(1)\log_2 q_1) \\ &= nH_1(X) + nH_1(Y|X) \end{aligned}$$

すなわち，代表的系列 X から生じた系列 Y の数 M は，次式となる。

$$M \sim 2^{nH_1(X)} \cdot 2^{nH_1(Y|X)}$$

$2^{nH_1(X)}$ は X の代表的系列の数なので，X の一つの系列から生じる Y の系列の数は $2^{nH_1(Y|X)}$ となる。ここで，M は Y の代表的系列の数でないことに注意

する。なぜなら，Y の 0 は，X との関係を考慮しない場合には結合確率によって区別できないからである。1 も同様である。　◇

4.2　通信路容量と通信路符号化定理

4.2.1　通　信　路　容　量

ここで，前述の 0/1 の伝送路（2 元対称通信路）（図 **4.9**）を例に説明する。

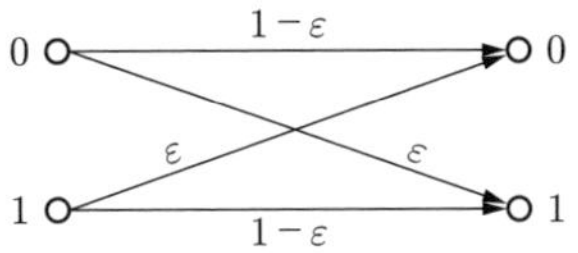

図 **4.9**　2 元対称通信路

X，Y それぞれを情報源と考え，X で 0 の生起確率を p，Y で 0 の生起確率を q とすると，それぞれの情報源は以下のようになる。

$$X = \begin{pmatrix} 0 & 1 \\ p & 1-p \end{pmatrix}, \quad Y = \begin{pmatrix} 0 & 1 \\ q & 1-q \end{pmatrix} \tag{4.37}$$

ここから $H(Y)$ と $H(Y|X)$ を求め，相互情報量を計算する。

$$H(Y) = -q\log_2 q - (1-q)\log_2(1-q) \tag{4.38a}$$

$$\begin{aligned} H(Y|X) &= p\{-\varepsilon\log_2\varepsilon - (1-\varepsilon)\log_2(1-\varepsilon)\} \\ &\quad + (1-p)\{-\varepsilon\log_2\varepsilon - (1-\varepsilon)\log_2(1-\varepsilon)\} \\ &= -\varepsilon\log_2\varepsilon - (1-\varepsilon)\log_2(1-\varepsilon) \end{aligned} \tag{4.38b}$$

このように，2 元対称通信路のように対象の通信路においては，$H(Y|X)$ には p が含まれておらず，誤り率 ε の関数になっている。ここで，相互情報量 $I(X;Y)$ を最大にするには，$H(Y)$ のみを考慮すればよいことになる。エントロピー $H(Y)$ が最大になるのは，全事象の生起確率が等しい場合なので $q = 0.5$ のときとなる。通常，情報通信において，伝送する 0 と 1 の量は等しく，$p = 0.5$ で

ある場合が多い。ここで $0 \to 1$ と $1 \to 0$ となる誤り率 ε は同じなので，$p = 0.5$ の場合 $q = 0.5$ となり，結果としてエントロピー $H(Y)$ は最大になる。このときの通信路容量 C は次式になる。

$$C = \frac{1}{l}\{1 + \varepsilon \log_2 \varepsilon + (1-\varepsilon)\log_2(1-\varepsilon)\} \qquad (4.39)$$

誤り率 ε を 0〜1 に変化させた場合の $C \cdot l$ をグラフにすると図 **4.10** のようになる。誤り率 $\varepsilon = 0.5$ において通信路容量 C は最低 (0) になることがわかる。これに誤り率が最悪（半分は誤る）では通信路容量 C が得られないことを示している。

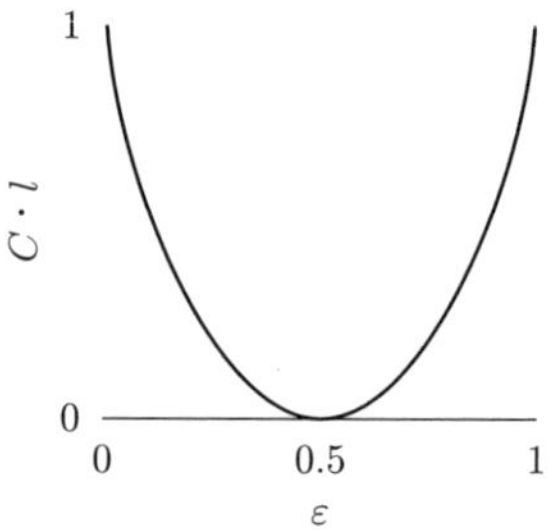

図 4.10　誤り率と通信路容量の関係

4.2.2　誤り率の改善

情報誤りが発生する場合の最も簡単な対処法は，雑音に対して情報ビット（送信パルス）の振幅 A を雑音電力 N に対して大きくすることが重要であることは 4.1 節でも述べた（表 4.1 参照）。しかし，実際の伝送路において，信号の振幅（電力）を大きくするにしても限界がある。例えば，情報コンセントの電圧を高くしたり，Wi-Fi（無線 LAN）の電波を電波法で許されている以上に高電力化することはできない。こうした制約の中で，情報誤りを低下させる簡単な方法に繰り返し伝送がある。最も単純なものでは，情報ビット「1」や「0」を伝送する際に，3 回繰り返して「111」または「000」と伝送する。これにより，かりにどこか 1 ビットだけ情報誤りが発生した場合でも，残りの 2 ビットが正しく伝送できれば，多数決によりもとの情報が復元できる。例えば「011」なら「1」，

「001」なら「0」といった具合に，奇数回数繰り返すことにより，情報誤りの発生が半分以下なら，容易に誤りを修正（検出）することができる。この手法は簡素な通信モジュールでも簡単に誤り訂正を実現できることから，Bluetoothの一部の誤り訂正方式でも用いられている。この方法では3倍の情報量（冗長度）をもたせることで，情報誤りを検出，訂正している。ここでは，繰り返し伝送において，誤り率がどの程度改善されるのか対称通信路（**図 4.11**）を例に検討してみる。

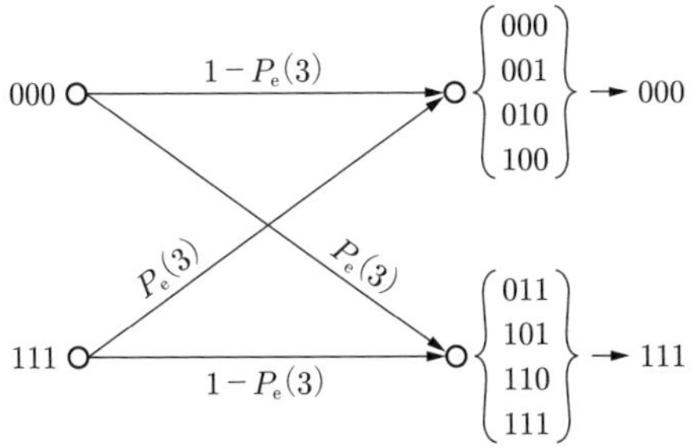

図 4.11　対称通信路（3 回繰り返し）

図 4.11 のように 3 回繰り返しでは，誤りのない「000」と「111」のほかに 1 ビット以上の誤りを含む六つのパターンがあることがわかる。例えば「000」を伝送して，情報誤りが発生して 011，101，110，111 のいずれかになってしまう確率を $P_e(3)$ とする。$P_e(3)$ は 2 ビット誤る（1 ビット合っている）確率 $3\varepsilon^2(1-\varepsilon)$（011, 101, 110 の 3 パターン）と，3 ビットとも誤ってしまう確率 ε^3（111 の 1 パターン）の和から，次式によって求めることができる。

$$P_e(3) = 3\varepsilon^2(1-\varepsilon) + \varepsilon^3 \tag{4.40}$$

逆に誤らない確率は $1 - P_e(3)$ で求めることができる。これらの各確率は「111」を伝送した場合にも同様になる。

同様に，5 回繰り返した場合の誤り率 $P_e(5)$ は次式のようになる。

$$P_e(5) = 10\varepsilon^3(1-\varepsilon)^2 + 5\varepsilon^4(1-\varepsilon) + \varepsilon^5 \tag{4.41}$$

誤り率 ε はかなり小さいので，繰り返す回数が増すほど，誤り率は低下することがわかる。例えば，$\varepsilon = 0.1$ の場合，$P_e(3) = 0.028$，$P_e(5) = 0.01036$ となる。このことから，繰り返しの回数 N を増やすと誤り率が低下していくことがわかる。しかし，N を $1 \to 3$ にしたときは誤り率が約 1/3.57 に低下したが，N を $3 \to 5$ にしたときには 2 回増やしても 1/2.70 ほどしか低下せず，N を増やしても誤り率の改善は頭打ちになる可能性を示唆している。

ここで，$P_e(3)$ と $P_e(5)$ の式のそれぞれ初項の値は 0.027 と 0.0099 であり，残りの項の和より大きく，誤り率は初項の値に近似できることがわかる。そのため繰り返し回数 N で初項を定式化することで，誤り率 ε の場合の繰り返しによる誤り率は以下の式で近似できる。

$$P_e(N) \fallingdotseq {}_N C_{\frac{N+1}{2}} \varepsilon^{\frac{N+1}{2}} (1-\varepsilon)^{\frac{N-1}{2}} \tag{4.42}$$

このことから，繰り返し回数 N を増やすことで，誤り率を指数関数的に減少させられることがわかったが，逆に伝送ビット数は N 倍になってしまう。例えば，ビット 0/1 通信（エントロピー $H = 1$）において，情報伝送速度 $R = H/(lN)$ で，かりに 1 秒に 1 ビット伝送するとすれば $R = 1/N$ となり，N に逆比例して情報伝送速度が低下してしまうことがわかる。そのため，単純に繰り返す方法では，十分な効果が期待できないことが容易に察せられる。

4.2.3　通信路符号化定理

符号化を行う際に N 回繰り返し伝送することで誤り率を改善できるものの，情報伝送速度は $1/N$ になってしまい実用的でないことがわかった。ここでは，単純に N 回繰り返す方法以外の符号化について述べる。単純な固定長符号化において N ビットを利用することで，2^N の事象（文字）を表現でき，理想（理論）的な状況下ではエントロピー H の情報源を N ビットで符号化する場合 2^{HN} の事象を表現できる。ここで，入力 X（エントロピー $H(X)$）による長さ N の文字系列の伝送を想定すると，事象群 X の要素数は図 **4.12** のように $2^{H(X)N}$ となる。また，これを受信した側の事象群を Y とすると同様に要素数は $2^{H(Y)N}$

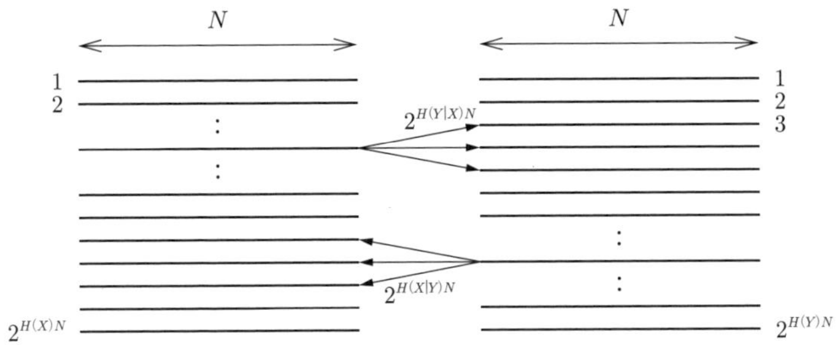

図 4.12　送信側要素と受信側要素の対応関係

となる。通信モデルで説明したとおり，x_i を入力したときに雑音の影響で y_j となって出力される確率は，条件付確率 $P(y_j|x_i)$ で示すことができる。

例えば，送信列 x_i に着目したとき，$2^{H(Y|X)N}$ 個の受信側系列 y_j になる可能性がある。また同様に，受信側系列 y_j に着目したとき，$2^{H(X|Y)N}$ 個の送信側系列によるものと仮定できる。ここで，$2^{H(X)N}$ 個すべてを送信側系列に採用してしまうと，受信側系列で $2^{H(X|Y)N}$ 個のどの送信側系列を受信したのかが決定できなくなってしまう。そこで，実際に通信で利用する送信側系列数を制限して利用する。

図 4.11 で示した繰り返し法について，見方を変えて考えてみる。例えば，0/1 の符号化において，N ビット繰り返して「$00\cdots0$」「$11\cdots1$」としたとき，**図 4.13** のように送信側で利用される系列は二つに絞られ，受信側では区別が

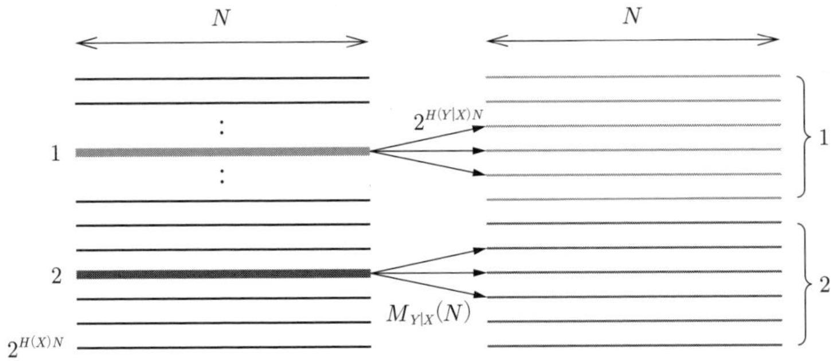

図 4.13　送信側系列を限定した場合の対応関係

つきやすくなることがわかる。しかし，これでは情報伝送速度が低下してしまう。ここでは，適切な N のビット数について考えてみる。

エントロピー $H(S)$ である情報源 S の符号化を考えるとき，送信側系列は $2^{H(S)N}$ である。ここで送信側系列を限定した場合，受信側系列の関係は図 4.13 のようになる。

この通信路で行われる送信情報と受信情報をそれぞれ X_0, Y_0 において，最適な送信が行われたときの通信路容量 C は次式により求められる（通信路の文字時間長は l とする）。

$$C = \frac{1}{l}\left\{H(X_0) - H(X_0|Y_0)\right\} \tag{4.43}$$

ここで，情報伝送速度 $R = H(S)/l$ であり，シャノンの通信路符号化定理（第二符号化定理）では，$R < C$ であれば情報源 S を通信路を通じて任意に小さい誤り確率 ε で伝送できる符号化が存在することを示している。通信路符号化定理では，雑音のある伝送路において誤りなしに情報伝送することはできないが，誤りを訂正できる符号化が存在することを示している。

受信側系列数 $M_{Y_0}(N)$，送信側系列が受信側で何個の系列になる可能性があるかを示す個数 $M_{Y_0|X_0}(N)$ は下式のとおりである。ただし，ここで N が非常に大きいものとしている。

$$M_{Y_0}(N) = 2^{H(Y_0)N},\ \ M_{Y_0|X_0}(N) = 2^{H(Y_0|X_0)N} \tag{4.44}$$

理想的な状態での符号語数は $M_{Y_0}(N)/M_{Y_0|X_0}(N)$ であるので，次式のようになる。

$$\frac{M_{Y_0}(N)}{M_{Y_0|X_0}(N)} = 2^{H(Y_0)-H(Y_0|X_0)\cdot 2^N} = 2^{lCN} \tag{4.45}$$

このときの情報伝送速度 R は次式により求めることができる。

$$R = \frac{1}{lN}\log_2 2^{lCN} = C \tag{4.46}$$

理想（理論）的には $R = C$ となるが，現実（実用）的には N は有限のため $R < C$ で運用することになる。

エントロピー $H(S)$〔ビット/情報源記号〕の情報源を情報源符号化して平均符号長 L〔通信路記号/情報源記号〕の符号を得たとする。この符号が通信路に入力されるので，符号語を構成する要素を通信路記号と呼ぶことにする。2元符号では0と1が通信路記号である。このとき，$H(X) \equiv H(S)/L$〔ビット/通信路記号〕は通信路記号当りの平均情報量を表す。情報源符号化定理（式(3.79)）によれば，情報源出力はそのエントロピーに等しい平均符号長の符号に変換できる。すなわち，理想的な符号化がなされたならば，平均符号長とエントロピーが等しくなる（$L = H(S)$）。このとき，通信路記号は $H(X) = 1$〔ビット/通信路記号〕の情報量を伝送する。そうでないときは，通信路記号はこれより小さい情報量を伝送する。なぜなら，情報源記号が伝送しうる平均情報量は情報源により決まっているので，一つの情報源記号を表す通信路記号が多いほど通信路記号一つ当りの情報量は少なくなるからである。例えば，表3.7の場合，情報源のエントロピーは1.623ビット/情報源記号であることから，理想的な符号化がなされたときは，通信路記号は1ビット/通信路記号の情報量を伝送するが，表3.7のようにハフマン符号化した場合には，$1.623/1.6875 = 0.96$ ビット/通信路記号の情報量，もし単純に $\{00, 01, 10, 11\}$ と符号化すると，$L = 2$ 通信路記号/情報源記号なので，$1.623/2 = 0.8115$ ビット/通信路記号の情報量が伝送される。情報源符号化とは，各通信路記号に最大の情報量を担わす符号化といってよい。

このように，情報源符号化された符号は通信路に入力されて，通信路記号が情報量を伝送するが，4.1節で述べたように，一般に通信路で伝達される情報量は相互情報量であり，伝送しうる平均情報量には上限が存在する。相互情報量は通信路記号の入力確率 $P_X(x)$ $(x = 0, 1)$ に依存するので，入力確率を変化させたときに伝達情報量が最大となる場合を選び，このときの伝達情報量を

$$C^* = \max_{\{P_X(x)\}} I(Y;X) \tag{4.47}$$

と定義する。ここで，入力確率は $1 \geqq P_X(x) \geqq 0$, $\displaystyle\sum_{x=0}^{1} P_X(x) = 1$ を満たす。

C^* は通信路記号がその通信路で伝送しうる最大の平均情報量を表し，単位は〔ビット/通信路記号〕である。伝送の効率を考えるときは単位時間当りに伝送できる情報量を考えるほうが明確であるので，通信路記号の平均伝送時間 $\bar{t}$〔秒/通信路記号〕を用いて

$$C \equiv \frac{C^*}{\bar{t}}, \quad R \equiv \frac{I(Y;X)}{\bar{t}} \tag{4.48}$$

と通信路容量 C と情報伝送速度 R を定義する。R は単位時間に伝達する平均情報量を表し，通信路記号の入力確率に依存している。一方，C は通信路の性質のみにより定まる量であり，通信路記号の入力確率には依存しない。単位はともに〔ビット/秒〕である。〔ビット/秒〕は〔bps〕とも表記される。式 (4.47) を $\bar{t}$ で割って

$$C = \max_{\{P_X(x)\}} R \geqq R \tag{4.49}$$

を得る。理論的に扱うときは通常 $\bar{t} = 1$ として，$C = C^*$ とすることが多い。以降では，C^* も通信路容量と呼ぶことにする。

エントロピー $H(S)$〔ビット/情報源記号〕の情報源 S を通信路容量 C〔ビット/秒〕の誤りの生じない通信路に接続する。誤りの生じない通信路では相互情報量は入力エントロピーと同じなので，単位時間当り

$$R = \frac{H(X)}{\bar{t}} = \frac{1}{L\bar{t}} H(S) \tag{4.50}$$

の平均情報量が伝達される。ここで，$1/L\bar{t}$〔情報源記号/秒〕は，単位時間当り出力される情報源記号の数を表す。もし理想的な情報源符号化がなされていると，$L = H(S)$ なので，情報伝送速度は $1/\bar{t}$〔ビット/秒〕となる。

シャノンは情報源と通信路との関係について二つの有益な定理を述べている。まず一つ目は，「エントロピーが $H(S)$〔ビット/情報源記号〕の情報源を入力とする，誤りのない通信路の通信路容量が C〔ビット/秒〕ならば，式 (4.49), (4.50) より

$$\frac{C}{H(S)} \geqq \frac{1}{L\bar{t}} \tag{4.51}$$

が成り立つので，この情報源から毎秒伝送できる情報源記号の数 $1/L\bar{t}$ は $C/H(S)$ よりは多くはできないが，これにいくらでも近い速度で情報を送る符号化が存在する」という定理である。この定理は，符号化をうまく行うことにより単位時間に伝送できる情報源記号の数を増やすことができること，および，その限界を示し，限界までは伝送可能であることを述べている。これはシャノンの第一基本定理と呼ばれ，情報源符号化定理と同じものである（例題 4.2 参照)。

つぎに二つ目は，「情報源出力を R の速度で符号化して，通信路容量 C〔ビット/秒〕の誤りの生じる通信路を伝送するとする。このとき，$C > R$ ならば誤り確率をいくらでも小さくする符号化法が存在する。すなわち，この情報源の情報をいくらでも小さいあいまい度 $H(X|Y)$ で伝達しうる符号化法が存在する。また，$C < R$ ならば，この情報を $R - C$ のあいまい度まで小さくして伝達できるが $R - C$ 以下のあいまい度で伝達することはできない」という定理である。これはシャノンの第二基本定理，または通信路符号化定理と呼ばれる。これは通信路に誤りが生じても，$C > R$ ならば適当な符号化により誤りのない情報伝達ができることを保障するものである。

例題 4.3　a)　式 (4.48), (4.51) より

$$L \geqq \frac{H(S)}{C^*} \tag{4.52}$$

を導け。

b)　表 3.7 の情報源が通信路容量 $C^* = 1$ ビット/通信路記号の 2 元通信路に接続された場合には，通信路記号当り平均して何個までの情報源記号を伝送できるか。

［ヒント］ $1/L$ は通信路記号 1 個が担う情報源記号の数を表す。

c)　表 3.7 のハフマン符号では通信路記号当り平均何個の情報源記号を伝送しているか。

d)　表 3.7 の情報源記号を $\{00, 01, 10, 11\}$ と符号化したときはどうか。

【解答】　a)　式 (4.48) より

$$\bar{t} = \frac{C^*}{C}$$

である。これを式 (4.51) に代入すると

$$\frac{C}{H(S)} \geqq \frac{C}{LC^*}$$

$C > 0$ であるので

$$\frac{1}{H(S)} \geqq \frac{1}{LC^*}$$

となる。$H(S) > 0$ および $L > 0$ であるので

$$L \geqq \frac{H(S)}{C^*}$$

となる。

b) $H(S) = 1.623$ なので $1/1.623 = 0.616$ 情報源記号/通信路記号

c) $L = 1.6875$ なので $1/1.6875 = 0.593$ 情報源記号/通信路記号

d) $L = 2$ なので $1/2 = 0.5$ 情報源記号/通信路記号 ◇

4.3 加法的通信路

図 4.4 に示した雑音のある伝送路をディジタル的に置き換えて考えると，**図 4.14** のようなモデルに置き換えることができる。ここでは，ディジタル回線をモデル化し，排他的論理和演算を用いて情報誤りの発生する仕組みと，通信路行列との関係を説明する。

誤りの発生が入力と独立であるとき，2 元通信路（誤りを生じないと仮定された通信路）に誤り源と呼ばれる独立した 2 元情報源を加えて，この誤り源か

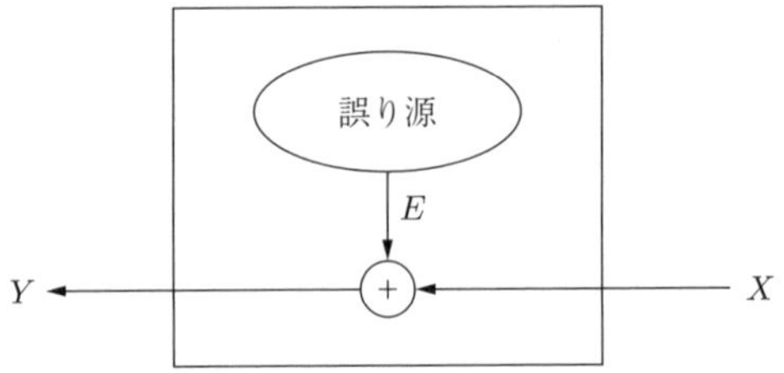

図 4.14　加法的通信路

ら E が出力され，入力 X との排他的論理和である Y が出力されるとする。

$$Y = X + E \tag{4.53}$$

このようなモデルを**加法的通信路**（図 4.14）と呼ぶ。

E から 1 が出力されると入力 X と出力 Y は異なるため誤りが生じたことになる。0 では誤りは生じない（**表 4.2** を参照）。

表 4.2　入力と出力

X	E	Y	誤り
0	0	0	なし
0	1	1	あり
1	0	1	なし
1	1	0	あり

具体的に考えてみよう。0,1 の入出力に対して通信路行列 $\boldsymbol{t}$ の要素は条件付確率 $P_{Y|X}(y|x)$ で記述される。通信路行列（式 (4.12)）において，$P_{Y|X}(0|1)$ や $P_{Y|X}(1|0)$ は誤りが生じる確率なので，誤り源から 1 が出力される確率 $P_E(1)$ に等しい。一方，$P_{Y|X}(0|0)$ や $P_{Y|X}(1|1)$ は誤りが生じない確率なので誤り源から 0 が出力される確率 $P_E(0)$ に等しくなる。すなわち，通信路行列（式 (4.12)）は，加法的通信路では

$$\boldsymbol{t} = \begin{pmatrix} P_E(0) & P_E(1) \\ P_E(1) & P_E(0) \end{pmatrix} \tag{4.54}$$

と書くことができる。したがって，加法的通信路での入出力関係は

$$P_Y(y) = \sum_{x=0}^{1} P_E(y+x) P_X(x) \quad (y = 0, 1) \tag{4.55}$$

と表される。$y + x$ は排他的論理和である。ここで，通信路行列の列についての和は 1 なので

$$\sum_{y=0}^{1} P_E(y+x) = 1 \tag{4.56}$$

が成立する。

一般に n 個の入力系列に対して，加法的通信路の行列要素は

$$P_E(y_0+x_0\ y_1+x_1\ \cdots\ y_{n-1}+x_{n-1}) \tag{4.57}$$

と表すことができ，通信路を情報源と同じように扱うことができる。列についての和が 1 なので，同様に

$$\sum_{y_0=0}^{1}\sum_{y_1=0}^{1}\cdots\sum_{y_{n-1}=0}^{1} P_E(y_0+x_0\ y_1+x_1\ \cdots\ y_{n-1}+x_{n-1})=1$$

の規格化条件を満たすことに注意する。

どのような誤りパターンが生じるかは，E からどのように 1 が出力されるかにより決まり入力 X にはよらない。誤り源に記憶のない情報源を用いるか，記憶のある情報源を用いるかにより，それぞれ記憶のない通信路と記憶のある通信路に分類することができる。ほかの時点の誤りと無関係に誤りが生じる場合，ランダム誤りと呼び，記憶のない誤り源によりモデル化することができる。これに対して誤りが連続して生じるような場合，バースト誤りと呼び，マルコフモデルで近似できることが多い。バースト誤りにも誤りが確実に連続する場合と，連続する中にもまだら模様になる場合などがあり，それぞれに応じたモデル化が必要となる。

例題 4.4　00, 01, 10, 11 の入力に対して加法的通信路の通信路行列を $P_E(y_0+x_0\ y_1+x_1)$ を用いて書き下せ。

［ヒント］　例えば，$P_{Y|X}(00|01)$ がなぜ $P_E(01)$ となるかを考えよ。

【解答】　入出力確率も含めて関係式を書き下すと，次式となる。

$$\begin{pmatrix} P_Y(00) \\ P_Y(01) \\ P_Y(10) \\ P_Y(11) \end{pmatrix} = \begin{pmatrix} P_E(00) & P_E(01) & P_E(10) & P_E(11) \\ P_E(01) & P_E(00) & P_E(11) & P_E(10) \\ P_E(10) & P_E(11) & P_E(00) & P_E(01) \\ P_E(11) & P_E(10) & P_E(01) & P_E(00) \end{pmatrix} \begin{pmatrix} P_X(00) \\ P_X(01) \\ P_X(10) \\ P_X(11) \end{pmatrix}$$

◇

4.3.1 記憶のない加法的通信路

ここでは，記憶のない情報源を伝送する際に，加法的通信路のモデルを適用して考える。ここで，最尤復号法と条件付確率の関係について詳解する。

（1） 最尤推定と条件付確率　符号語の集合を符号 $C = x_1, x_2, \cdots, x_M$ として，入力（送信）側系列 x_e を以下のように定義する。また，同様に出力（受信）側系列 y_e も同様に考える。

$$x_e = x_{e_1} x_{e_2} \cdots x_{e_N}, \quad x_{e_i} \in x_1, x_2, \cdots, x_n \tag{4.58}$$

$$y_e = y_{e_1} y_{e_2} \cdots y_{e_N}, \quad y_{e_i} \in y_1, y_2, \cdots, y_n \tag{4.59}$$

送信側から符号語 x_i を入力した場合，受信側で文字系列 y を出力する条件付確率は $P(y|x_i)$ となる。最尤復号法を用いた復号では，受信側系列 y に対して $P(y|x_i)$ が確率的に最大値を示す x_i から，送信側系列 x_e を推定する手法である。

例えば，4.2.2 項の誤り率の改善のところで示した 3 回繰り返しで説明すると，送信側系列 $x_i = 000, 111$，受信側系列 $y_j = 000, 001, 010, 011, 100, 101, 110, 111$ となる。ここで通信路行列 $\boldsymbol{t}$ が下式であったとして，000 や 111 は $(1-\varepsilon)^3$ が確率最大で 0 または 1 と判定される。また，ほかの系列も $\varepsilon(1-\varepsilon)^2$ であれば，それぞれ 0 または 1 と判定され，正しく推定される。逆に 1 または 0 の確率が最大になってしまうと誤りが発生する。

$$\boldsymbol{t} = \begin{pmatrix} 1-\varepsilon & \varepsilon \\ \varepsilon & 1-\varepsilon \end{pmatrix} \tag{4.60}$$

ここで，送信側系列 x を条件付確率 $P(y|x)$ から推定するモデルを考える（**図 4.15**）。受信側系列 y は各送信側系列 x から推定される確率値によって変化する。ここで送信側系列が x_k であったとして，これを近隣の x_i や x_j に誤ってしまう確率は，図中の $P_e(x_k)$ の量（面積）によって決まることを示している。$P_e(x_k)$ が存在する誤る可能性のある y の範囲を示す関数 $A_k(y)$ と，この範囲で 1 となるような関数 $I_k(y)$ を定義する（図 4.15 参照）。

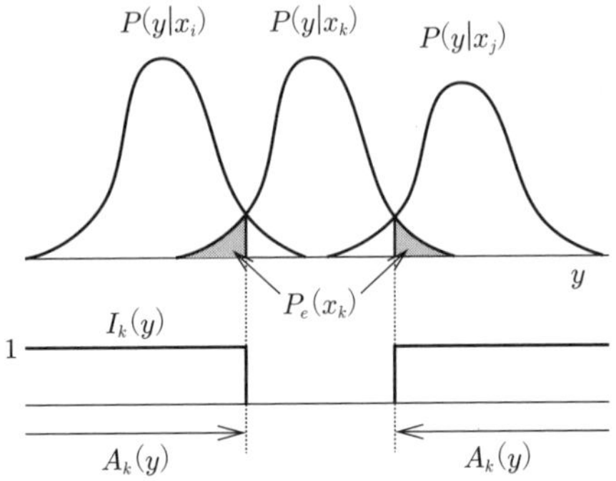

図 4.15　条件付確率と情報誤りの関係

x_k を送信し誤って別の系列に誤って受信される確率 $P_e(x_k)$ は x_k の y の範囲以外の条件付確率の総量により決まり，次式のようになる。

$$P_e(x_k) = \sum_{y \in A_k(y)} P(y|x_k) \tag{4.61}$$

さらに，全符号 M で平均化すると符号の誤り確率 $P_e(C_d)$ は次式により求めることができる。

$$P_e(C_d) = \frac{1}{M} \sum_{k=1}^{M} P_e(x_k) \tag{4.62}$$

これを最小にする符号 C_d が最適符号であるが，理論的に確定することは難しい。そこで，$P_e(C_d)$ の平均値 $\overline{P}_e$ から平均（確率）的な誤り率の上限を考える。

$$\overline{P}_e = \sum_{C_d} P(C_d) P_e(C_d) \tag{4.63}$$

これをガラガー（Gallager）の上界といい，下式で示されることが知られている（証明略）。なお，R_0 は 1 文字当りの情報電送量，ρ は $0 < p \leqq 1$ を満たす任意数である。

$$\overline{P}_e \leqq 2^{-(e_0 - \rho R_0)N} \tag{4.64}$$

$$E_0 = -\log_2 \sum_{j=1}^{m} \left\{ \sum_{i=1}^{n} P(x_i) P(y_j|x_i)^{\frac{1}{1+\rho}} \right\}^{1+\rho} \tag{4.65}$$

加法的通信路において誤り源に記憶がない場合，通信路は記憶のない通信路となる。各時点ごとの出力が独立なので，誤り源 E から 1 が出力される確率を q とすると，通信路行列は

$$\boldsymbol{t} = \begin{pmatrix} 1-q & q \\ q & 1-q \end{pmatrix} \tag{4.66}$$

と 2 行 2 列の行列で表すことができる。これを **2 元対称通信路**（binary symmetric channel），通常簡略化して **BSC** と呼ぶ。BSC は，図 4.5 の通信路線図において $q' = q$ の場合にあたる。$q' \neq q$ の場合は，誤りが生じる確率が入力に依存するため加法的通信路とはならない。誤り源 E の n 個の系列においてその誤りパターンは 2^n 通りあるが，出力 1 の数は平均 qn 個でランダムに生じている。

（2） **BSC における各種情報量と通信路容量**　この通信路への $\{0,1\}$ の入力確率を $(P_X(0), P_X(1))$ とすると，出力アルファベット $\{0,1\}$ の確率分布は

$$\begin{pmatrix} P_Y(0) \\ P_Y(1) \end{pmatrix} = \begin{pmatrix} 1-q & q \\ q & 1-q \end{pmatrix} \begin{pmatrix} P_X(0) \\ P_X(1) \end{pmatrix} \tag{4.67}$$

となる。このとき，入力エントロピー $H_1(X)$，散布度 $H_1(Y|X)$ および結合エントロピー $H_1(Y,X)$ は，式 (4.28)～(4.30) を用いて

$$H_1(X) \quad = \mathcal{H}(P_X(0)) \tag{4.68}$$

$$H_1(Y|X) = \mathcal{H}(q) \tag{4.69}$$

$$H_1(Y,X) = \mathcal{H}(P_X(0)) + \mathcal{H}(q) \tag{4.70}$$

と表すことができる。出力エントロピーもエントロピー関数 $\mathcal{H}(P_Y(0))$ で表される。ここで，出力確率は入力確率に $P_Y(0) = (1-2q)P_X(0) + q$ と関係付けられていることから，$P_X(0) = 1/2$ のとき出力確率は q にかかわらず $P_Y(0) = P_Y(1) = 1/2$ となる（**図 4.16**）。

したがって，出力エントロピーはつぎの関係を満たす。

$$1 \geqq H_1(Y) = \mathcal{H}(P_Y(0)) \geqq \mathcal{H}(q) \tag{4.71}$$

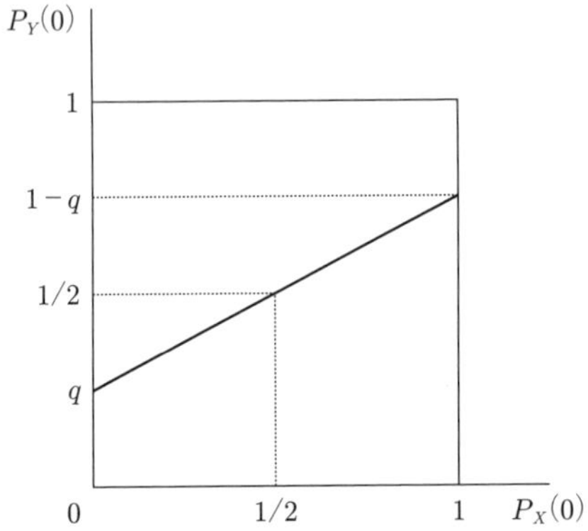

図 4.16　BSC における入力確率と出力確率との関係（$(1/2, 1/2)$ が定点）

相互情報量およびあいまい度は式 (4.33), (4.34) を用いて

$$I(Y;X) = \mathcal{H}(P_Y(0)) - \mathcal{H}(q) \tag{4.72}$$

$$H_1(X|Y) = \mathcal{H}(P_X(0)) - \mathcal{H}(P_Y(0)) + \mathcal{H}(q) \tag{4.73}$$

となる。通信路容量は $P_X(0) = 1/2$ のとき $P_Y(0) = 1/2$ となり，出力エントロピーが最大 $\max\{H_1(Y)\} = 1$ となるので

$$C^* = 1 - \mathcal{H}(q) \tag{4.74}$$

と表すことができる。式 (4.74) の右辺第 2 項は誤り源のエントロピー $H_1(E)$ に等しいことに注意する。加法的通信路においては式 (4.54) より，散布度が入力にかかわりなく誤り源の性質のみによるので

$$H_1(Y|X) = H_1(E) \tag{4.75}$$

となり，一般に通信路容量は

$$C^* = \max\{I(Y;X)\} = \max\{H_1(Y)\} - H_1(E) = 1 - H_1(E) \tag{4.76}$$

と表すことができる。これは，誤り源に記憶がある場合にも同様に成立する。誤り源が単純マルコフ情報源のときは $H_1(E)$ は式 (3.59) で表される。

（３） **最尤復号法と条件付確率** 出力が 0 であるとき，入力は 0 か 1 のどちらと推定すればよいであろうか。条件付確率 $P_{X|Y}(x|y)$ は y が出力されたとき x が入力された確率を表すので，0 が出力されたときの 0 が入力された確率と 1 が入力された確率を比較して，$P_{X|Y}(0|0) > P_{X|Y}(1|0)$ ならば入力は 0，逆ならば 1 と推定するのが合理的であろう。このように，出力 y に対する条件付確率 $P_{X|Y}(x|y)$ をすべて計算して最大となる場合の x が入力されたと考えて復号する方法を**最尤復号法**と呼ぶ。条件付確率 $P_{X|Y}(x|y)$ は，結合確率の性質（式 (4.18)）を用いて

$$P_{X|Y}(x|y) = \frac{P_{Y|X}(y|x)P_X(x)}{P_Y(y)} = \frac{P_{Y|X}(y|x)P_X(x)}{\displaystyle\sum_{x=0}^{1} P_{Y|X}(y|x)P_X(x)} \tag{4.77}$$

と表すことができる。これはベイズの定理と呼ばれる。出力がわかったときの入力の条件付確率を，通信路を表す条件付確率と通信路記号の入力確率で表した式であり，通信路行列と入力確率が与えられれば計算することができる。これは単に通信路行列の逆行列として得られるものではないことに注意する。BSC の場合で具体的に計算してみよう。入力確率を $P_X(0) = 1/2$ と仮定する。出力確率は $P_Y(0) = 1/2$ となるので，ベイズの定理（式 (4.77)）を用いて

$$\begin{pmatrix} P_{X|Y}(0|0) & P_{X|Y}(0|1) \\ P_{X|Y}(1|0) & P_{X|Y}(1|1) \end{pmatrix} = \begin{pmatrix} 1-q & q \\ q & 1-q \end{pmatrix} \tag{4.78}$$

を得ることができる。したがって，$q < 0.5$ のときは，出力が 0 ならば入力は 0，出力が 1 ならば入力は 1 と復号することになる。これは合理的な復号といえるであろう。一般的には，$q < P_X(0)$ のときは出力が 0 ならば入力は 0 と復号し，$q < P_X(1)$ のときは出力が 1 ならば入力は 1 と復号することになる（例題 4.5 参照）。なお，入力確率が $P_X(0) = 1/2$ のように等確率のときは一定値なので，式 (4.77) は

$$P_{X|Y}(x|y) \propto P_{Y|X}(y|x) \tag{4.79}$$

と表すことができ，出力 y に対して通信路行列から最大の $P_{Y|X}(y|x)$ を表す x が最尤復号される記号として直接求めることができる。

4.3.2 BSC における誤りの統計的性質

n 個の入力に対して誤りが生じる数の 1 次モーメント（平均）および 2 次モーメントを求めることにする。この問題は，2 元情報源記号の分布が 2 項分布に従うことから容易に求めることができるが，ここでは記憶のある通信路の場合への拡張を考えて，異なるアプローチで考察する。

$P(n_0, n)$ を，0 が系列の長さ n 個中 n_0 個ある場合の確率分布とする。したがって，n_0 は通信路で誤りが生じない数を表す。同様に，系列長 n 内の 1 の数を n_1 と表すと $n_0 + n_1 = n$ が成り立つ。仮想確率空間の座標を，(n_0, n_1) の代わりに (n_0, n) のように 0 の数と系列長で表すと，確率分布はつぎの関係式を満たす（図 **4.17**）。このとき，この空間を乱歩の仮想確率空間と呼ぶ。

$$P(n_0, n) = pP(n_0 - 1, n - 1) + qP(n_0, n - 1) \tag{4.80}$$

これの両辺に ξ^{n_0} を掛けて，$n_0 = 0$ から ∞ までの和をとると

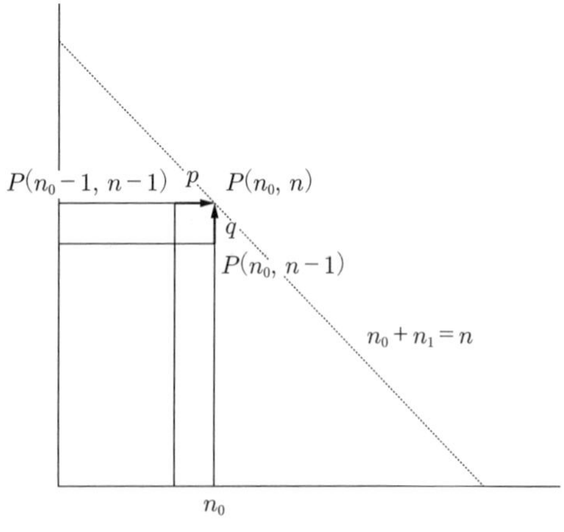

図 **4.17**　乱歩の仮想確率空間

$$\grave{Q}(\xi, n) = p\xi\grave{Q}(\xi, n-1) + q\grave{Q}(\xi, n-1) \tag{4.81}$$

ここで

$$\grave{Q}(\xi, n) \equiv \sum_{n_0=0}^{\infty} P(n_0, n)\xi^{n_0} \tag{4.82}$$

また，便宜上

$$n_0 > n \text{ または } n_0 < 0 \text{ のとき} \qquad P(n_0, n) = 0 \tag{4.83}$$

を仮定した。さらに，式 (4.81) の両辺に ν^n を掛けて，$n = 1$ から ∞ までの和をとると，初期条件 $P(0,0) = 1$ を用いて

$$Q(\xi, \nu) = \frac{1}{1 - p\xi\nu - q\nu} \tag{4.84}$$

を得る。ここで

$$\begin{aligned} Q(\xi, \nu) &\equiv \sum_{n=0}^{\infty} \grave{Q}(\xi, n)\nu^n \\ &= \sum_{n=0}^{\infty}\sum_{n_0=0}^{\infty} P(n_0, n)\xi^{n_0}\nu^n \end{aligned} \tag{4.85}$$

$Q(\xi, \nu)$ を $P(n_0, n)$ の母関数と呼ぶ。n_0 の 1 次モーメント $< n_0 >$ は，母関数を ξ で微分して $\xi = 1$ とした場合の ν^n の展開係数として，次式から計算することができる。

$$\begin{aligned} \left.\frac{\partial}{\partial \xi} Q(\xi, \nu)\right|_{\xi=1} &= \sum_{n=0}^{\infty}\sum_{n_0=0}^{\infty} n_0 P(n_0, n)\nu^n \\ &= \sum_{n=0}^{\infty} < n_0 > \nu^n \end{aligned} \tag{4.86}$$

すなわち，式 (4.84) を用いて

$$\begin{aligned} \left.\frac{\partial}{\partial \xi} Q(\xi, \nu)\right|_{\xi=1} &= \frac{p\nu}{(1-\nu)^2} \\ &= \sum_{n=0}^{\infty} pn\nu^n \end{aligned} \tag{4.87}$$

より

$$< n_0 > = pn \tag{4.88}$$

を得る。同様に n_1 の 1 次モーメント（1 の平均数）$< n_1 >$ は

$$< n_1 > = n - < n_0 > = (1-p)n = qn \tag{4.89}$$

となる。2 次モーメント $< {n_0}^2 >$, $< {n_1}^2 >$ も 1 次モーメントと同様に，母関数を ξ で微分した場合の ν^n の展開係数としてつぎの関係式から計算することができる。

$$\begin{aligned} \frac{\partial}{\partial \xi}\left(\xi \frac{\partial}{\partial \xi} Q(\xi,\nu)\right)\bigg|_{\xi=1} &= \sum_{n=0}^{\infty}\sum_{n_0=0}^{\infty} {n_0}^2 P(n_0,n)\nu^n \\ &= \sum_{n=0}^{\infty} < {n_0}^2 > \nu^n \end{aligned} \tag{4.90}$$

式 (4.84) を用いると

$$\frac{\partial}{\partial \xi}\left(\xi \frac{\partial}{\partial \xi} Q(\xi,\nu)\right)\bigg|_{\xi=1} = \frac{p\nu\{1+(p-q)\nu\}}{(1-\nu)^3} \equiv A(\nu) \tag{4.91}$$

を得るので，これを ν のべきに展開する。

$$A(\nu) = \sum_{n=0}^{\infty} \frac{p}{2}\{n(n-1)(p-q)+(n+1)n\}\nu^n \tag{4.92}$$

式 (4.90) と比較することにより

$$< {n_0}^2 > = p^2 n^2 + pqn \tag{4.93}$$

を得る。同様に 1 の数の 2 次モーメントは

$$< {n_1}^2 > = q^2 n^2 + pqn \tag{4.94}$$

となる。

4.3.3　記憶のある加法的通信路

誤り源が単純マルコフ情報源（図 3.6）である加法的通信路を考える。記憶のない通信路の場合と同様，n 個の入力に対して誤りが生じる数の 1 次モーメント（平均）および 2 次モーメントを求めることにする。$P_0(n_0, n)[P_1(n_0, n)]$ を，最後に 0[1] を出力して 0 が系列の長さ n 個中 n_0 個となった場合の確率分布とする。同様に系列長 n 内の 1 の数を n_1 と表すと $n_0 + n_1 = n$ が成り立つ。このとき，確率分布はつぎの関係式を満たす（**図 4.18**）。これを相関歩の仮想確率空間と呼ぶ。

$$
\begin{aligned}
P_0(n_0, n) &= p_0 P_0(n_0 - 1, n - 1) + p_1 P_1(n_0 - 1, n - 1) \\
P_1(n_0, n) &= q_0 P_0(n_0, n - 1) + q_1 P_1(n_0, n - 1)
\end{aligned}
\tag{4.95}
$$

これは，初期状態を定常状態（式 (3.48)）と仮定して解くことができる。

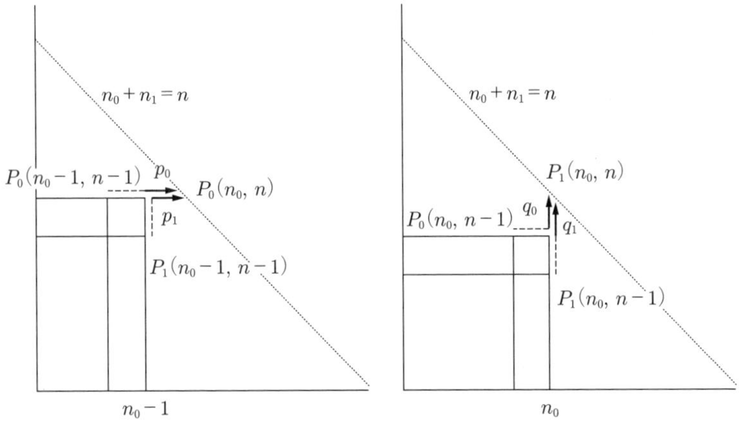

図 4.18　相関歩の仮想確率空間

便宜上

$$
\begin{aligned}
P_0(n_0, n) &= 0 \qquad n_0 > n \\
P_1(n_0, n) &= 0 \qquad n_0 \geqq n
\end{aligned}
\tag{4.96}
$$

と定義しよう。式 (4.95) に $\xi^{n_0} \nu^n$ を掛けて，n_0 と n について和をとると

$$\begin{aligned} Q_0(\xi,\nu) &= \frac{(1-q_1\nu)p_1 + p_1q_0\xi\nu}{\{1-(p_0-p_1)\}A} \\ Q_1(\xi,\nu) &= \frac{q_0p_1\nu + (1-p_0\xi\nu)q_0}{\{1-(p_0-p_1)\}A} \end{aligned} \tag{4.97}$$

を得る。ここで

$$A = (1-q_1\nu) - \{p_0 - (p_0-p_1)\nu\}\xi\nu \tag{4.98}$$

母関数 $Q_i(\xi,\nu)$ はつぎのように定義されている。

$$\begin{aligned} Q_i(\xi,\nu) &= \sum_{n=0}^{\infty}\sum_{n_0=0}^{n} P_i(n_0,n)\xi^{n_0}\nu^n \\ &= \sum_{n=0}^{\infty}\sum_{n_0=0}^{\infty} P_i(n_0,n)\xi^{n_0}\nu^n \end{aligned} \tag{4.99}$$

ここで，式 (4.96) が用いられた。$i=0,1$ についての $P_i(n_0,n)$ の和は，系列の長さ n 内の 0 の数が n_0 となる確率を表す。

$$P(n_0,n) = \sum_{i=0}^{1} P_i(n_0,n) \tag{4.100}$$

$P(n_0,n)$ に対応する母関数 $Q(\xi,\nu)$ は式 (4.97) から

$$Q(\xi,\nu) = \frac{1-(p_0-p_1) - p_1(p_0-p_1)\nu - q_0(p_0-p_1)\xi\nu}{\{1-(p_0-p_1)\}A} \tag{4.101}$$

となる。n_0 の 1 次モーメント $< n_0 >$ は，記憶のない通信路の場合と同様，母関数を ξ で微分して $\xi=1$ とした場合の ν^n の展開係数として，式 (4.101), (4.98)，および式 (4.86) から

$$< n_0 > \equiv \sum_{n_0=0}^{\infty} n_0 P(n_0,n) = \frac{p_1}{1-(p_0-p_1)}n \tag{4.102}$$

を得ることができる。同様に n_1 の 1 次モーメント $< n_1 >$ は

$$< n_1 > = \frac{1-p_0}{1-(p_0-p_1)}n \tag{4.103}$$

となる。式 (3.44) を用いて書き直すと

$$< n_0 > = \frac{1}{2}\left(1 + \frac{\varepsilon}{1-\delta}\right)n \tag{4.104}$$

$$< n_1 > = \frac{1}{2}\left(1 - \frac{\varepsilon}{1-\delta}\right)n \tag{4.105}$$

を得る。2 次モーメント $< {n_0}^2 >$ も 1 次モーメントと同様に，母関数を ξ で微分した場合の ν^n の展開係数として計算することができる。式 (4.90), (4.101), (4.98) を用いて

$$\begin{aligned} < {n_0}^2 > &\equiv \sum_{n_0=0}^{\infty} {n_0}^2 P(n_0, n) \\ &= \left\{\frac{1}{2}\left(1 + \frac{\varepsilon}{1-\delta}\right)n\right\}^2 \\ &\quad + \frac{1}{4}\left\{1 - \left(\frac{\varepsilon}{1-\delta}\right)^2\right\}\left\{\frac{1+\delta}{1-\delta}n - \frac{2\delta(1-\delta^n)}{(1-\delta)^2}\right\} \end{aligned} \tag{4.106}$$

が導かれる。また，$< {n_1}^2 >$ も同様に導くことができる。

単純マルコフ情報源を誤り源として用いた加法的通信路は二つのパラメータを含むので，1 次モーメントと 2 次モーメントによりパラメータを決め，実際の誤りパターンと比較することによりモデルの有効性を検証することができる。現実の通信路をよりよくモデル化するためには，誤り源の状態遷移を直接その出力に結び付けないこと，より多くの異なる出力確率をもつ記憶のない情報源をマルコフ過程に取り入れること，パラメータの数を増やすことなどにより達成することは可能である。ただし，適度のパラメータ数がどれくらいかは重要な問題となる。

4.3.4 誤り訂正符号化

これまで示した通信路符号化を実際に適用する手法について説明する。具体的には，必要な情報をあらかじめ付与することで冗長度を上げる手法について詳解する。ここでは，送信情報（アルファベット）を 0/1 とする。

（1） **誤り検出と誤り訂正**　受信した側で受信した情報だけから誤りがあるか判定する方法を**誤り検出**という。さらに，誤っていると判定された情報から誤りを訂正する方法を**誤り訂正**という。

（2） **ハミング距離**　二つの符号系列があるとき，符号（アルファベット）0/1 の異なる符号の数を合わせたものを**ハミング距離**という。これは符号どうしの似ている度合いを示すもので，もしハミング距離が 0 であれば同一の符号系列であることを示している。誤り訂正において，送信側系列でハミング距離の近い符号を用いると誤り率が悪化することは 4.2 節で述べたとおりである。また，いくつかの符号系列がある場合，符号系列間のハミング距離の最小値を**最小（ハミング）距離**という。

（3） **パリティ検査（奇偶検査）**　誤り検出として実用化されているものに**パリティ検査**がある。例えば，**図 4.19** のような 0000 から 1111（4 ビット）からなる 16 種類の送信側系列を想定する。ここで各符号間のハミング距離 d_h を求める。例えば，$d_h(x_2, x_5) = 0+1+1+1 = 3$, $d_h(x_{11}, x_{15}) = 0+1+0+0 = 1$ となる。x_0 から x_{15} のすべての組合せでハミング距離を求めると，最大距離 3，最小距離 1 となることがわかる。

X	a_1	a_2	a_3	a_3	
x_0	0	0	0	0	
x_1	0	0	0	1	
x_2	0	0	1	0	
x_3	0	0	1	1	
x_4	0	1	0	0	
x_5	0	1	0	1	
x_6	0	1	1	0	
x_7	0	1	1	1	

$d_h(x_2,\ x_5) = 0+1+1+1 = 3$

X	a_1	a_2	a_3	a_4	
x_8	1	0	0	0	
x_9	1	0	0	1	
x_{10}	1	0	1	0	
x_{11}	1	0	1	1	
x_{12}	1	1	0	0	
x_{13}					
x_{14}	1	1	1	0	
x_{15}	1	1	1	1	

$d_h(x_{11},\ x_{15}) = 0+1+0+0 = 1$

図 4.19　送信側系列とハミング距離

ここで，最小距離が小さい送信側系列どうしで誤りが発生しやすくなってしまう。そこで，5 ビット目の情報 a_5（パリティ検査ビット）を付与することで冗長度を上げて，最小距離を大きくする手法を考える。パリティ検査ビットを**図 4.20** に示す。

X	a_1	a_2	a_3	a_3	$\boldsymbol{a_5}$
x_0	0	0	0	0	**0**
x_1	0	0	0	1	**1**
x_2	0	0	1	0	**1**
x_3	0	0	1	1	**0**
x_4	0	1	0	0	**1**
x_5	0	1	0	1	**0**
x_6	0	1	1	0	**0**
x_7	0	1	1	1	**1**

X	a_1	a_2	a_3	a_4	$\boldsymbol{a_5}$
x_8	1	0	0	0	**1**
x_9	1	0	0	1	**0**
x_{10}	1	0	1	0	**0**
x_{11}	1	0	1	1	**1**
x_{12}	1	1	0	0	**0**
x_{13}	1	1	0	1	**1**
x_{14}	1	1	1	0	**1**
x_{15}	1	1	1	1	**0**

図 **4.20**　パリティ検査ビット

具体的には，送信側系列 a_n の総和（排他的論理和）から次式によりパリティ検査ビットを計算し付与する。ここでもともと情報である記号 $a_1 \sim a_4$ を**情報記号**，a_5 を**検査記号**と呼び，全体を**符号語**という。

$$a_1 + a_2 + \cdots + a_n = \sum_{i=1}^{n} a_i \tag{4.107}$$

ここで，改めて最小距離を求めてみると 2 になったことが確認できる。また，上式で求めたすべての記号の和は 0 になることも次式で確認できる。

$$\sum_{i=1}^{5} a_i = 0 \tag{4.108}$$

このことから，ある系列 y が受信された場合，任意の送信側系列 x_k とのハミング距離 $d_h(y, x_h)$ は誤りがなければ 0 になることがわかる。

（4）　$(\boldsymbol{n}, \boldsymbol{k})$ 符号（誤り訂正符号）　　符号語の全体の長さを n，情報記号の数を k，検査記号の数を $n-k$ としたとき，この符号を (n, k) 符号と呼ぶ。(n, k) 符号においても，パリティ検査などと同様に，検査記号を付与することで冗長度を上げて，最小距離を大きくすることで誤り訂正を可能にしている。実際には n が大きい符号が利用される場合が多いが，ここでは理解を促すために $(7, 4)$ 符号を例に前述の情報記号列を例に説明する。$(7, 4)$ 符号では，下式（例）を用いて情報記号 $a_1 \sim a_4$ から検査記号 $a_5 \sim a_7$ を計算する。

$$
\begin{aligned}
&a_1 + a_2 + a_3 \qquad + a_5 \qquad\qquad = 0 \quad (p_1) \\
&a_1 + a_2 \qquad + a_4 \qquad + a_6 \qquad = 0 \quad (p_2) \qquad (4.109) \\
&a_1 \qquad + a_3 + a_4 \qquad\qquad + a_7 = 0 \quad (p_3)
\end{aligned}
$$

検査記号 $a_5 \sim a_7$ と，x_{11} とのハミング距離 $d_h(x_{11}, x_k)$ は図 **4.21**（灰色背景が異なるビット）のようになり，最小距離が 3 になっていることもわかる。ここでもハミング符号同様に，上記の 3 式がすべて 0 であれば誤りがないことが確認できる仕組みになっている。

X	a_1	a_2	a_3	a_3	$\boldsymbol{a_5}$	$\boldsymbol{a_6}$	$\boldsymbol{a_7}$	$\boldsymbol{d_h}$
x_0	0	0	0	0	**0**	**0**	**0**	**4**
x_1	0	0	0	1	**0**	**1**	**1**	**3**
x_2	0	0	1	0	**1**	**0**	**1**	**3**
x_3	0	0	1	1	**1**	**1**	**0**	**4**
x_4	0	1	0	0	**1**	**1**	**0**	**7**
x_5	0	1	0	1	**1**	**0**	**1**	**4**
x_6	0	1	1	0	**0**	**1**	**1**	**4**
x_7	0	1	1	1	**0**	**0**	**0**	**3**

X	a_1	a_2	a_3	a_4	$\boldsymbol{a_5}$	$\boldsymbol{a_6}$	$\boldsymbol{a_7}$	$\boldsymbol{d_h}$
x_8	1	0	0	0	**1**	**1**	**1**	**4**
x_9	1	0	0	1	**1**	**0**	**0**	**3**
x_{10}	1	0	1	0	**0**	**1**	**0**	**3**
x_{11}	1	0	1	1	**0**	**0**	**1**	**0**
x_{12}	1	1	0	0	**0**	**0**	**1**	**3**
x_{13}	1	1	0	1	**0**	**1**	**0**	**4**
x_{14}	1	1	1	0	**1**	**0**	**0**	**4**
x_{15}	1	1	1	1	**1**	**1**	**1**	**3**

図 **4.21**　ハミング符号におけるハミング距離

ここで，検査記号 $a_5 \sim a_7$ を計算するために適用される情報記号 $a_1 \sim a_4$ の配置に着目する。a_1 は a_5，a_6，a_7 に，a_2 は a_5，a_6 に，a_3 は a_5，a_7 に，a_4 は a_6，a_7 にそれぞれ関与していることがわかる。このことは，受信側系列の a_1 に誤りが生じていた場合，式 (4.109) の三つの式の計算結果 p_1，p_2，p_3 を並べた列が 111 となることを示している。同様に，a_2 に誤りが生じれば 110，a_3 に誤りが生じれば 101，a_4 に誤りが生じれば 011 となり，右辺に 2 ビット以上の 1 が検出されたことにより情報記号 $a_1 \sim a_4$ のいずれかに誤りがあり，その場所も特定できる仕組みになっている。また，もし右辺に 1 が 1 ビットのみ検出された場合は，それぞれ 1 か所にしか関与していない検査記号 $a_5 \sim a_7$ のいずれかに誤りがあることが推定できる。例えば，100 なら a_5，010 なら a_6，001 なら a_7 に誤りがあることになる。誤った記号 $a_1 \sim a_7$ の場所と右辺の値の組合せを図 **4.22** に示す。パリティ検査と異なり，誤りの場所を知ることができるの

X	a_1	a_2	a_3	a_3	$\boldsymbol{a_5}$	$\boldsymbol{a_6}$	$\boldsymbol{a_7}$	$\boldsymbol{d_h}$
x_0	0	0	0	0	**0**	**0**	**0**	**4**
x_1	0	0	0	1	**0**	**1**	**1**	**3**
x_2	0	0	1	0	**1**	**0**	**1**	**3**
x_3	0	0	1	1	**1**	**1**	**0**	**4**
x_4	0	1	0	0	**1**	**1**	**0**	**7**
x_5	0	1	0	1	**1**	**0**	**1**	**4**
x_6	0	1	1	0	**0**	**1**	**1**	**4**
x_7	0	1	1	1	**0**	**0**	**0**	**3**

X	a_1	a_2	a_3	a_4	$\boldsymbol{a_5}$	$\boldsymbol{a_6}$	$\boldsymbol{a_7}$	$\boldsymbol{d_h}$
x_8	1	0	0	0	**1**	**1**	**1**	**4**
x_9	1	0	0	1	**1**	**0**	**0**	**3**
x_{10}	1	0	1	0	**0**	**1**	**0**	**3**
x_{11}	1	0	1	1	**0**	**0**	**1**	**0**
x_{12}	1	1	0	0	**0**	**0**	**1**	**3**
x_{13}	1	1	0	1	**0**	**1**	**0**	**4**
x_{14}	1	1	1	0	**1**	**0**	**0**	**4**
x_{15}	1	1	1	1	**1**	**1**	**1**	**3**

図 **4.22** 情報誤りの位置

で，その場所の情報を 0/1 反転させれば誤り訂正ができることになる。

例えば，情報記号 $a_1 \sim a_4$ に 0000 を入力したとすると，検査記号 $a_5 \sim a_7$ は 000 となり，送信側系列は 0000000 となる。ここで，かりに 1 ビットが誤って 1000000 となって受信側系列になったとする。受信側が $a_1 \sim a_7$ に 1000000 を入力として，式 (4.109) の右辺を計算すると 111 が得られ，図 4.22 から，a_1 に誤りがあったことを知ることができる。

また，ここで説明した情報記号から検査記号を含む送信側系列を生成する計算は，情報記号を行列 $(a_1 \;\; a_2 \;\; a_3 \;\; a_4)$ として，生成行列 G（次式）と乗算することでも求めることができる。ここでは，$(7,4)$ 符号を例に，生成行列での表現法を示すが，誤り訂正符号の生成行列の作成法については，5 章で符号理論と合わせて詳解する。

$$G = \begin{pmatrix} 1 & 0 & 0 & 0 & 1 & 1 & 1 \\ 0 & 1 & 0 & 0 & 1 & 1 & 0 \\ 0 & 0 & 1 & 0 & 1 & 0 & 1 \\ 0 & 0 & 0 & 1 & 0 & 1 & 1 \end{pmatrix} \tag{4.110}$$

(5) 最小距離と誤り検出・訂正能力　　パリティ検査において，検査用に 1 ビットを付与し最小距離を 1 から 2 に拡大することで，もとのパターンと比較したハミング距離が 1 の場合には，情報に誤りがあることが確認できた（1

誤り検出可能)。同様に，ハミング距離が 2 の場合，送信されていない符号語であることが推測できた。

また，(7,4) 符号では 3 ビットの検査記号を付加することで，最小距離を 1 から 3 に拡大させることができ，結果としてパリティ検査よりも誤り検出・訂正の能力が向上し，2 ビットの誤りを検出（2 誤り判定可能）でき，1 ビットの誤りを修正（1 誤り訂正可能）できるようになった。

この関係を 最小距離 $= d$ として一般化して考えると，誤り検出可能な記号（ビット）数と誤り訂正可能なビット数は下式の関係になっていることがわかる。

$$\begin{aligned} &\text{誤り検出可能記号数} \leqq d-1 \\ &\text{誤り訂正可能記号数} \leqq \frac{d-1}{2} \cdots \text{ただし，小数点以下切り捨て} \end{aligned} \tag{4.111}$$

例題 4.5　BSC において誤り確率がそれぞれ $q = 0, 0.2, 0.5$ とする。また，入力確率を $P_X(0) = 0.7$ としてつぎの問いに答えよ。

a)　$H_1(X), H_1(Y|X), H_1(Y,X), H_1(Y), I(Y;X), H_1(X|Y)$ をそれぞれの誤り確率に対して計算せよ。

b)　それぞれの誤り確率に対して通信路容量を計算せよ。式 (4.74) を用いよ。

【解答】　a)　**表 4.3** に示す。

b)　**表 4.4** に示す。

表 4.3

q	0	0.2	0.5
$H_1(X)$	0.8813	0.8813	0.8813
$H_1(Y\|X)$	0.0	0.7219	1.0
$H_1(Y,X)$	0.8813	1.6032	1.8813
$H_1(Y)$	0.8813	0.9580	1.0
$I(Y;X)$	0.8813	0.2361	0.0
$H_1(X\|Y)$	0.0	0.6452	0.8813

表 4.4

q	0	0.2	0.5
C^*	1.0	0.2781	0.0

◇

例題 4.6 a) BSC につき，0 の入力確率を $P_X(0)$ として，ベイズの定理（式 (4.77)）を用いて行列 $P_{X|Y}(x|y)$ を求めよ。また，$P_X(0) = 0.5$ のとき，これが式 (4.78) となることを示せ。

b) a) の結果より，$q < P_X(0)$ のときは，出力が 0 ならば入力は 0 と復号し，$q < 1 - P_X(0)$ のときは出力が 1 ならば入力は 1 と復号することを示せ。

【解答】 a)

$$
\begin{pmatrix} P_{X|Y}(0|0) & P_{X|Y}(0|1) \\ P_{X|Y}(1|0) & P_{X|Y}(1|1) \end{pmatrix}
= \begin{pmatrix} \dfrac{(1-q)P_X(0)}{(1-2q)P_X(0)+q} & \dfrac{qP_X(0)}{(2q-1)P_X(0)+(1-q)} \\ \dfrac{q(1-P_X(0))}{(1-2q)P_X(0)+q} & \dfrac{(1-q)(1-P_X(0))}{(2q-1)P_X(0)+(1-q)} \end{pmatrix}
$$

b) 0 を出力したとき，0 と復号するためには $P_{X|Y}(0|0) > P_{X|Y}(1|0)$，分母は正なので $(1-q)P_X(0) > q(1-P_X(0))$。したがって，$q < P_X(0)$。同様に，1 を出力したとき，1 と復号するためには $qP_X(0) < (1-q)(1-P_X(0))$ より $q < 1 - P_X(0)$。 ◇

例題 4.7 式 (4.93) が複素積分の計算によっても得られることを確かめよ。

【解答】

$$
\begin{aligned}
< {n_0}^2 > &= \frac{1}{2\pi i}\oint \frac{A(\nu)}{\nu^{n+1}} d\nu \\
&= \frac{1}{2\pi i}\oint \frac{p\nu\{1+(p-q)\nu\}}{\nu^{n+1}(1-\nu)^3} d\nu \\
&= -\lim_{\nu \to 1} \frac{1}{2!}\frac{d^2}{d\nu^2}\left\{\frac{p\nu\{1+(p-q)\nu\}}{\nu^{n+1}(1-\nu)^3}(\nu-1)^3\right\} \\
&= p^2 n^2 + pqn
\end{aligned}
$$

◇

4.4　非加法的通信路とモンティ・ホール問題

入力信号により通信路での誤り確率が異なる場合は非加法的通信路である。図 **4.23** はその例である。通信路記号の集合は $\{1,2,3\}$ であり，1 が入力された場合は 2 または 3 に変わって出力され，入力 2 は 3 に，入力 3 は 2 に必ず変わるという性質の通信路を表している。この通信路では 1 は出力されない。この通信路を**モンティ・ホール問題**との関連性で説明する。

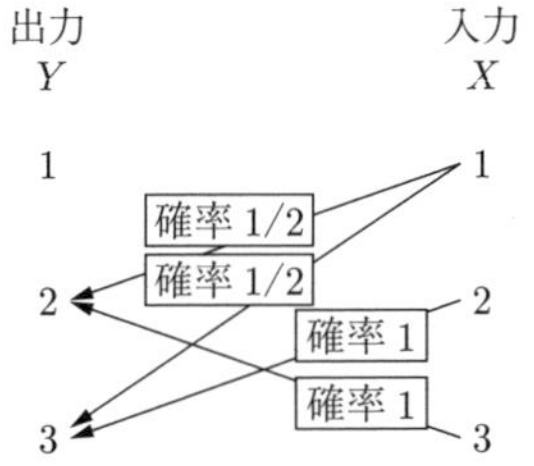

図 4.23　非加法的通信路線図の例

あなたは三つのドアのどれか一つを選択する。これらドアのそれぞれのうしろには 1 台の車と 2 匹のヤギが置かれており，もしあなたの選択したドアのうしろに車があるとその車はあなたのものになる。具体的にやってみよう。ドアには No.1, No.2, No.3 の番号が割り当てられている。それぞれのドアのどれかのうしろに車が置かれており，司会者であるモンティ・ホール氏はその場所を知っている。あなたにはドアで隠されているため車の場所はわからない。ドアが開いてはじめてわかる。まず，あなたは No.1 のドアを選んだとする。つぎに，モンティ・ホール氏は車の置かれていないドア No.2 を開けてヤギを見せて「あなたはドア No.3 に選択を変えますか？」と聞く（図 **4.24**）。モンティ・ホール問題とは，あなたが No.1 のドアを選んだままが有利か，それとも No.3 に選択を変えたほうが有利か，あるいは変えようと変えまいとどちらでも同じなのか，を考えるという問題である。

これを確率と情報量の観点から見てみよう。車を置く事象を確率変数 X で表

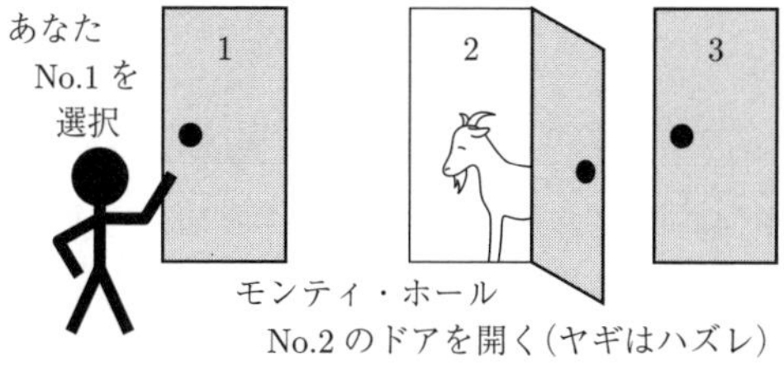

図 4.24　あなたが No.1 のドアを選び，ドア No.2 が開けられた状態

すと，次式となる。

$$X = \{x|1, 2, 3\} \tag{4.112}$$

ここで，元 x は車をドア No.x(=1, 2, 3) のうしろに置くことを表す。車は等確率でどれかのドアのうしろに置かれるとすると，確率 $P_X(x)$ は

$$P_X(1) = P_X(2) = P_X(3) = 1/3 \tag{4.113}$$

と表される。あなたがドア No.1 を選択後，モンティ・ホール氏がそれぞれのドアを開ける事象を確率変数 Y，その元 y をあけるドアの No. を表すことにすると

$$Y = \{y|1, 2, 3\} \tag{4.114}$$

ただし，その確率は車の置かれている位置により異なることになるため X で条件付けられた確率として表されることになる。例えば，車がドア No.1 のうしろに置かれていると No.2 と No.3 のドアは等確率で開けることになるため

$$P_{Y|X}(1|1) = 0, \quad P_{Y|X}(2|1) = 1/2, \quad P_{Y|X}(3|1) = 1/2$$

となる。車がドア No.2 のうしろだと，あなたが No.1 を選択しているため，No.1 と No.2 のドアを開けることはないので，次式となる。

$$P_{Y|X}(1|2) = 0, \quad P_{Y|X}(2|2) = 0, \quad P_{Y|X}(3|2) = 1$$

同様に，車がドア No.3 のうしろだと

$$P_{Y|X}(1|3)=0,\quad P_{Y|X}(2|3)=1,\quad P_{Y|X}(3|3)=0$$

となる。これを表にしてみよう（**表 4.5**）。

表 4.5　車の場所が開けるドアに影響を与える場合

$P(y\mid x)$		X 車があるドア		
		No.1	No.2	No.3
Y あなたが No.1 を選択しているとき モンティ・ホール氏が開けるドア	No.1	0	0	0
	No.2	1/2	0	1
	No.3	1/2	1	0

あなたがドア No.1 を選んだ状態でモンティ・ホール氏がドアを開ける確率 $P_Y(y)$ は，結合確率の性質（式 (4.17) と式 (4.18)）を用いて計算できる。

$$\begin{aligned}
P_Y(1)&=P_{Y|X}(1|1)P_X(1)+P_{Y|X}(1|2)P_X(2)+P_{Y|X}(1|3)P_X(3)=0\\
P_Y(2)&=P_{Y|X}(2|1)P_X(1)+P_{Y|X}(2|2)P_X(2)+P_{Y|X}(2|3)P_X(3)=1/2\\
P_Y(3)&=P_{Y|X}(3|1)P_X(1)+P_{Y|X}(3|2)P_X(2)+P_{Y|X}(3|3)P_X(3)=1/2
\end{aligned}\tag{4.115}$$

問題設定上，あなたが選択したドア No.1 を開けることはないので，$P_Y(1)=0$ なのは当然の結果である。どの選択が有利かを判断するには，モンティ・ホール氏が No.2 を開けた状態で，車がドア No.1 にある確率とドア No.3 にある確率を計算して比較すればよい。したがって，$y=2$ を条件として車が $x=1$ にある確率 $P_{X|Y}(1|2)$，および $x=3$ にある確率 $P_{X|Y}(3|2)$ を計算する。排他的でない確率事象 X と Y において，条件 X からの確率 Y がわかっているときに，その逆（Y を条件とした X の確率）を計算するにはベイズの定理（式 (4.77)）を用いる。

$$P_{X|Y}(1|2)=\frac{P_{Y|X}(2|1)P_X(1)}{P_Y(2)}=1/3\tag{4.116}$$

$$P_{X|Y}(3|2)=\frac{P_{Y|X}(2|3)P_X(3)}{P_Y(2)}=2/3\tag{4.117}$$

以上より，選択をドア No.3 に変えるのがよいという答えになる。ただこの答えは当り前といえば当り前である。なぜなら，ドア No.1 に車が置かれる確率は 1/3 であり，モンティ・ホール氏が No.2 を開けると No.2 の可能性がなくなるため，No.3 にある確率が残りの 2/3 になるというだけのことである。蛇足になるが，この問題において，あなたがドア No.1 を選択したことは特別な状況を仮定したものではなく No.2 や No.3 を選択したとしてもまったく同じように考えることができる。情報量の観点からは，モンティ・ホール氏の行為により情報が伝達されたことであいまいさが減ったということになる。

確率変数 X と Y が通信路における入力と出力を示すと考える（**図 4.25**）と，入力エントロピー $H_1(X)$，出力エントロピー $H_1(Y)$，また雑音エントロピー $H_1(Y|X)$，あいまいエントロピー $H_1(X|Y)$，さらに通信エントロピー $I(Y;X)$ と結合エントロピー $H(Y,X)$ を図 4.25 のように求めることができる。

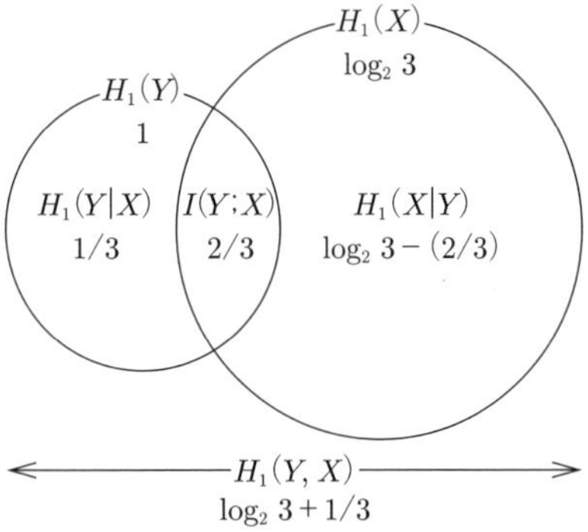

図 4.25　モンティ・ホール問題における各種エントロピーに関するベン図

通信路線図（図 4.23）において，$P_X(1)=p$，$P_X(2)=P_X(3)=(1-p)/2$ として通信エントロピーを計算すると $I(Y;X)=1-p$ となるので，$p=0$ のとき通信エントロピーは最大となり通信路容量は $C^*=1$ となる。これは，通信路記号 1 は入力されず，2 または 3 が入力されたときは必ずそれと異なる 2, 3 が出力されることを示す。すなわち，伝達情報量は誤りのない通信路と同じになる。

例題 4.8　図 4.23 の通信路記号の入力確率をそれぞれ $P_X(1) = p$, $P_X(2) = P_X(3) = (1-p)/2$ として各エントロピー値を計算せよ。

【解答】　$H_1(X) = (1-p) - p\log_2 p - (1-p)\log_2(1-p)$, $H_1(Y) = 1$, $H_1(Y|X) = p$, $H_1(X|Y) = -p\log_2 p - (1-p)\log_2(1-p)$, $I(Y;X) = 1-p$, $H(Y,X) = 1 - p\log_2 p - (1-p)\log_2(1-p)$　◇

5 符号理論

本章では，代表的な誤り訂正符号について，符号理論からのアプローチを行う。

5.1 誤り訂正符号

シャノンの通信路符号化定理（4.2 節）に則り，情報の記録や伝送時に発生する誤りを修正する技術を**誤り訂正**という。例えば，情報通信において通信路の雑音により情報誤りが発生した場合，送信側の信号電力（電圧）を大きくすることで **SN 比**（信号対雑音電力比）を向上させて，誤りの発生を抑制することができる。さらに，情報（ディジタル）を送信信号に重畳する手法（変調方式）を改良することで，相対的な SN 比の向上を図り，誤り率を改善することもできる。しかし，伝送路の雑音の電力は確率的に変化しており，低確率で発生する瞬間的な高電力雑音に備えて，常時高い SN 比を維持することは決して能率的ではない。また，SN 比の改善にも限界があり，完全に情報誤りを封じ込めるためには膨大なコストを要してしまう。そこで，送信電力を上げ，変調方式を改善しても，残った情報誤りを修正するための技術が，誤り訂正方式である。

誤り訂正符号は，ブロック符号と畳み込み符号の 2 種類に大別される。**ブロック符号**は，情報符号からなる情報ブロックと，誤り訂正用符号からなる付加ブロックから構成される。一方，**畳み込み符号**では，情報符号に誤り訂正用符号を埋め込む（畳み込む）形で符号化を行う。そのためブロック符号では，情報符号ブロックと誤り訂正符号ブロックが明確であるが，畳み込み符号では情報符号に誤り訂正符号を埋め込んでしまうため，一体となった符号化が行われ，情報と誤り訂正符号の差が明確でなくなる。一般に，瞬時性はブロック符号が高いが，誤り訂正能力は畳み込み符号のほうが高い特性を示す。

また，誤り訂正符号が対象とする**情報誤り**の発生のパターンは，ランダム誤りとバースト誤りの2種類に大別できる。**ランダム誤り**は情報誤りが生じるビットが長時間に飛び飛び（バラバラ）の場所で無秩序に発生するが，**バースト誤り**では短時間に一部の場所で誤りが集中的に発生する。例えば，誤り率 10^{-2} であったとして，ランダム誤りでは1000ビット中の10ビット程度の情報誤りがランダムな場所に発生するが，バースト誤りでは10ビットの誤りが1か所に連続集中して発生する。当然のことながら，同じ誤り率を改善する場合でも，ランダム誤りとバースト誤りでは誤り訂正の適用方法も変わってくる。例えば，ランダム誤りに耐性のあるブロック符号として，前述のハミング符号がある。1ブロック中の1ビットの情報誤りを訂正できるハミング符号なら，ランダム誤りの発生する頻度に十分な余裕をもたせてブロックサイズを設定することで，ランダム誤り訂正能力を維持することができる。

実際の誤り訂正符号の適用では，通信路で発生する誤り率やパターンを推測して，符号化の効率を考慮しながら，適切な誤り訂正符号を適用する。例えば，4.2節で示した3ビット繰り返しによる誤り訂正なら，3ビットに1ビットの誤りが訂正できる代わりに符号化の効率は1/3になってしまう。また，4.3節で示した (n, k) 符号においては，誤り訂正符号 m ビットの場合，ブロックサイズは $n = 2^m - 1$ ビットになる。そのため，ブロックサイズと情報符号の比は $(2^m - 1 - m)/(2^m - 1)$ となる。例えば，$m = 3$ のハミング符号 $(7, 4)$ なら，7ビットに1ビットの誤りが訂正でき，符号化の効率は4/7となる。コードレスヘッドフォンなどで利用されているBluetoothでは，符号化率2/3の誤り訂正符号としてハミング符号 $(15, 10)$ と，符号化率1/3の3ビット繰返し法の両方が採用されており，誤り率や通信レートにより使い分けている。

バースト誤りに耐性のある誤り訂正符号としては，コンパクトディスクに採用されている**リード・ソロモン符号**（**RS符号**）が知られている。RS符号は，ハミング符号におけるビット単位の処理を，連続ビットから構成されたブロック単位で行うことで，ブロック内の連続したバースト誤りを訂正できる仕組みをもっている。ハミング符号がビット単位で処理を行うブロック符号であるのに対して，RS 符号はブロック単位で処理を行うブロック符号であるといえる。このブロック単位の符号処理（演算）を考えるうえで，符号理論の考え方が重要になってくる。また，畳み込み符号では，3.3 節で示した記憶のある情報源としての特性を，誤り訂正で利用している。5.2 節では誤り訂正符号を形成する符号の中から線形符号について説明し，5.3 節以降では線形符号の一種である巡回符号について詳解する。線形符号と巡回符号の関係は**図 5.1** に示すとおりである。

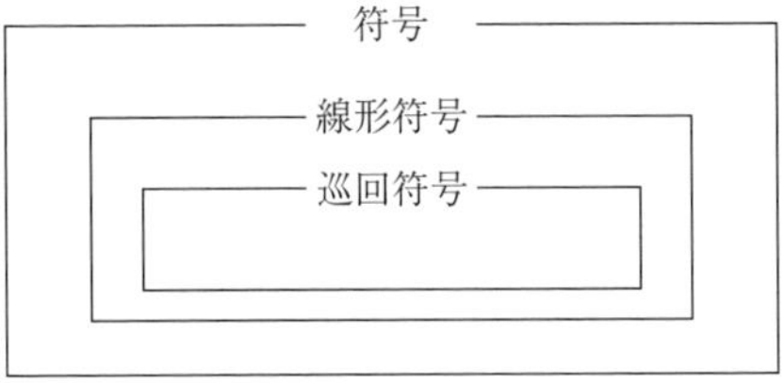

図 5.1　符号の関係

5.2 線 形 符 号

(n,k) 符号のように，情報符号に検査符号を付け加える形で構成される誤り訂正符号を**組織符号**という。組織符号において，4.3.4 項（4）で示した (n,k) 符号の生成式のように，情報記号の（線形）演算から検査記号を求める符号を**線形符号**という。線形符号における変換（演算）は，式 (4.110) で示したような生成行列 G を用いた線形写像で表現できる。そのため演算が簡単で高速処理でき，多くの分野で実用化されている。4.3.4 項では，最小距離を拡大させることで誤り訂正を可能にし，かつ，二つ以上の情報記号の異なる組合せから検査記号を計算することで，誤りの場所の特定ができる仕組みについて述べた。ここでは，体としての 2 進符号の性質と，線形符号としての特性（行列演算）を用いて詳解する。

線形符号は 0 と 1（ビット）を基本とし，n ビットからなる符号集合全体の部分集合（空間）であり，n ビット（空間）で閉じていると考えることができる。部分空間である特性と，体としての性質から，線形符号どうしの演算による符号は線形符号になる。また，加算（+）に対する単位元（$000\cdots$）と逆元（−）をもっており，符号の ± は等しい（$1=-1$）ものと考えることができる。このことから，先に示したハミング符号の検査符号を移項しても符号は変わらない。また，ハミング符号における検査符号は，情報符号と生成行列の積算で計算されるので，情報符号と生成行列の係数（0/1）との積和算で表現できる。ここで，符号も係数も 0/1 だけから構成されているので，ガロア体 $GF(2)$ の元であると考えることができ，$GF(2)$ 上の演算で表現できる。例えば，検査符号を $y_1 \sim y_{n-k}$，情報符号を $x_1 \sim x_k$ とすると，係数 a の 1 次関数で計算できる。

$$
\begin{aligned}
y_1 &= a_{11}x_1 + a_{12}x_2 + \cdots + a_{1k}x_k \\
y_2 &= a_{21}x_1 + a_{22}x_2 + \cdots + a_{2k}x_k \\
&\vdots \\
y_{n-k} &= a_{n-k,1}x_1 + a_{n-k,2}x_2 + \cdots + a_{n-k,k}x_k
\end{aligned}
\tag{5.1}
$$

式 (5.1) の係数部分を行列で示し，前半に情報符号部分のみを示すための単位行列を組み合わせることで，生成行列（ハミング行列）となる。

$$
G := \begin{bmatrix}
1 & 0 & \cdots & 0 & a_{11} & a_{21} & \cdots & a_{n-k,1} \\
0 & 1 & \cdots & 0 & a_{12} & a_{22} & \cdots & a_{n-k,2} \\
\vdots & & \ddots & \vdots & \vdots & & & \\
0 & 0 & \cdots & 1 & a_{k1} & a_{k2} & \cdots & a_{n-k,k}
\end{bmatrix}
\tag{5.2}
$$

ここで，線形符号の生成符号がもつ数学的な意味について，4.3 節で示した生成行列 G を例に具体的に考えてみる。

$$
G = \begin{pmatrix} 1 & 0 & 0 & 0 & 1 & 1 & 1 \\ 0 & 1 & 0 & 0 & 1 & 1 & 0 \\ 0 & 0 & 1 & 0 & 1 & 0 & 1 \\ 0 & 0 & 0 & 1 & 0 & 1 & 1 \end{pmatrix} \tag{5.3}
$$

ハミング符号 (7,4) の生成行列では，四つの行と七つの列から構成させており，それぞれ情報符号数 4 と全体符号数 7 に一致している。これは行列の乗算から符号生成をするので，自然な構成であるといえる。また，行列の左側は斜めに 1 が並ぶ単位行列，行列の右側には検査符号の誤りのパターンを示す行列を合体させて生成行列が構成されている。この特徴もハミング符号の前半が情報符号で後半が検査符号であるので，直感的には理解できる。

例えば，ハミング符号 (7,4) なら，生成行列は，0000～1111 すべての情報符号のパターン（16 種類）入力に対して，生成された符号の最小距離が 3 以上になるような 7 ビット 16 種類のハミング符号系列（**図 5.2**）を生成できなければならない。言い方を換えれば生成行列は，7 ビット 128 種類の符号パターンから符号間のハミング距離が 3 以上になるような，16 種類の符号パターンを表現できる仕組みをもっていることになる。このことは生成行列の横（4 行中）の各 1～4 行が，情報符号（x_1～x_4）16 種類との積和算により，ハミング符号系列（16 種類）を合成（計算）できる要素をもっていることを示している。こうした行列の要素の部分を**基底**といい，生成行列は基底を行として並べた構成になってい

X	a_1	a_2	a_3	a_3	$\boldsymbol{a_5}$	$\boldsymbol{a_6}$	$\boldsymbol{a_7}$	$\boldsymbol{d_h}$
x_0	0	0	0	0	**0**	**0**	**0**	**4**
x_1	0	0	0	1	**0**	**1**	**1**	**3**
x_2	0	0	1	0	**1**	**0**	**1**	**3**
x_3	0	0	1	1	**1**	**1**	**0**	**4**
x_4	0	1	0	0	**1**	**1**	**0**	**7**
x_5	0	1	0	1	**1**	**0**	**1**	**4**
x_6	0	1	1	0	**0**	**1**	**1**	**4**
x_7	0	1	1	1	**0**	**0**	**0**	**3**

X	a_1	a_2	a_3	a_4	$\boldsymbol{a_5}$	$\boldsymbol{a_6}$	$\boldsymbol{a_7}$	$\boldsymbol{d_h}$
x_8	1	0	0	0	**1**	**1**	**1**	**4**
x_9	1	0	0	1	**1**	**0**	**0**	**3**
x_{10}	1	0	1	0	**0**	**1**	**0**	**3**
x_{11}	1	0	1	1	**0**	**0**	**1**	**0**
x_{12}	1	1	0	0	**0**	**0**	**1**	**3**
x_{13}	1	1	0	1	**0**	**1**	**0**	**4**
x_{14}	1	1	1	0	**1**	**0**	**0**	**4**
x_{15}	1	1	1	1	**1**	**1**	**1**	**3**

図 5.2　ハミング符号系列（例）

る。図 5.2 を例に見てみると，生成行列の 1 行目が x_8，2 行目が x_4，3 行目が x_2，4 行目が x_1 になっていることがわかる。また，残りの 12 種類のハミング符号系列も，これら 4 行（基底）の演算で表現できる。例えば，$x_3 = x_1 + x_2$，$x_{11} = x_1 + x_3 + x_4$，$x_{15} = x_1 + x_2 + x_3 + x_4$ という形で求めることができる。

行列の特性を利用することで，線形符号（基底）を簡単に求めることができる。基底とは，他の行（列）を表現（計算）するために最低限必要な行（列）であるので，計算可能な成分（行/列）を除外していくことで求める。この作業は，ベクトル空間において 1 次従属な成分を取り除き，1 次独立（線形独立）な成分を求めることと同じである。ここで，**1 次従属**とは，他の行/列から対象の行/列が合成させる状態を指し，**1 次独立**とは，他の行/列から対象の行/列が合成できないものを指す。一般に，1 次独立な成分（行/列）は他種類の組合せがあるが，1 次独立な成分の個数は決まっており，これを**次元**という。例えば，ハミング行列 (5.3) なら 次元 $= 4$ となる。一般に，次元が 4 の場合には 4 種類の基底の組合せが多数存在するが，ここではこれまで例示してきたハミング行列（左側：斜めに 1 が並ぶ単位行列＋右側：検査符号の誤りのパターンを示す行列）の基底のパターンを求める手法について述べる。

はじめに，すべての符号語 x_0〜x_{15} を行にもつ 16 行 7 列の行列を準備する。この行列に対して，行/列どうしの基本変形（演算＋移動）を行う。例えば，$x_3 = x_1 + x_2$ であるような場合なら，x_3 に対して x_1 を加えると x_2 と等しくなり，これに x_2 を加えると 0000000 となる。このことから x_3 は $x_1 + x_2$ で表現でき，1 次従属であったことがわかる。こうした計算を繰り返し各行に行い，

$$
\begin{array}{c}
\overbrace{\hphantom{1\,0\,\cdots\,0\,0}}^{r} \hphantom{\,\cdots\,0}\\
r\left\{\begin{bmatrix}
1 & 0 & \cdots & 0 & 0 & \cdots & 0\\
0 & 1 & \cdots & 0 & 0 & \cdots & 0\\
\vdots & & \ddots & \vdots & \vdots & & \vdots\\
0 & 0 & \cdots & 1 & 0 & \cdots & 0\\
 & & & 0 & 0 & & \\
\vdots & & & \vdots & \vdots & \ddots & \vdots\\
0 & 0 & \cdots & 0 & 0 & & 0
\end{bmatrix}\right.
\end{array}
$$

図 **5.3**　行列の標準型

成分が 0（0000000）となったら行列の最下部に移動して，**図 5.3** のような標準形になるまで基本変形を繰り返し行う。同様の作業を列に対しても行い，図 5.3 のような単位行列部分以外は 0 となるまで基本変形を行う。ここで，図 5.3 のように単位行列の成分数 r がランク（次元数）となり，1 次独立な成分（行/列）の個数となる。

また，基本変形を行だけで行い次元を 16 次元から 4 次元に圧縮したものが，線形符号（ハミング符号）の生成行列となる。このことは，基底数の線形写像の組合せにより，全線形写像を表現している線形符号の特徴ともいえる。生成行列の標準型を**図 5.4** に示す。生成行列が単位行列 E と残り部分 D の組合せ $[ED]$ で示されるとき，復号（受信）側のパリティ検査行列 P は D の転置（行列の縦横を入れ替えた形）と E の組合せで $D^t A$ の形で示される。

$$
\begin{array}{c}
\overbrace{\hphantom{1\;0\cdots0}}^{r}\hphantom{c_{11}\cdots c_{1,n-r}\;d_1\;}\\
r\left\{\begin{matrix}\\ \\ \\ \\ \end{matrix}\right.
\begin{bmatrix}
1 & 0 \cdots 0 & c_{11} \cdots c_{1,n-r} & d_1\\
0 & 1 \cdots 0 & c_{21} \cdots c_{2,n-r} & d_2\\
\vdots & \ddots \;\vdots & \vdots \quad \vdots & \vdots\\
0 & 0 \cdots 1 & c_{r1} \cdots c_{r,n-r} & d_r\\
 & & 0 & \\
\vdots & \vdots \quad \vdots & \vdots \;\ddots\; \vdots & \vdots\\
0 & 0 \cdots 0 & 0 \cdots 0 & d_m
\end{bmatrix}
\end{array}
$$

図 **5.4**　生成行列の標準型

例えば，(0111) (1001) (1110) の三つの符号語を対象に，生成行列 G とパリティ検査行列を求めることができる。まず，対角行列に近くなるように三つの符号語を並べ，つぎに 3 行目に 1 行目を加え，さらに 3 行目に 2 行目を加え，3

$$
\begin{bmatrix} 1 & 0 & 0 & 1\\ 0 & 1 & 1 & 1\\ 1 & 1 & 1 & 0 \end{bmatrix}
\xrightarrow{3+1}
\begin{bmatrix} 1 & 0 & 0 & 1\\ 0 & 1 & 1 & 1\\ 0 & 1 & 1 & 1 \end{bmatrix}
\xrightarrow{3+2}
\begin{bmatrix} 1 & 0 & 0 & 1\\ 0 & 1 & 1 & 1\\ 0 & 0 & 0 & 0 \end{bmatrix}
$$

$$
G = \begin{pmatrix} 1 & 0 & 0 & 1\\ 0 & 1 & 1 & 1 \end{pmatrix}
\qquad
P = \begin{pmatrix} 0 & 1\\ 1 & 1\\ 1 & 0\\ 0 & 1 \end{pmatrix}
$$

図 **5.5**　生成行列 G とパリティ検査行列 P

行目を (0000) として削除し生成行列 G を得る。生成行列から前述の方法を用いてパリティ検査行列 P が得られる（**図 5.5**）。

この生成行列とパリティ検査行列を用いて，実際に符号化とパリティ検査を行ってみる。例えば，2 ビットのデータ (d_1, d_2) が $(0,1)$ であったとして，生成行列との演算で**図 5.6** のように 4 ビットに符号化される。これにそのままパリティ検査行列を掛けると 00 となり，パリティ検査により誤りがないことが確認できる。ここで例えば，1 ビット目に情報誤りが生じたと仮定し $0 \to 1$ として，同様にパリティ検査行列を掛けると 01 となり，誤り検出ができていることがわかる。

$d_1, d_2 = (0, 1)$ のとき

$$\begin{pmatrix} 0 & 1 \end{pmatrix}\begin{pmatrix} 1 & 0 & 0 & 1 \\ 0 & 1 & 1 & 1 \end{pmatrix} = \begin{pmatrix} 0 \\ 1 \\ 1 \\ 1 \end{pmatrix} \quad \text{符号化}$$

$$\begin{pmatrix} 0 & 1 & 1 & 1 \end{pmatrix}\begin{pmatrix} 0 & 1 \\ 1 & 1 \\ 1 & 0 \\ 0 & 1 \end{pmatrix} = \begin{pmatrix} 0 \\ 0 \end{pmatrix} \quad \text{パリティ検査}$$

$$\begin{pmatrix} 1 & 1 & 1 & 1 \end{pmatrix}\begin{pmatrix} 0 & 1 \\ 1 & 1 \\ 1 & 0 \\ 0 & 1 \end{pmatrix} = \begin{pmatrix} 0 \\ 1 \end{pmatrix} \quad \text{誤り検出}$$

図 5.6　符号化とパリティ検査行列

例題 5.1　図 5.2 で示したハミング符号系列 $x_0 \sim x_{15}$（符号語 0000000〜1111111）に基本変形を施し生成行列 G を求めよ。

【解答】

$$G = \begin{pmatrix} 1 & 0 & 0 & 0 & 1 & 1 & 1 \\ 0 & 1 & 0 & 0 & 1 & 1 & 0 \\ 0 & 0 & 1 & 0 & 1 & 0 & 1 \\ 0 & 0 & 0 & 1 & 0 & 1 & 1 \end{pmatrix}$$

◇

例題 5.2　図 5.5 で示した生成行列 G を用いて生成された (0011) を受信したとして，図 5.6 で示したパリティ検査行列を用いて誤りの有無を確認せよ。

【解答】

$$\begin{pmatrix} 0 & 0 & 1 & 1 \end{pmatrix} \begin{pmatrix} 0 & 1 \\ 1 & 1 \\ 1 & 0 \\ 0 & 1 \end{pmatrix} = \begin{pmatrix} 1 \\ 1 \end{pmatrix} \quad \text{誤り検出}$$

◇

5.3 巡　回　符　号

線形符号の一種で，符号系列をシフトすることで生成できる符号を**巡回符号**という。簡単なディジタル回路（シフトレジスタと排他的論理和など）で構成することができ，ハードウェア化が容易なため，広く実用化がされてきた。符号語 $C(z_0, z_1, z_2, \cdots, z_{n-1})$ に対して次式のような多項式（符号多項式）を対応させる。

$$z(x) = z_0 + z_1 x + \cdots + z_i x^i + \cdots + z_{n-1} x^{n-1} \tag{5.4}$$

ここで，線形符号のときに同じように (n, k) 巡回符号を合成するために，次数が $n - k$ になる関数 $g(x)$ を考える。この関数 $g(x)$ を生成多項式と呼び，次式のように x を $(k-1)$ 乗まで掛けて，巡回符号の生成行列 G を求めることができる。

$$G := \begin{bmatrix} g(x) \\ xg(x) \\ \vdots \\ x^{k-1} g(x) \end{bmatrix} \tag{5.5}$$

例えば，(6,3) 巡回符号を考えるとき，生成多項式は 3 次の関数となる。代表的な 3 次の生成多項式 x^3+1 を例に巡回符号の生成行列を**図 5.7** に示す。

$$G := \begin{bmatrix} 1 & + & x^3 \\ x & + & x^4 \\ x^2 & + & x^5 \end{bmatrix} \Rightarrow \begin{pmatrix} \overset{x^0}{1} & \overset{x^1}{0} & \overset{x^2}{0} & \overset{x^3}{1} & \overset{x^4}{0} & \overset{x^5}{0} \\ 0 & 1 & 0 & 0 & 1 & 0 \\ 0 & 0 & 1 & 0 & 0 & 1 \end{pmatrix}$$

図 5.7　生成多項式（x^3+1）と生成行列

生成行列の x の各次数の係数（0/1）を次数ごとに並べたものが符号語を求める際の生成行列となる。巡回符号の生成行列を見ると，1 行目 (100100) が 2 行目で右に 1 ビット，3 行目で右に 2 ビットシフトした形で，x を乗じることで生成行列（多項式）がシフトしていることが確認できる。

例えば，3 ビットの情報 (d_1, d_2, d_3) から巡回符号を合成した場合，**図 5.8**，**図 5.9** のようになり，$(d_1, d_2, d_3) = (0,0,0) \sim (1,1,1)$ に対して符号語 (000000) ～(111111) が計算できる。また，符号語間の最小距離は 2 であることから，1

$$\begin{pmatrix} d_1 & d_2 & d_3 \end{pmatrix} \begin{pmatrix} 1 & 0 & 0 & 1 & 0 & 0 \\ 0 & 1 & 0 & 0 & 1 & 0 \\ 0 & 0 & 1 & 0 & 0 & 1 \end{pmatrix} = \begin{pmatrix} d_1 \\ d_2 \\ d_3 \\ d_1 \\ d_2 \\ d_3 \end{pmatrix}$$

図 5.8　巡回符号の計算

d_1　d_2　d_3	符号語
0　0　0	0　0　0　0　0　0
1　0　0	1　0　0　1　0　0
0　1　0	0　1　0　0　1　0
1　1　0	1　1　0　1　1　0
0　0　1	0　0　1　0　0　1
1　0　1	1　0　1　1　0　1
0　1　1	0　1　1　0　1　1
1　1　1	1　1　1　1　1　1

図 5.9　巡回符号の符号語

誤り検出可能であることが確認できる。

情報 (100) を符号化した際の符号語 (100100) を例に，パリティ検査行列とパリティ検査の様子を**図 5.10** に示す。情報誤りがある場合は，パリティに 1 が出現していることが確認できる。

$$P = \begin{pmatrix} 1 & 0 & 0 \\ 0 & 1 & 0 \\ 0 & 0 & 1 \\ 1 & 0 & 0 \\ 0 & 1 & 0 \\ 0 & 0 & 1 \end{pmatrix} \qquad \text{パリティ検査行列}$$

$$\begin{pmatrix} 1 & 0 & 0 & 1 & 0 & 0 \end{pmatrix} \begin{pmatrix} 1 & 0 & 0 \\ 0 & 1 & 0 \\ 0 & 0 & 1 \\ 1 & 0 & 0 \\ 0 & 1 & 0 \\ 0 & 0 & 1 \end{pmatrix} = \begin{pmatrix} 0 \\ 0 \\ 0 \end{pmatrix} \qquad \text{パリティ検査}$$

$$\begin{pmatrix} 1 & 1 & 0 & 1 & 0 & 0 \end{pmatrix} \begin{pmatrix} 1 & 0 & 0 \\ 0 & 1 & 0 \\ 0 & 0 & 1 \\ 1 & 0 & 0 \\ 0 & 1 & 0 \\ 0 & 0 & 1 \end{pmatrix} = \begin{pmatrix} 0 \\ 1 \\ 0 \end{pmatrix} \qquad \text{誤り検出}$$

図 5.10　パリティ検査行列とパリティ検査

例題 5.3　符号長が 6，生成多項式 $1 + x^3$ の巡回符号で 3 ビット（情報）を符号化した相手から，100000 を受信した。パリティ検査行列を用いた行列演算によりパリティ検査を行い，誤りの有無を確認せよ。

【解答】　図 5.10 のパリティ検査行列を用いてパリティ検査を行い，誤りの有無を確認すればよい。

$$\begin{pmatrix} 1 & 0 & 0 & 0 & 0 & 0 \end{pmatrix} \begin{pmatrix} 1 & 0 & 0 \\ 0 & 1 & 0 \\ 0 & 0 & 1 \\ 1 & 0 & 0 \\ 0 & 1 & 0 \\ 0 & 0 & 1 \end{pmatrix} = \begin{pmatrix} 1 \\ 0 \\ 0 \end{pmatrix} \qquad \text{誤り検出}$$

◇

5.4 BCH 符　号

巡回符号の中には，誤り訂正能力が高く，1 ブロック中の複数ビットの誤りを訂正できる **BCH 符号**（Bose-Chaudhuri-Hocquenghem code）がある。考案した 3 人の頭文字から BCH 符号と名付けられた。BCH 符号は符号長が 2^m-1 のとき，符号系列中の t ビットの誤りを訂正するためには $m \times t$ ビットの誤り訂正（パリティ検査）ビットをもたせる必要がある。

ここでは，ガロア体で示した m 次の原始多項式（生成多項式）$g(x)=x^4+x+1$（表 1.10）を用いて，$x^i \bmod g(x)$（x^i を $g(x)$ で割った余り）を求める。これをもとに，x の各次数の係数（0/1）を次数ごとに並べたものを**図 5.11** に示す。

	$x^i \bmod g(x)$	符号		$x^i \bmod g(x)$	符号
x^0	1	1 0 0 0	x^9	$x+x^3$	0 1 0 1
x^1	x^1	0 1 0 0	x^{10}	$1+x+x^2$	1 1 1 0
x^2	x^2	0 0 1 0	x^{11}	$x+x^2+x^3$	0 1 1 1
x^3	x^3	0 0 0 1	x^{12}	$1+x+x^2+x^3$	1 1 1 1
x^4	$1+x$	1 1 0 0	x^{13}	$1+x^2+x^3$	1 0 1 1
x^5	$x+x^2$	0 1 1 0	x^{14}	$1+x^3$	1 0 0 1
x^6	x^2+x^3	0 0 1 1	x^{15}	1	1 0 0 0
x^7	$1+x+x^3$	1 1 0 1	⋮	⋮	⋮
x^8	$1+x^2$	1 0 1 0			

図 5.11　BCH 符号の計算

また，**図 5.12** では，x^{15} と x^4 を例に 2 を法とする剰余の計算例を示す。符号から巡回符号の特徴が理解でき，x^{15} で x^0 と同じ符号（剰余）に巡回していることがわかる。

BCH 符号では，高校の数学で学んだ剰余の定理を，ガロア体上の剰余算に適用することで生成行列を計算し，誤り訂正を行っている。剰余算による誤り訂

$$
\begin{array}{r}
x^{11}+x^{8}+x^{7}+x^{5}+x^{3}+x^{2}+x+1 \\
x^{4}+x+1\,\overline{)\,x^{15}\qquad\qquad\qquad\qquad} \\
\underline{-x^{15}+x^{12}+x^{11}} \\
x^{12}+x^{11} \\
\underline{-x^{12}\qquad+x^{9}+x^{8}} \\
x^{11}+x^{9}+x^{8} \\
\underline{-x^{11}\qquad+x^{8}+x^{7}} \\
x^{9}\qquad+x^{7} \\
\vdots \\
\overline{\qquad\qquad\cdots 1}
\end{array}
\qquad\qquad
\begin{array}{r}
1 \\
x^{4}+x+1\,\overline{)\,x^{4}\qquad\qquad} \\
\underline{-x^{4}+x+1} \\
x+1
\end{array}
$$

図 5.12 多項式の剰余計算

正を理解しやすい 10 進数で説明すると，自然数を素数で割る剰余算で説明できる。例えば，データ 5（正の整数）を符号化する際に 7（素数）倍したとして，復号する側は 35 を同じ素数 7 で割ってやれば 5 を求めることができる。ここで，伝送路の雑音により 35 が 37 と誤って届いた場合，受信側は 7 で割っても割り切れず 5.28… となるが，正の整数を 7（素数）倍していることは既知であるので，最も近い整数である 5 を復号し，誤り訂正を実現できる。ここでは，素数 7 で整数を割った余りが循環 $(0, 1, 2, 3, 4, 5, 6, 0, 1, \cdots)$ する特性を利用しており，循環の範囲の半分未満の誤りであれば訂正できる。

BCH 符号では，x^i を素数に相当する原始多項式で割った余り（関数）が循環する特性を利用し，巡回符号を形成し誤り訂正を行う。さらに，BCH 符号では別（二つ目）の原始多項式を用いて同様の計算をすることで，二つの剰余算から 2 ビットの誤り訂正を実現している。ここでは，前述の α を解にもつ 4 次の原始多項式 $g_1(x) = x^4 + x + 1$ と，α^3 を解にもつ 4 次の原始多項式 $g_3(x) = x^4 + x^3 + x^2 + x + 1$ を適用して，BCH 符号について詳解する。

まず，$g_1(x)$ は既約多項式なので解を α としたとき，すべての解は α^i で求めることができる。図 5.12 で示した $x^i \bmod g(x) = 0$ である場合が解 $\alpha = x$ であるので，x^i は α^i と読み替えることができる。ここで，既約多項式（最小多項式）は以下の条件を満たす係数 a_4, a_3, a_2, a_1, a_0 でなければならない。

$$a_4\alpha^4 + a_3\alpha^3 + a_2\alpha^2 + a_1\alpha^1 + a_0\alpha^0 = 0 \tag{5.6}$$

ここで用いた多項式 $(g_1(x) = x^4 + x + 1)$ の係数である $a_4 = 1$, $a_3 = 0$, $a_2 = 0$, $a_1 = 1$, $a_0 = 1$ となる。この計算は図 **5.13** のように，α^i $(= x^i)$ の符号表現（4 ビット）の 4 連立方程式で求めることができる。

$$\underset{\alpha^4}{\begin{pmatrix}1\\1\\0\\0\end{pmatrix}}\alpha_4+\underset{\alpha^3}{\begin{pmatrix}0\\0\\0\\1\end{pmatrix}}\alpha_3+\underset{\alpha^2}{\begin{pmatrix}0\\0\\1\\0\end{pmatrix}}\alpha_2+\underset{\alpha^1}{\begin{pmatrix}0\\1\\0\\0\end{pmatrix}}\alpha_1+\underset{\alpha^0}{\begin{pmatrix}1\\0\\0\\0\end{pmatrix}}=\begin{pmatrix}0\\0\\0\\0\end{pmatrix}$$

$$\Rightarrow \begin{cases} \alpha_4 + 1 = 0 \\ \alpha_4 + \alpha_1 = 0 \\ \alpha_2 = 0 \\ \alpha_3 = 0 \end{cases}$$

$$\Rightarrow x^4 + x + 1$$

図 **5.13**　α を解にもつ 4 次の多項式の求め方

同様の計算を $g_1(x)$ の解 α を解 α^3 として $a_4\alpha^{12} + a_3\alpha^9 + a_2\alpha^6 + a_1\alpha^3 + a_0\alpha^0 = 0$ から $g_3(x) = x_4 + x_3 + x_2 + x + 1$ を求めることができる（図 **5.14**）。

$$\begin{pmatrix}1\\1\\1\\1\end{pmatrix}\alpha_4+\begin{pmatrix}0\\1\\0\\1\end{pmatrix}\alpha_3+\begin{pmatrix}0\\0\\1\\1\end{pmatrix}\alpha_2+\begin{pmatrix}0\\0\\0\\1\end{pmatrix}\alpha_1+\begin{pmatrix}1\\0\\0\\0\end{pmatrix}=\begin{pmatrix}0\\0\\0\\0\end{pmatrix}$$

$$\Rightarrow \begin{cases} \alpha_4 + 1 = 0 \\ \alpha_4 + \alpha_3 = 0 \\ \alpha_4 + \alpha_2 = 0 \\ \alpha_4 + \alpha_3 + \alpha_2 + \alpha_1 = 0 \end{cases}$$

$$\Rightarrow x^4 + x^3 + x^2 + x + 1$$

図 **5.14**　α^3 を解にもつ 4 次の多項式の求め方

同様の方法で求められる α ごとの 4 次（4 ビット）の α^n の最小多項式を図 **5.15** に示す。

ここでは，$g_1(x)$ と $g_3(x)$ の 2 式を乗じた次式を用いて BCH 符号を生成する。

$$G(x) = g_1(x) \cdot g_3(x)$$

1	$1+x$
$\alpha, \alpha^2, \alpha^4, \alpha^8$	$1+x+x^4$
$\alpha^3, \alpha^6, \alpha^9, \alpha^{12}$	$1+x+x^2+x^3+x^4$
α^5, α^{10}	$1+x+x^2$
$\alpha^7, \alpha^{11}, \alpha^{13}, \alpha^{14}$	$1+x^3+x^4$

図 **5.15** 最小多項式（4 次）

$$
\begin{aligned}
&= (x^4+x+1)(x^4+x^3+x^2+x+1) \\
&= x^8+x^7+x^6+x^4+1 \qquad (5.7)
\end{aligned}
$$

この係数を用いて巡回符号同様に生成行列 G が得られる。

$$G(x) = 1+x^4+x^6+x^7+x^8 \qquad (5.8)$$

$$
\Rightarrow \begin{pmatrix}
1 & 0 & 0 & 0 & 1 & 0 & 1 & 1 & 1 & 0 & 0 & 0 & 0 & 0 & 0 \\
0 & 1 & 0 & 0 & 0 & 1 & 0 & 1 & 1 & 1 & 0 & 0 & 0 & 0 & 0 \\
0 & 0 & 1 & 0 & 0 & 0 & 1 & 0 & 1 & 1 & 1 & 0 & 0 & 0 & 0 \\
0 & 0 & 0 & 1 & 0 & 0 & 0 & 1 & 0 & 1 & 1 & 1 & 0 & 0 & 0 \\
0 & 0 & 0 & 0 & 1 & 0 & 0 & 0 & 1 & 0 & 1 & 1 & 1 & 0 & 0 \\
0 & 0 & 0 & 0 & 0 & 1 & 0 & 0 & 0 & 1 & 0 & 1 & 1 & 1 & 0 \\
0 & 0 & 0 & 0 & 0 & 0 & 1 & 0 & 0 & 0 & 1 & 0 & 1 & 1 & 1
\end{pmatrix} \qquad (5.9)
$$

例えば, 7 ビット情報 $d_1 \sim d_7$ が (1010000) のとき, 符号語 (101010010110000) となる。BCH 符号では受信した符号語を，そのまま x^i の係数に置き換えて, $1+x^2+x^4+x^7+x^9+x^{10}$ として誤り訂正用のシンドローム S_1 を求める。α を解にもつ方程式 $g_1(x)$ を乗じて合成された方程式からできているので, 情報誤りがなければ x に α を代入すれば $S_1 = 0$ となる。同様に, $1+x^2+x^4+x^7+x^9+x^{10}$ の x に α^3 を代入して誤り訂正用のシンドローム $S_2 = 1+x^6+x^{12}+x^{21}+x^{27}+x^{30}$ を求める。ここで, α^i も x^i 同様に巡回するので, α^{15} 以上ではそれぞれ $\alpha^{21} \to \alpha^6$, $\alpha^{27} \to \alpha^{12}$，$\alpha^{30} \to \alpha^0$ と置き換えて計算すれば $S_2 = 0$ となる（図 **5.16**）。

ここで，$g_1(x)$ と $g_3(x)$ はそれぞれ α または α^3 の最小多項式といい，一つに決まる既約多項式である。そのため 2 式の間の関係も確実に求めることができ,

$$
\begin{aligned}
&(d_1\ \ d_2\ \ d_3\ \ d_4\ \ d_5\ \ d_6\ \ d_7) = (1\ \ 0\ \ 1\ \ 0\ \ 0\ \ 0\ \ 0)\\
&\Rightarrow (1\ \ 0\ \ 1\ \ 0\ \ 1\ \ 0\ \ 0\ \ 1\ \ 0\ \ 1\ \ 1\ \ 0\ \ 0\ \ 0\ \ 0)\\
&\Rightarrow \begin{cases} 1 + x^2 + x^4 + x^7 + x^9 + x^{10} \\ 1 + x^6 + x^{12} + x^{21} + x^{27} + x^{30} \end{cases}\\
&\Rightarrow \begin{cases} S_1 = 1 + \alpha^2 + \alpha^4 + \alpha^7 + \alpha^9 + \alpha^{10} \\ S_2 = 1 + \alpha^6 + \alpha^{12} + \alpha^{21} + \alpha^{27} + \alpha^{30} \\ \quad = 1 + \alpha^6 + \alpha^{12} + \alpha^6 + \alpha^{12} + \alpha^0 \\ \quad = 0 \end{cases}
\end{aligned}
$$

図 5.16　シンドロームの計算（誤りなし）

情報誤りが生じて係数が存在しえないものになった場合は，両式の間にひずみ（ズレ）が生じる。このズレを計算することで，情報誤りの場所を特定できる。α を解にもつ 4 次の原始多項式 $g_1(x) = x^4 + x + 1$ と，α^3 を解にもつ 4 次の原始多項式 $g_3(x) = x^4 + x^3 + x^2 + x + 1$ を用いた場合の，2 誤り訂正を行うために適用されるシンドロームの比較式を以下に示す。受信語から計算した S_1 と S_2 を代入し，Z の 2 次式の解を求めることで情報誤りの場所（次数）を知ることができ，誤り訂正が可能となる。Z の 2 次式は以下のように確定できる。

Z 誤りを考えるとき（$S \neq 0$），誤り位置を j，k とすると，次式となる。

$$(1 - \alpha^j Z)(1 - \alpha^k Z) = 1 + (\alpha^j + \alpha^k)Z + \alpha^j \alpha^k Z^2 \tag{5.10}$$

ここで

$$
\begin{aligned}
S_1 &= \alpha^j + \alpha^k\\
S_3 &= \alpha^{3j} + \alpha^{3k}
\end{aligned}
$$

より，次式となる。

$$
\begin{aligned}
{S_1}^3 &= (\alpha^j + \alpha^k)^3\\
&= (\alpha^j + \alpha^k) + \alpha^j \alpha^k (\alpha^j + \alpha^k)\\
&= S_3 + \alpha^j \alpha^k S_1 \qquad (5.11)
\end{aligned}
$$

よって，次式となる。

$$\alpha^j \alpha^k = ({S_1}^3 + S_3)S_1{-1} \tag{5.12}$$

式 (5.12) と式 (5.11) を式 (5.10) に代入すると

$$1 + S_1 Z + ({S_1}^3 + S_3){S_1}^{-1} Z^2 \qquad 2\text{誤り訂正} \tag{5.13}$$

符号語 (101010010110000) の左から 2 ビットに情報誤りが発生し (011010010110000) となった場合を例に，誤り訂正の様子を図 **5.17** に示す。$Z = 1, \alpha$ となり，2 ビットの情報誤りが検出され訂正（0/1 反転）できることがわかる。

（0 1 1 0 1 0 0 1 0 1 1 0 0 0 0）

$$\Rightarrow \begin{cases} x + x^2 + x^4 + x^7 + x^9 + x^{10} \\ x^3 + x^6 + x^{12} + x^{21} + x^{27} + x^{30} \end{cases}$$

$$\begin{cases} S_1 = 1 + \alpha \\ S_2 = 1 + \alpha^3 \end{cases}$$

$$1 + (1 + \alpha) Z + \frac{((1 + \alpha)^3 + 1 + \alpha^3) Z^2}{1 + \alpha}$$

$$= 1 + (1 + \alpha) Z + \alpha Z^2$$

$$= (Z + \alpha)(Z + 1) \cdots Z$$
$$= 1, \alpha$$

図 **5.17** シンドロームの計算と誤り訂正

例題 5.4 $GF(2^4)$ において α を解にもつ最小多項式 $g_1(x) = 1 + x + x^4$ と α^3 を解にもつ最小多項式 $g_3(x) = 1 + x + x^2 + x^3 + x^4$ を用いて生成行列 $G(x) = g_1(x) \cdot g_3(x)$ を作り，BCH 符号を生成して送付したところ 001010010110000 を受信した。シンドローム S_1 と S_2 を求め，情報誤りの有無を確認せよ。

【解答】 図 5.11 を用いて，図 5.17 同様に計算すればよい。

$$\Rightarrow \begin{cases} x^2 + x^4 + x^7 + x^9 + x^{10} \\ x^6 + x^{12} + x^{21} + x^{27} + x^{30} \end{cases}$$

$$
\Rightarrow \begin{cases} S_1 = \alpha^2 + \alpha^4 + \alpha^7 + \alpha^9 + \alpha^{10} \\ \quad = 1 \\ S_2 = \alpha^6 + \alpha^{12} + \alpha^{21} + \alpha^{27} + \alpha^{30} \\ \quad = \alpha^6 + \alpha^{12} + \alpha^6 + \alpha^{12} + \alpha^0 \\ \quad = 1 \end{cases}
$$

$Z = 1$ となり，1 ビット目が誤り。　◇

5.5　リード・ソロモン符号（RS 符号）

リード・ソロモン符号は，BCH 符号の改良版として提案され，考案者の名前（Reed–Solomon）からリード・ソロモン符号と命名された。BCH 符号と同様にガロア体としての演算特性を利用しており，演算（回路）は複雑になるが，誤り訂正能力が高く，広く実用化されている。例えば，CD（コンパクトディスク）やデジタル放送などで適用されている。

原理は BCH 符号と同様であるが，BCH 符号が x^i の各次数の係数（0/1）単位として符号語を表現したのに対して，リード・ソロモン符号では係数を複数ビットからなるブロック（ワード）単位で処理をする。これにより，BCH 符号がビット単位の誤り訂正であったのに対して，リード・ソロモン符号ではワード（ブロック）単位で誤り訂正ができるため，一定量以下のバースト誤りにも対処できる。

1 ブロックの大きさが m（ビット）のリード・ソロモン符号は，$n(\leqq 2^m - 1)$ ブロックから構成され，t ブロックの誤り訂正を実現するためには，$2t$ ブロックの検査部分を用意する必要がある。そのため情報部分は $(n - 2t)$ ブロックとなる。例えば，1 ブロックのサイズが 3 ビット（$m = 3$）の場合で，全体 5 ブロック（$n = 5$），1 ブロック（$t = 1$）誤り訂正可能なリード・ソロモン符号について説明する。具体的には図 **5.18** のような 5 ブロック（15 ビット）からなり，3 ブロック（9 ビット）が情報ブロック D で，2 ブロック（6 ビット）が検査ブロック R となる。

情報			検査	
D_1	D_2	D_3	R_1	R_2
$d_{11}d_{12}d_{13}$	$d_{21}d_{22}d_{23}$	$d_{31}d_{32}d_{33}$	$r_{11}r_{12}r_{13}$	$r_{21}r_{22}r_{23}$

図 5.18　リード・ソロモン符号の構成

はじめに，m ビット単位の演算を行うために，m ビットの巡回符号を生成する原始多項式を決める。ここでは，α を解にもつ 3 次（$= m$）の原始多項式 $g(x) = x^3 + x + 1$ を適用する。BCH 符号の計算（図 5.11）と同様に $x^i \bmod g(x)$ から $\alpha^i (= x^i)$ を求め，α（空間）における加算（$+$）と乗算（$\times$）の関係を明確にする。求めた符号と演算表を**図 5.19** に示す。

	$x^i \bmod g(x)$	符号	α
x^0	1	1　0　0	1
x^1	x	0　1　0	α
x^2	x^2	0　0　1	α^2
x^3	$1 + x$	1　1　0	$\alpha^3 = \alpha + 1$
x^4	$x + x^2$	0　1　1	$\alpha^4 = \alpha + \alpha^2$
x^5	$1 + x + x^2$	1　1　1	$\alpha^5 = 1 + \alpha + \alpha^2$
x^6	$1 + x^2$	1　0　1	$\alpha^6 = 1 + \alpha^2$

図 5.19　$x^i \bmod g(x)$ の計算

ここで得られた α^i（3 ビット）間の加算と乗算の関係をまとめると**図 5.20** と**図 5.21** のとおりになる。

加算について図 5.21 中にないものは，各 α^n を加算形式に置き換えてから，計算して求めることができる。例えば，$\alpha^5 + \alpha^6$ では

$$\begin{aligned} \alpha^5 + \alpha^6 &= (1 + \alpha + \alpha^2) + (1 + \alpha^2) \\ &= \alpha \end{aligned} \tag{5.14}$$

となる。また乗算については，巡回符号のときと同様に，$\alpha^7 \to \alpha^0$ に置き換えて求めることができる。5.4 節の BCH 符号の際に行った x^i の係数（0/1）を図

×	1	α	α^2	α^3	α^4	α^5	α^6
1	1	α	α^2	α^3	α^4	α^5	α^6
α	α	α^2	α^3	α^4	α^5	α^6	1
α^2	α^2	α^3	α^4	α^5	α^6	1	α
α^3	α^3	α^4	α^5	α^6	1	α	α^2
α^4	α^4	α^5	α^6	1	α	α^2	α^3
α^5	α^5	α^6	1	α	α^2	α^3	α^4
α^6	α^6	1	α	α^2	α^3	α^4	α^5

	100	010	001	110	011	111	101
100	100	010	001	110	011	111	101
010	010	001	110	011	111	101	100
001	001	110	011	111	101	100	010
110	110	011	111	101	100	010	001
011	011	111	101	100	010	001	110
111	111	101	100	010	001	110	011
101	101	100	010	001	110	011	111

図 5.20　x^3+x+1 の解 α における乗算の計算 (3 ビット)

+	1	α	α^2	α^3	α^4	α^5	α^6
1	0	α^3	α^6	α	α^5	α^4	α^2
α	α^3	0	α^4	1	α^2	α^6	α^5
α^2	α^6	α^4	0	α^5	α	α^3	1
α^3	α	1	α^5	0	α^6	α^2	α^4
α^4	α^5	α^2	α	α^6	0	1	α^3
α^5	α^4	α^6	α^3	α^2	1	0	α
α^6	α^2	α^5	1	α^4	α^3	α	0

	100	010	001	110	011	111	101
100	000	110	101	010	111	011	001
010	110	000	011	100	001	101	111
001	101	011	000	111	010	110	100
110	010	100	111	000	101	001	011
011	111	001	010	101	000	100	110
111	011	101	110	001	100	000	010
101	001	111	100	011	110	010	000

図 5.21　x^3+x+1 の解 α における加算の計算 (3 ビット)

5.20 の 3 ビット間の演算に置き換えて，リード・ソロモン符号における誤り訂正を実現する。

つぎに，誤り訂正を行うための BCH 符号と同様にシンドローム S_1 と S_2 を定義する。BCH 符号とは異なり 3 ビットどうしの演算は複雑なので，説明の順番は逆になるが，先に S_1 と S_2 を定義して，のちに検査ブロック R_1 と R_2

の設定方法について説明する。ここでは，誤り訂正用のシンドローム S_1 と S_2 を次式で定義したとする。

$$S_1 = D_1 + D_2 + D_3 + R_1 + R_2 \tag{5.15}$$

$$S_2 = \alpha D_1 + \alpha^2 D_2 + \alpha^3 D_3 + \alpha^4 R_1 + \alpha^5 R_2 \tag{5.16}$$

S_1 はリード・ソロモン符号の各ブロックの和で表現され，S_2 は S_1 の各ブロックごとに α^i を乗じた形になっている。ここで，α^i は独立な元（解）であるため，もし D_1 に誤りがあれば α^1 の計数にひずみが生じ，誤りを見つけることができる。また，誤りの場所を特定したら，シンドローム S_1 と S_2 が等しく（$= 0$）なるように，α^1 の計数（D_1）を修正してやればよい。つぎに，誤りがない場合にはシンドローム $S_1 = S_2 = 0$ となるように，検査ブロック R_1 と R_2 を設定する。R_1 と R_2 は，次式のように D_1～D_3 の係数として R_1 と R_2 で異なる α^i を乗じたものを足し合わせて表現する。

$$R_1 = \alpha^6 D_1 + \alpha^3 D_2 + \alpha^2 D_3 \tag{5.17}$$

$$R_2 = \alpha^2 D_1 + \alpha D_2 + \alpha^6 D_3 \tag{5.18}$$

ここで，α^6 と α^3 を和算の形にして代入して計算すると次式のようになり，$R_1 + R_2$ は D_1～D_3 を合わせたものになる。これにより，R_1 と R_2 を検査ブロックとして付加しても，シンドロームは 0 になる。

$$\begin{aligned} R_1 &= \alpha^6 D_1 + \alpha^3 D_2 + \alpha^2 D_3 \\ &= (1 + \alpha^2) D_1 + (\alpha + 1) D_2 + \alpha^2 D_3 \end{aligned} \tag{5.19}$$

$$\begin{aligned} R_2 &= \alpha^2 D_1 + \alpha D_2 + \alpha^6 D_3 \\ &= \alpha^2 D_1 + \alpha D_2 + (1 + \alpha^2) D_3 \end{aligned} \tag{5.20}$$

$$R_1 + R_2 = D_1 + D_2 + D_3 \tag{5.21}$$

実際にリード・ソロモン符号を利用して，誤り訂正を行ってみる。例えば，$D_1 = 1$，$D_2 = 2$，$D_3 = 3$ の場合，次式のようになる。

$$
\begin{aligned}
(D_1, D_2, D_3) &= (1, 2, 3) \\
&= (100, 010, 110) \\
&= (1, \alpha, \alpha^3)
\end{aligned}
\tag{5.22}
$$

この情報ブロック $D_1 \sim D_3$ から検査ブロック R_1 と R_2 を計算する。

$$
\begin{aligned}
R_1 &= \alpha^6 \cdot 1 + \alpha^3 \cdot \alpha + \alpha^2 \cdot \alpha^3 \\
&= \alpha^6 + \alpha^4 + \alpha^5 \\
&= \alpha^6 + 1 \\
&= \alpha^2 \cdots (001)
\end{aligned}
\tag{5.23}
$$

$$
\begin{aligned}
R_2 &= \alpha^2 \cdot 1 + \alpha \cdot \alpha + \alpha^6 \cdot \alpha^3 \\
&= \alpha^2 + \alpha^2 + \alpha^2 \\
&= \alpha^2 \cdots (001)
\end{aligned}
\tag{5.24}
$$

以上の情報ブロックと検査ブロックをまとめて，図 **5.22** のようにリード・ソロモン符号を構成する。

D_1	D_2	D_3	R_1	R_2
100	010	110	001	001

図 5.22　リード・ソロモン符号

リード・ソロモン符号からシンドロームを計算すると次式のとおり，0 になることが確認できる。

$$
\begin{aligned}
S_1 &= 1 + \alpha^6 + \alpha^3 + \alpha^2 + \alpha^2 \\
&= 1 + \alpha + \alpha^3 = 0
\end{aligned}
\tag{5.25}
$$

$$
\begin{aligned}
S_2 &= \alpha \cdot 1 + \alpha^2 \cdot \alpha + \alpha^3 \cdot \alpha^3 + \alpha^4 \cdot \alpha^2 + \alpha^5 \cdot \alpha^2 \\
&= \alpha + \alpha^3 + \alpha^6 + \alpha^6 + 1 \\
&= \alpha + \alpha^3 + 1 = 0
\end{aligned}
\tag{5.26}
$$

ここで，D_1 に（バースト）誤りが生じ，**図 5.23** のように連続する 3 ビットに誤りが発生したとして，この受信符号語から誤り訂正を行ってみる。

D_1	D_2	D_3	R_1	R_2
011	010	110	001	001

図 5.23　受信符号語（情報誤りあり）

はじめに，図の受信符号語からシンドロームを計算する。今回は，情報誤りにより $D_1 = (011) = \alpha^4$ となっているので，両シンドロームともに 0 にはならないことがわかる。

$$\begin{aligned}
S_1 &= \alpha^4 + \alpha + \alpha^3 + \alpha^2 + \alpha^2 \\
&= \alpha^4 + \alpha + \alpha^3 \\
&= \alpha^4 + 1 \\
&= \alpha^5 \qquad (5.27)
\end{aligned}$$

$$\begin{aligned}
S_2 &= \alpha \cdot \alpha^4 + \alpha^2 \cdot \alpha + \alpha^3 \cdot \alpha^3 + \alpha^4 \cdot \alpha^2 + \alpha^5 \cdot \alpha^2 \\
&= \alpha^5 + \alpha^3 + \alpha^6 + \alpha^6 + 1 \\
&= \alpha^5 + \alpha^3 + 1 \\
&= \alpha^5 + \alpha \\
&= \alpha^6 \qquad (5.28)
\end{aligned}$$

この二つの値の違い（乗数）を比較することで，誤りが 1 ブロックにあることがわかる。

$$S_2 = \alpha^i S_1 \qquad (5.29)$$

$$\alpha^6 = \alpha^i \alpha^5 \quad \Rightarrow \quad i = 1$$

よって，1 ブロック目が誤りとなる。1 ブロック目を α^i として S を計算すると

$$\begin{aligned}
S_1 &= \alpha^i + \alpha + \alpha^3 + \alpha^2 + \alpha^2 \\
&= \alpha^i + \alpha + \alpha^3
\end{aligned}$$

$$= \alpha^i + 1$$

$$= 0 \tag{5.30}$$

$$\therefore \quad \alpha^i = 1$$

$$D_1 = (100) = 1 \tag{5.31}$$

となり，1 ブロック目全体の誤り訂正ができたことがわかる。

例題 5.5　図 5.18 と同様に，1 ブロック 3 ビットで情報 3 ブロック（D_1〜D_3）と付加 2 ブロック（R_1〜R_2）の順でリード・ソロモン符号を用いて送付したところ，100，000，110，001，001 の 5 ブロック（15 ビット）を受信した。原始多項式 $g(x) = x^3 + x + 1$ の根を α として $x^i \bmod g(x)$ からシンドローム S_1 と S_2 は下式となる（式 (5.15)，(5.16) 参照）。誤りのあるブロック（D_1〜C_2）と正しい 3 ビットの値を示せ。

$$S_1 = D_1 + D_2 + D_3 + C_1 + C_2$$

$$S_2 = \alpha D_1 + \alpha^2 D_2 + \alpha^3 D_3 + \alpha^4 C_1 + \alpha^5 C_2$$

【解答】　式 (5.27) から式 (5.28) と同様に計算して

$$S_1 = 1 + 0 + \alpha^3 + \alpha^2 + \alpha^2$$

$$= 1 + \alpha^3 = \alpha$$

$$S_2 = \alpha \cdot 1 + \alpha^2 \cdot 0 + \alpha^3\alpha^3 + \alpha^4\alpha^2 + \alpha^5\alpha^2$$

$$= \alpha + \alpha^6\alpha^6 + \alpha^5\alpha^2$$

$$= \alpha^3$$

式 (5.29) より 2 ブロック目（D_2）に誤りがあるとわかるので，式 (5.30) と同様に計算して D_2 に誤りがあり (010) と修正できる。　◇

5.6　畳み込み符号

畳み込み符号は，文字どおり情報符号を畳み込み，符号の中に埋め込む（畳み込む）ことで誤り訂正を実現する符号化である。誤り訂正能力が高く，携帯電話回線に代表される多くのディジタル無線通信方式で実用化されている。

原理的には，情報符号を畳み込み符号化する際に，現時点より前の情報符号との関係性を利用して，畳み込み符号のパターンを制限することで実現する。畳み込み符号のパターンを制限することで，情報誤りが生じた場合，ありえないパターンが検出されたときに，ありえるパターンに修正することで誤り訂正を実現する。

畳み込み符号による誤り訂正は，家系図の誤りを見つけだすことに似ている。例えば，士農工商の四つの身分制度が続く中での家系図があったとして，「武士の子は武士か農民」，「農民の子は職人か商人」，「職人の子は職人か商人」，「商人の子は農民か武士」にしかなれないという厳格な掟があったとして，もし途中でこの掟に合わない親子がいれば書き間違いであると気づくことができる。

畳み込み符号化では，パターンの制限を**図 5.24** に示すような複数のフィードバックをもつ符号化器で実現している。ここでは，図 5.24 のような符号化率 1/2，拘束長 3 の畳み込み符号化を例に説明する。符号化率 1/2 なので，情報符号を 1 ビット入力すると，C_1 と C_2 の 2 ビットの畳み込み符号を出力する。また，拘束長 (3) とは，何ビット分の情報符号から畳み込み符号を計算するかを示す値で，畳み込み積分の積分区間に相当する。

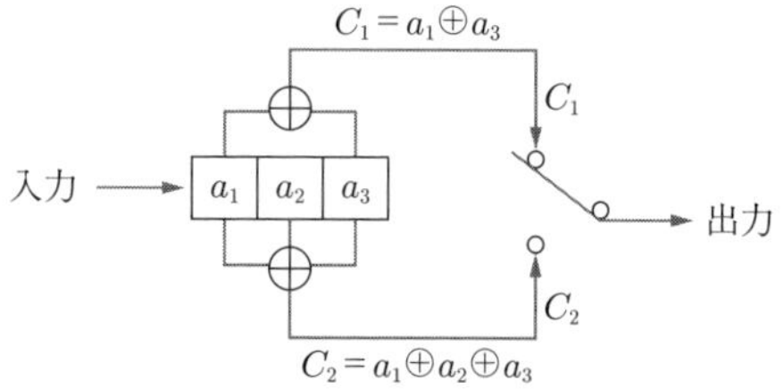

図 5.24　畳み込み符号化器（例）

この畳み込み符号化器では，左側の入力部分から情報符号が 1 ビットずつ a_1 に入力され，a_1 の値は右に 1 ビットシフトして a_2 に，a_2 も同様にシフトして a_3 に，a_3 の値は削除となる。a_1～a_3 の初期値は符号化の際に決めておくことができるが，初期状態を簡略化するために，今回は $(a_1a_2a_3) = (000)$ とする。ここで，a_2 と a_3 に入っている 0/1 のパターンにより，図 **5.25** のように $\alpha(00)$，$\beta(10)$，$\gamma(01)$，$\delta(11)$ の 4 状態を想定する。

状態	a_2	a_3
α	0	0
β	1	0
γ	0	1
δ	1	1

図 5.25　畳み込み符号化器の 4 状態

この 4 状態のときに a_1 に 0/1 どちらがあるかによって，C_1，C_2 の出力パターンが制限される。これにより図 **5.26** のように，α から δ の各 4 状態からそれぞれ制限された 2 状態への状態遷移が発生する。この 4 状態間の状態遷移が，先に例に出した家系図の士農工商に相当している。

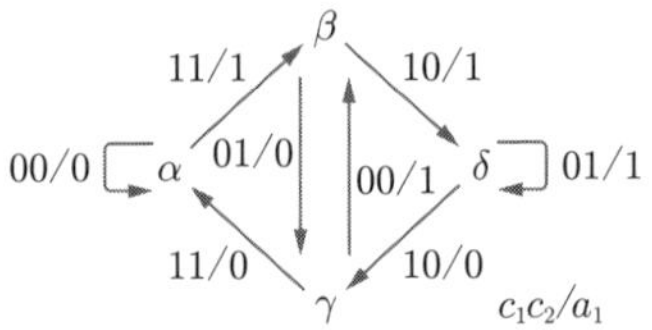

図 5.26　畳み込み符号化器の状態遷移

この場合は初期値 $(a_1a_2a_3) = (000)$ であるので，一番はじめの状態は α である。このあとに入る情報符号の 0/1 の値により，状態が遷移していく様子を図示したものをトレリス線図という。今回の畳み込み符号におけるトレリス線図を図 **5.27** に示す。

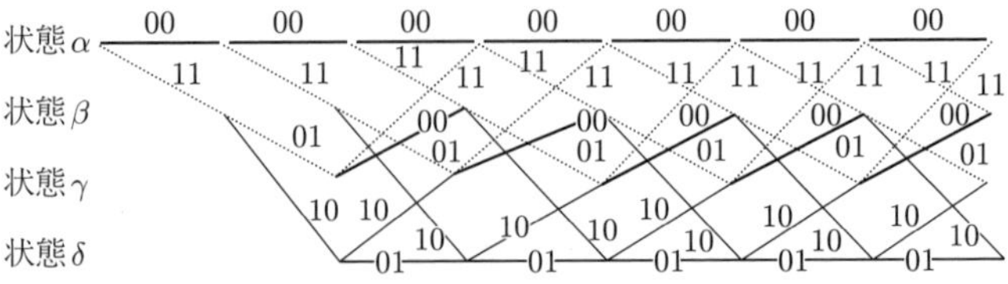

図 5.27　畳み込み符号におけるトレリス線図

この畳み込み符号化器を例に，実際に誤り訂正を行ってみる。ここで例えば，(1010101) の 7 ビットの情報符号を畳み込み符号化器に入力したとする。1～7 ビット目の情報符号が符号化器に入力された時点の $a_1 \sim a_3$ の内部状態と，これらから計算される畳み込み符号 C_1，C_2 の様子を図 **5.28** に示す。

情報ビット	a_1	a_2	a_3
1	1	0	0
2	0	1	0
3	1	0	1
4	0	1	0
5	1	0	1
6	0	1	0
7	1	0	1

⇒ 畳み込み符号

C_1	C_2
1	1
0	1
0	0
0	1
0	0
0	1
0	0

図 5.28　畳み込み符号の生成

結果として，以下のように畳み込み符号化された。

情報　　　　畳み込み符号

(1010101) ⇒ (11010001000100)

この畳み込み符号が，先のトレリス線図上をどのように遷移してきたかを図 **5.29** 中の太線で示す。太線の経路上にある数字（0）は，トレリス線図の経路との誤差（ハミング距離）を示しており，今回は情報誤りがないので，0 のまま最終点（右端）にたどり着いていることが確認できる。

つぎに，畳み込み符号における誤り訂正に相当する**ビタビ復号**を行う。ビタビ復号では，トレリス線図上の状態遷移を行い，誤差が発生した場合，ハミン

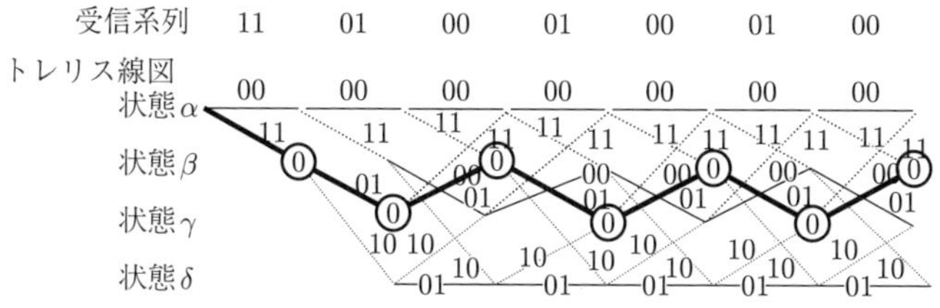

図 5.29　トレリス線図上の状態遷移

グ距離が最小の経路を見つけだし，その経路が誤りのない正しい経路であったと推定し，復号を行う。

例えば，今回の受信系列の最初の 2 ビット（11…）が通信路の雑音により，(00…）と誤って受信された場合を例に，ビタビ復号による誤り訂正を行う。ビタビ復号の様子を**図 5.30** に示す。図中の太点線部分がトレリス線図上で相違（誤差）が生じた状態遷移を示し，○の中の数値が該当経路のハミング距離（累計）を示している。ここでは，図を見やすくするために，ハミング距離が 3 になったら，その経路は打ち切っているが，実際には誤り上限を超えるまで経路選択を行う。

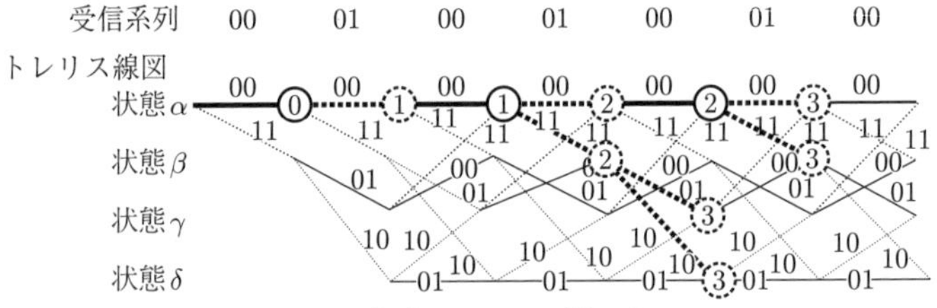

（a）　α–α–α パターン

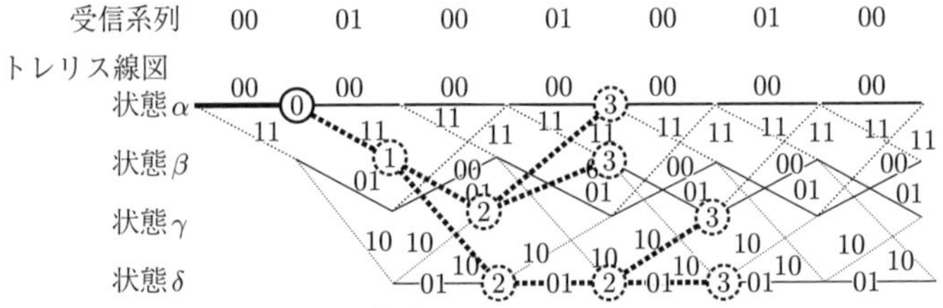

（b）　α–α–β パターン

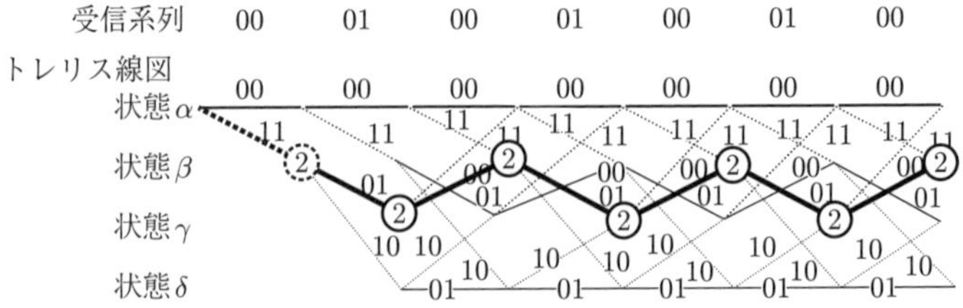

（c）　最小ハミング距離パターン

図 5.30　ビタビ復号

図 5.30 に示すとおり，(a)と(b)は途中でハミング距離が 3 以上になってしまうが，(c)は右端までハミング距離が 2 に留まっており，正しいルートに最も近いことがわかる。ここで，(c)のルートにおいて，誤差を生じた部分（太点線）の正しい値が (11) であったことから，(00) を (11) と誤り訂正すればよいことが確認できる。

例題 5.6　図 5.24 に示す畳み込み符号化器（符号化器初期値 000）を用いて 7 ビットのデータから生成された畳み込み符号 11，00，00，00，00，00，00 を受信したとき，2 ビット以下の誤りが含まれていると仮定して，ハミング距離を求めて誤り訂正を行え。

【解答】　図 5.27 のトレリス線図を用いて最小ハミング距離を求めると 2 となり，最初の 2 ビットが 00 のときにハミング距離が 0 となることから，最初の 2 ビットを 11 から 00 に訂正すればよいことがわかる。　◇

5.7　連接符号とターボ符号

無線回線に代表されるディジタル伝送路においては，バースト誤りとランダム誤りの双方が多発する可能性があるため，**図 5.31** に示すような連接符号が用いられてきた。バースト誤りに効果があるリード・ソロモン符号と，ランダム誤りに効果がある畳み込み符号を直列に組み合わせることで，高い誤り耐性を維持してきた。

さらに，誤り訂正能力を向上させるために，さまざまな誤り訂正方式が提案されてきたが，新しい誤り訂正では符号化器を並列（または繰り返し）に組み

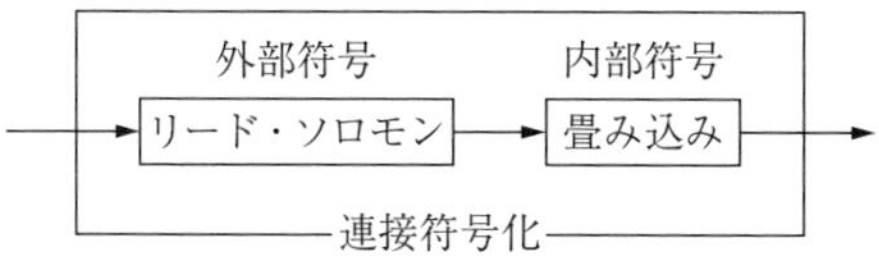

図 5.31　連 接 符 号

合わせる方式が主流になってきている。代表的な誤り訂正符号に，第三・四世代携帯電話や衛星回線（インマルサット）でも適用されたターボ符号がある。**ターボ符号**は，符号長を十分に長くとることで，シャノン限界に近い誤り訂正能力があることが知られている。

ターボ符号は**図 5.32** のように，二つの畳み込み（フィードバック付き）符号化器から構成されている。ターボ符号の構成例を**図 5.33** に示す。ターボ符号では，一つ目のルートは情報符号をそのまま送り，二つ目のルートは情報符号に対してフィードバック付きの畳み込みを行い，三つ目のルートは情報符号をインターリーブ（並べ替え）してから同様に畳み込みを行う。受信側では，それぞれのルートで符号化された逆の手順で復号し比較するとともに，繰り返し復号を行うことで高い誤り訂正能力を確保している。

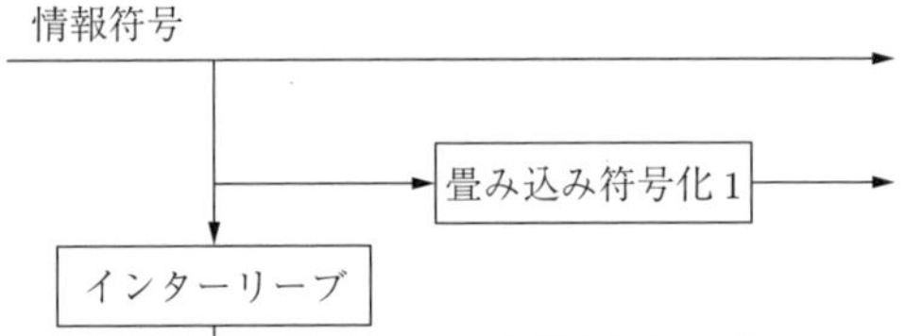

図 5.32　ターボ符号化器の構成

情報符号	畳み込み符号 1	畳み込み符号 1

図 5.33　ターボ符号の構成

また，ターボ符号よりもシャノン限界に近い性能を誇る誤り訂正符号に **LDPC** (low-density parity-check) **符号**がある。これは低密度パリティ検査符号の名前のとおり，非常に低密度（疎）な行列を用いて符号化を行う。ターボ符号に比べて復号時の繰り返し演算処理が少なく，効率的に誤り訂正を実現できる。また，ターボ符号では一定の誤り率から，エラーフロアといわれる性能低下が起こってしまうが，LDPC 符号ではエラーフロアを抑えることができる。そのため，新しい無線 LAN（IEEE 802.11n）や WiMAX（IEEE 802.16e）などで適用されている。

5.8 暗号への応用

5.8.1 暗号と鍵

符号理論は暗号分野にも応用されており，基本的な原理の多くは誤り訂正符号と重なる部分がある。ここでは，暗号への適用についても触れておく。

暗号化とは，第三者に通信（記録）内容が読まれないように施す符号化を指し，暗号をもとの情報に戻すことを復号という。ここで，暗号化または復号の際に用いられる送受信者間で共有する情報のことを鍵といい，暗号化する際に用いられる鍵を暗号鍵，復号の際に用いられる鍵を復号鍵という。また，暗号化される前の情報（文）を平文といい，暗号化後の記号列を暗号文という。

暗号化：平　文＋暗号鍵 ⇒ 暗号文

復　号：暗号文＋復号鍵 ⇒ 平　文

暗号は**共通鍵**（対称）暗号と**公開鍵**（非対称）暗号に大別され，対称暗号では暗号鍵と復号鍵で同一の鍵を利用するが，非対称暗号では暗号鍵と復号鍵で異なる鍵を適用する。共通鍵暗号は送受信間で共通の鍵を共有するもので，簡単に実現できるが，通信相手ごとに異なる鍵を用意する必要がある。一方，公開鍵では，自身に暗号文を送る相手全員に共通（1 種類）の公開鍵を配布することで実現できるため，インターネットに代表される不特定多数を相手のする通信に向いている。

共通鍵（対称）暗号　：暗号鍵＝復号鍵

公開鍵（非対称）暗号：暗号鍵≠復号鍵

最も古典的な暗号としては，古代ローマで用いられたシーザー暗号が有名である。シーザー暗号では，換字式といわれる文字（アルファベット）を入れ替えるだけの暗号化が行われるが，文字の発生確率や文章構成から容易に解読されてしまう。そのため，さまざまな新しい暗号化が開発されてきた。ここでは，符号理論で詳解した技法を利用した暗号化手法として，共通鍵暗号ではヒル（Hill）暗号，公開鍵暗号ではRSA（Rivest，Shamir，Adleman）暗号について説明する。

5.8.2 ヒル暗号

ヒル暗号は，行列による変換と剰余計算により暗号化を行う。暗号鍵である行列と復号鍵である逆行列がペアになっており，いずれか片方がわかれば残りの片方も容易に求めることができるため，代表的な共通鍵暗号といえる。情報（行）列を D，暗号化のための行列を C，暗号（行）列を H とすると，暗号化と復号はつぎのように定義される。ここで，剰余を計算する際の A は暗号化に用いる行列 C の行列式とたがいに素である整数で，かつ暗号化するアルファベット数よりも大きい数でなければならない。また，復号で用いる C^{-1} は暗号化で用いた C の逆行列だが $(\mathrm{mod}\ A)$ 上での計算により求められなければならない。

暗号化：$C \times D = H \pmod{A}$

復　号：$C^{-1} \times H = D \pmod{A}$

暗号化の流れを以下に示す。

1. 文字（アルファベット）を数値化
2. 行列により変換
3. 剰余（文字の種類数）を求め文字（暗号）に変換

復号の流れを以下に示す。

1. 文字（暗号）を数値化
2. 逆行列により変換
3. 剰余（文字の種類数）を求め文字（アルファベット）に変換

ここで，以下に示す行列 C を例に，アルファベット26文字（$A = 26$）を例に暗号化と復号の計算を示す。ここでは，実際の暗号化では用いられないが，計算を簡素にするために 2 文字単位で暗号化する 2×2 行列で行列式が 1 となる行列 C を用いて説明する。まず，行列から逆行列を求める。ここで mod 26 の計算により，-1 は 25 に -5 は 21 に置き換えて C^{-1} が確定する。

$$C = \begin{pmatrix} 2 & 1 \\ 5 & 3 \end{pmatrix} \Rightarrow C^{-1} = \begin{pmatrix} 3 & -1 \\ -5 & 2 \end{pmatrix} \tag{5.32}$$

$$\equiv \begin{pmatrix} 3 & 25 \\ 21 & 2 \end{pmatrix} \pmod{26}$$

例えば，2 文字の情報 $(B\ Z)$ を符号化する場合，アルファベットを 0〜25 の数値に置換するため，アルファベットの順番から $B = 1$，$Z = 25$ とする。これを D に代入し mod 26 から暗号 $(1\ 2) = (B\ C)$ が得られる。

$$\begin{matrix} (B & Z) \\ 1 & 25 \end{matrix} \Rightarrow \begin{pmatrix} 2 & 1 \\ 5 & 3 \end{pmatrix} \begin{pmatrix} 1 \\ 25 \end{pmatrix} = \begin{pmatrix} 27 & 80 \end{pmatrix} \tag{5.33}$$

$$\equiv \begin{pmatrix} 1 & 2 \end{pmatrix} \pmod{26} \qquad = \begin{pmatrix} B & C \end{pmatrix}$$

一方，復号側では同様の処理を逆行列 C^{-1} で行うことにより，情報 $(B\ Z)$ が得られる。

$$\begin{matrix} (B & C) \\ 1 & 2 \end{matrix} \Rightarrow \begin{pmatrix} 3 & 25 \\ 21 & 2 \end{pmatrix} \begin{pmatrix} 1 \\ 2 \end{pmatrix} = \begin{pmatrix} 53 & 25 \end{pmatrix} \tag{5.34}$$

$$\equiv \begin{pmatrix} 1 & 25 \end{pmatrix} \pmod{26} \qquad = \begin{pmatrix} B & Z \end{pmatrix}$$

暗号化と復号が成功していることが確認できる。

例題 5.7　5.8.2 項で説明した方法により式 (5.33) を用いてヒル暗号を作成したところ，文字列行列 $(B\ D)$ が得られた。復号してもとの文字列を求めよ。

【解答】

$$\begin{matrix} (B & D) \\ 1 & 3 \end{matrix} \Rightarrow \begin{pmatrix} 3 & 25 \\ 21 & 2 \end{pmatrix} \begin{pmatrix} 1 \\ 3 \end{pmatrix} = \begin{pmatrix} 78 & 27 \end{pmatrix}$$

$\equiv \begin{pmatrix} 0 & 1 \end{pmatrix} \pmod{26}$　　　$= \begin{pmatrix} A & B \end{pmatrix}$ もとの文字列は (A B)

◇

5.8.3 RSA　暗　号

RSA 暗号は開発者 3 人の頭文字から命名された公開鍵暗号方式である。インターネットなどでは**図 5.34** のように，例えば Web サイト側が公開鍵をネット上で公開し暗号文を送る側に配布する。暗号文を送るユーザ（クライアント）側は，公開鍵を用いて暗号化を行い Web サイト側に暗号文を送ることができる。Web サイト側は秘密鍵を所有（作成）しており復号が可能となる。

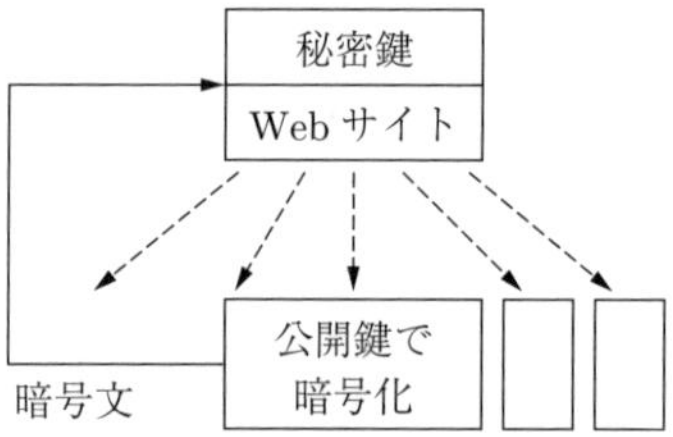

図 5.34　公開鍵暗号方式

各鍵の生成の流れは以下のとおりである。

1. 素数 a, b を決め $c = a \cdot b$ とする。

2. $d = (a-1)(b-1)$ とし，その最小公倍数とたがいに素である正の整数 e を求める。

3. $ef \equiv 1 \pmod{d}$ を満たす正の整数 f を求める。

　　暗号鍵 c，e（公開鍵）

　　復号鍵 a，b（秘密鍵）

これらの鍵を用いた暗号化側の処理の流れと復号側の処理の流れを以下に示す。

暗号化

1. 文字（アルファベット）を数値化

2. $y \equiv x^e \pmod{c}$ を計算（暗号）

復号

1. $ef \equiv 1 \pmod{d}$ を満たす正の整数 f を計算

2. $z \equiv y^f \pmod{c}$ となる z を求め文字に変換

$a = 5$，$b = 7$ のときに文字 C（$= 2$）を暗号化，復号した場合を例に処理の流れを以下に示す。

鍵の生成（例）

1. $a = 5$，$b = 7$ のとき，$c = 5 \times 7 = 35$

2. $d = (5-1)(7-1) = 4 \times 6 = 24 \to 12$

   たがいに素となる $e = 11$

3. $ef \equiv 1 \pmod{12}$ となる整数 $f = 11$

暗号化（例）

1. 文字 D を数値化 $\to 3$

2. 暗号 $y = 3^{11} \equiv 177147 \pmod{35} \to 12$

復号（例）

1. $e = 11, f = 11$（鍵の生成より）

2. 平文 $z = 12^{11} \equiv 743008370688 \pmod{35} \to 3 \to$ D

暗号化と復号が成功していることが確認できる。

例題 5.8 5.8.3 項で説明した方法で RAS 暗号化したところ (6) が得られた。復号してもとの文字を求めよ。

【解答】 5.8.3 項の復号と同様に平文 $z = 6^{11} = 362797056 \pmod{35} \to 6 \to$ G

文字 (G) ◇

6 マルチメディア符号化の基礎

情報理論や符号理論の原理は，広く情報通信や情報記録の分野を中心に，今日のマルチメディア符号化に適用されている。

本章では，音声や画像などマルチメディア情報の符号化で用いられている基盤技術と基本的な符号化について詳解する。

6.1 符号化の基礎

われわれの身のまわりにある音や光は，人間にはアナログ信号として知覚される。**アナログ信号**とは，時間的に連続的に変化している信号を指す。例えば，音は空気の振動の大小を耳（鼓膜）が知覚し，言葉や音楽として認識される。また，光は3原色の強度として目（視神経）が知覚し，色や形として認識される。音の強度はアナログ的に変化するため，音をマイクで収音してオシロスコープで見ると，音の大きさに応じたアナログ信号の振幅変化として表示される。同様に光も受光素子を通して見れば，アナログ波形として観測することができる。

当初の通信や記録においては，こうしたアナログ信号の強弱を直接，電気信号に変換して，磁気テープなどに記録していた。さらに，アナログ信号処理を用いた帯域圧縮や，雑音による影響の低減が行われてきたが，アナログ信号処理の精度や効率は十分なものではなかった。そのためアナログ信号をディジタル信号に変換し，ディジタル信号処理による情報量圧縮や，誤り訂正符号処理による雑音の影響低減が行われるようになった。アナログ信号処理はアナログ回路により実現されるが，アナログ回路の動作はディジタル回路に比べて安定性や処理精度が高くなく，理論値に近い効果が出せない。また，アナログ回路は多くのアナログ素子から構成され，パーツの集約化が難しいため，どうしてもサイズ（規模）が大きくなってしまい，消費電力の低減も難しい。

ディジタル信号とは，時間的に離散的に変化する信号で，1 や 0 といった離散的な数値で大きさを表現する。ディジタル回路では Hi/Lo（1/0）の 2 種類の信号のみを対象に処理を行うことで，各段階で雑音などの影響を削減することができる。また，ディジタル素子は集約化が容易で，回路規模や消費電力を抑えることができる。そのため，今日の情報通信・記録などの分野では，アナログ信号として入力された信号をいったんディジタル化して，さらに必要に応じて，利用時にディジタル情報をアナログ信号に戻している。

6.2　標本化と量子化

アナログ信号をディジタル信号に変化する処理を**アナログ-ディジタル変換**（A-D 変換）という。**A-D 変換**を用いてアナログ信号を 1/0 に変換することを**符号化**という。符号化は，標本化と量子化という 2 種類の処理により実現される。符号化の処理の流れについて，アナログ信号の音声波形が入力された場合を例に，図 **6.1** に示す。

標本化とは，時間的に連続的に変化しているアナログ信号を離散的に切り離す処理である。図 6.1 のように，時間的に**サンプリング**（**標本化**）を行うことで波形（エンベロープ）の振幅値として分解する。このとき，サンプリングを行う周期（時間間隔）を**標本化周期**という。標本化周期は，シャノンの**標本化定理**（**サンプリング定理**）により規定されており，サンプリングを行う入力信号の最高周波数により決まる。標本化周期（間隔）s〔秒〕，入力信号の最高周波数 f〔Hz〕とした場合，$s \leq \dfrac{1}{2f}$ の関係を満たす必要がある。これは A-D 変換されたディジタルデータから，アナログ信号を再生する **D-A**（**ディジタル-アナログ**）**変換処理**（**フィルタリング**）において，もとどおりのアナログ信号を再生するために必要なナイキスト基準を満たした周期でもある。

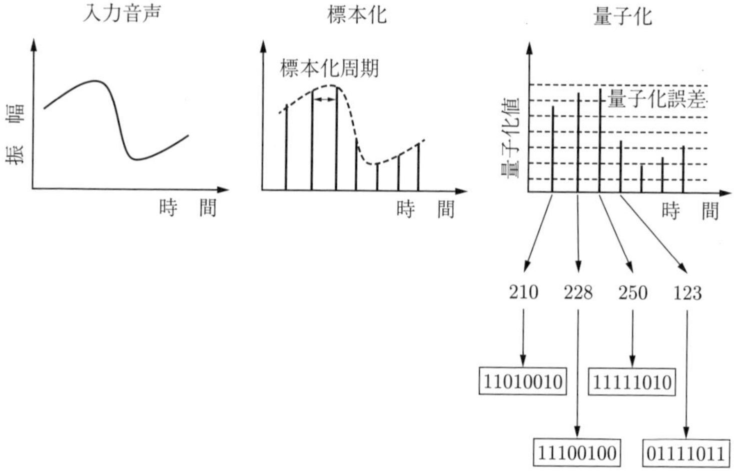

図 6.1　符号化の流れ

例えば，コンパクトディスク（CD）では，標本化周期が約 0.0226 ミリ秒であるが，逆算すると $2f = 44.1\,\mathrm{kHz}$（$f = 22.05\,\mathrm{kHz}$）以下であることが確認できる。これは，CD を視聴する人間の聴覚の最高周波数が 20 kHz 程度であることに起因している。さらに，高域の音声信号を対象に符号化する際には，さらに細かい標本化周期を設定する手法もあるが，標本化周波数を高くすることにより 1 秒当りのデータ数（サンプル値）が増えて，ディジタル化した際のデータ量が増大してしまうため，一般的には必要最小限のサンプル数に抑えることが望ましい。

量子化では，時間的に離散化した標本値を数値（振幅値）として離散化する。量子化する場合，どの程度の細かさで量子化（数値化）するかを設定する必要がある。量子化する際に，アナログ信号の振幅値とディジタル量子化値が一致することはほとんどなく，多くの場合，丸め誤差が発生する。この誤差を**量子化ひずみ**といい，量子化する値が細かいほど誤差（ひずみ）を少なくすることができるが，1 サンプル（標本化値）ごとに適用される（量子化）ビット数が増えて，符号化データ量が増大してしまう。一方で，量子化を少なくすると間隔が大きくなり**丸め誤差**が増大してしまう。結果として量子化ひずみによる丸め誤差が原因となり，D-A 変換で再生したアナログ信号に雑音が含まれてしまう。この雑音のことを**量子化雑音**といい，量子化する際に適用するビット数を B〔bit〕とした場合，量子化後の信号の品質（**SN 比**）は SN 比 $= 6.02B$〔dB〕となることが知られている。例えば，CD では $B = 16$ bit であるから，約 96 dB の音質が確保できることがわかる。ここでは振幅値の大小に関係なく，一律に量子化ビット数を割り当てる線形量子化について説明したが，実際の符号化においては，例えば振幅値の大小に応じて量子化ビット数を非線形に設定したり，周波数成分の高低に応じて量子化ビット幅を変える符号化が用いられている。これは，情報の受け手である人間の聴覚や視覚の特性が必ずしも一定でないことに起因している。

こうして標本化と量子化によって離散的に数値化されたアナログ信号を，最終的には 1/0 のディジタルデータとして表記することで符号化が実現される。例えば，標準的な CD では，毎秒 44 100 回の標本化をステレオ（2 ch.）で行い，標本値ごとに 16 ビットを割り振るため，毎秒 1 411 200 ビットのデータが符号化される。実際の通信や記録などでは，このディジタルデータから情報圧縮や誤り訂正といった符号化を加えることで，マルチメディア符号化を実現している。

- ディジタル化するアナログ信号の最高周波数の 2 倍でサンプリング
  →高品質（高周波）信号をディジタル化するためには標本化数を増やす必要がある
- 量子化ビット数を増やすことで SN 比の劣化を防いでディジタル化
  →高品質（高 SN 比）でディジタル化するためには量子化ビット数を増やす必要がある
- 標本化数，量子化ビットを増やすと高品質な符号化ができる
  →情報量が膨大になるため通信や保存に利用するためには情報圧縮が必要である

6.3 可逆圧縮と非可逆圧縮

音声や画像といったアナログ信号を単純に符号化すると膨大な情報量となってしまう。そのため，情報理論などを適用して情報量を圧縮する符号化が必要となってくる。3.5 節で示した情報源符号化は，情報の発生確率の差を利用した情報圧縮方式の典型例である。

情報圧縮には，**可逆圧縮**（**符号化**）と**非可逆圧縮**（**符号化**）が存在する。化学反応における可逆反応と不可逆反応と同様に，もとのディジタルデータ（符号）に戻すことができるか否かにより分類される。すなわち，可逆圧縮においては，情報量を圧縮した後のデータから 100％正確にもとの符号を再現できるが，非可逆圧縮においては完全に再現された信号は得られない。ただ，いずれの情報圧縮方式においても，ディジタル（量子）化に伴う量子化ひずみは当然のことながら存在するので，圧縮・解凍におけるディジタルデータとしての可逆・不可逆性を示している。

可逆符号化では，ディジタルデータとしては完全に再生されるため，高品質が要求される場合に利用されるが，圧縮率は高くなく情報量は大きくなってしまう。一方，非可逆圧縮においては，完全にはディジタルデータを解凍できないものの，圧縮率は高くできる。非可逆圧縮においては，多くの場合，情報の受け手である人間の視覚・聴覚特性を考慮して設計されており，圧縮・解凍時に生じたひずみも気が付きにくい程度に抑えることができる。そのため，マルチメディア符号化においては，情報を利用する目的や対象に合わせて，圧縮方式や符号化手法を選択している。可逆圧縮と非可逆圧縮の特徴を**表 6.1** に示す。

可逆圧縮と非可逆圧縮について，それぞれ代表的な符号化は**図 6.2** に示す。

表 6.1　可逆圧縮と非可逆圧縮の特徴

	品　質	圧縮率	情報量
可逆圧縮	高	低	多
非可逆圧縮	中	高	小

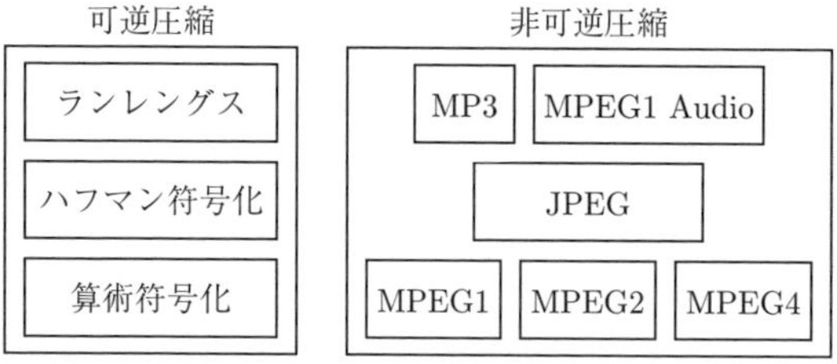

図 6.2　可逆/非可逆圧縮の代表的な符号化方式

可逆圧縮の**ランレングス**（run length）は連長圧縮とも呼ばれ，文字どおり連続する長さを情報として符号化する手法で，G3 方式のファクシミリ（FAX）でも利用された。

例えば，FAX（白黒）画面を符号化する場合，黒点を B，白点を W で表現すると，画面 1 行単位で画素点を見ると「WWWWWWWBBWWWWBWW」という具合に白の中に黒い点がところどころに存在している。ランレングスでは，W と B のそれぞれの連続個数を数値化して，「W7B2W3B1W2」または最初は W と限定して「72312」と表現することで情報圧縮を実現する。ハフマン符号化と算術符号化は，いずれも情報の発生確率の違い（エントロピー）に着目した符号化で，発生確率が高いものには短い符号を割り当てることで情報圧縮を実現している（3 章参照）。

非可逆圧縮には，現在，身のまわりのマルチメディア情報を扱う機器で利用されている圧縮方式が多く名を連ねている。音声（音楽）では MP3 や MPEG1 Audio，静止画像（写真）では JPEG（JPEG 2000），画像（映像）では MPEG などの符号化で実用化されている。非可逆圧縮の手法の中には，ロスレス（可逆）モードをもつものもあるが，ここでは非可逆圧縮方式について中心に説明する。7 章以降では，こうした非可逆符号について中心に説明する。

6.4 波 形 符 号 化

ディジタル化された音声信号の圧縮符号化の中でも，基本となる波形符号化として「線形 PCM」と「ベクトル量子化」について説明する。

6.4.1　線　形　PCM

線形 PCM（パルス符号化：pulse code modulation）方式とは，アナログ音声信号波形を，サンプリング定理に従って標本化して時間的に離散化し，つぎにそのサンプル値を量子化（離散化）するもので，最も基本的な符号化である。この方式では，音声信号の特性を圧縮に利用していないので，多くの情報量が必要になる。例えば，8 kHz で標本化し 8 bit で量子化した場合，単純に計算して 64 kbps（8 kHz × 8 bit）の情報が必要になってしまう。

6.4.2　ベクトル量子化

N 個の相次ぐデータ（値）のまとまりは，N 個の成分をもった N 次元空間の 1 点と考えることができる。**ベクトル量子化**では，N 次元空間中に M 個の代表ベクトルを配置する。このとき，ベクトル間の距離（ユークリッド）を定義し，符号化する対象（入力）ベクトルの配置（偏り）の状態に合わせて代表ベクトルを適切に配置する。符号化では，入力ベクトルと代表ベクトルの差が最小の代表ベクトルで置換して，その代表ベクトルの番号に変換する符号化を行う。ベクトル量子化において，送・受両側で共通にもっている代表ベクトルの順序付け配列をコードブックという。

ベクトル量子化は音声信号の符号化に適用され，波形のサンプル値のまとまりを，一つのベクトルと考えて処理するが，音声を分析して得られるパラメータ列やスペクトルなどをベクトルとして，ベクトル量子化を適用する符号化もある。また，音声認識や音声分析・合成系においては，時間的に離散化した入力値をベクトルとして用いるものもある。

6.5　周波数変換と符号化

6.5.1　相関とスペクトル

音声や画像などのアナログ信号は，標本化により時系化され，量子化により振幅値をディジタル化する。ここで，振幅値はアナログ信号の大きさを表す物理量であるが，高度な符号化では信号処理（変換）により周波数（スペクトル）成分に変換してから符号化される。これは人間の聴覚や視覚特性が，音声や画像を周波数成分として知覚，錯覚することが多いので，こうした特性を利用するためである。ここでは周波数変換について説明する。

信号の波形が似ている度合いを示す指数として**相関値**が用いられる。相関値 $=1$ は同じ波形，相関値 $=0$ はまったく似ていない波形，相関値 $=-1$ は反転した波形どうしの関係を指す（正規化相関）。**自己相関**とは，時系列に変化する信号 $a(t)$ が，時間的にどの程度似ているのかを指すもので，$\sum a(t) \times a(t+t')$ から求めることができる。また，**相互相関**では，二つの時系列波形 $a(t)$，$b(t)$ の似ている度合いを $\sum a(t) \times b(t)$ により求めることができる。ディジタル信号 $a(t)$，$b(t)$ の相互相関を例に，相関の概念を図 **6.3** に示す。この相関の計算

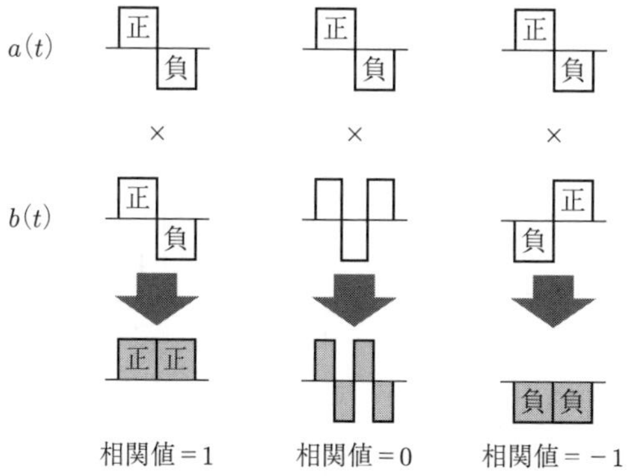

図 **6.3**　相関の概念図

法からもわかるとおり，波形（信号）どうしが似ている度合い（相関）を求めるためには，二つの波形を乗算し総和（面積）を求めればよい。

この相関を周波数成分ごとに示したものがスペクトルである。**スペクトル**とは，ある波形（信号）の中にコサイン波形（またはサイン波形）などの**基底関数**（スペクトル成分）が，どの程度含まれているのかを周期（周波数）ごとに数値化したものである。例えば，基底関数としてコサイン波形（実項）とサイン波形（虚項）の両波形を用いて周波数分析する手法が**フーリエ変換**で，逆に求めた周波数成分からもとの波形を合成する手法が**逆フーリエ変換**である。

ここで，基底関数をコサイン波形（アナログ）から方形波形（ディジタル）に置き換えても，同様にディジタル周波数変換（逆変換）ができる。ディジタル周波数変換の概念図を**図 6.4** に示す。時間幅 t の入力信号波形と基底関数（周期 $1/nt$（n は整数）のディジタル波形）の相関を求め，周波数成分ごとのエネルギー（2 乗和）を低周期の成分から順に並べたものがスペクトル（横軸：周波数，縦軸：強度）である。通常，音声信号などは多数の周波数成分から構成

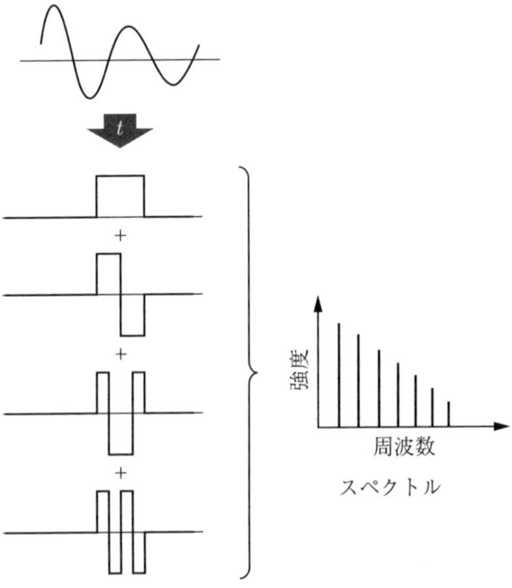

図 6.4　周波数変換の概念図

されており，周波数分析により各成分の強度を知ることができる。また，逆変換を行う場合は，各周波数成分（基底関数）を係数倍して足し合わせることで，もとの信号を合成することもできる。

6.5.2 周波数変換と画像符号化

音声などの時系列信号の相関と周波数変換の関係については 6.5.1 項で説明した。画像信号では**図 6.5** に示すように，画素信号が画面の中に縦横に並んで平面的に配列した形になっている。ここで四角の小さなブロックが画素値で，実際のカラー画像では例えば色の 3 原色の値として RGB（赤・緑・青）の振幅値が格納される。これを図中の矢印が示すようにデータ化（走査）することで，音声信号の場合と同様に画像信号を得る。

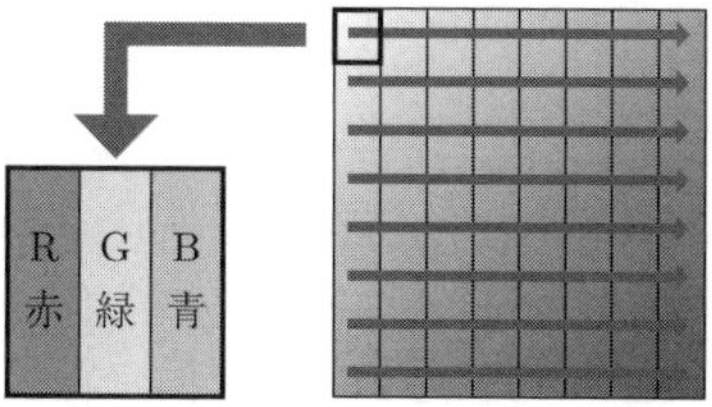

図 6.5　カラー画像（2 次元）信号

ここでは簡略化して白黒画像を想定し，画素ごとに輝度（振幅）値が一つ格納されているものとして，例えば 1 画素 8 ビットで量子化して，4×4 画素部分には**図 6.6** に示すような画素（輝度）値が格納されている。実用化されてい

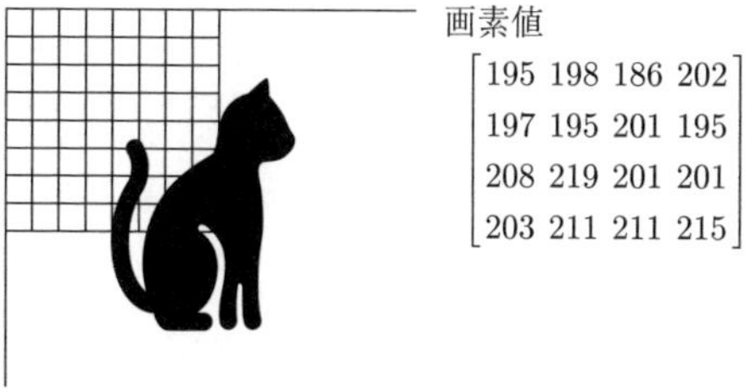

図 6.6　画像（2 次元）信号の例（図中の画素値は実際の画像中から抽出した実例）

る画像符号化では，マクロブロック（通常 8×8 画素）単位で周波数変更を行うが，ここでは演算を簡略化するために，4×4 画素を例に周波数変換と画像符号化について説明する。

こうした信号を周波数変換するためには，周波数変換を横方向と縦方向に2回行うことで2次元周波数変換を実現することができる。また，2次元周波数変換は積和算を2次元で行うので，行列演算に置き換えて考えることができる。実用化されている符号化方式ではDCT（ディジタルコサイン変換）が適用され，基底関数としてコサイン波形が使われるが，ここでは計算の過程を理解しやすくするために，1/−1で簡略化して表現している。すなわち最も低い周波成分（DC）を (1111) で示し，ついで (11 −1 −1)$\cdots$ という形で四つの周波数成分に分解してみる。

最初に画素値に周波数変換用行列を掛けることで，1次元の周波数変換が行われる。

$$\underset{\text{画素値}}{\begin{bmatrix} 195 & 198 & 186 & 202 \\ 197 & 195 & 201 & 195 \\ 208 & 219 & 201 & 201 \\ 203 & 211 & 211 & 215 \end{bmatrix}} \times \underset{\text{変換行列}}{\begin{bmatrix} 1 & 1 & 1 & 1 \\ 1 & 1 & -1 & -1 \\ 1 & -1 & -1 & 1 \\ 1 & -1 & 1 & -1 \end{bmatrix}} = \underset{\text{周波数成分（1次）}}{\begin{bmatrix} 781 & 5 & 13 & -19 \\ 788 & -4 & -4 & 8 \\ 829 & 25 & -11 & -11 \\ 840 & -12 & -4 & -12 \end{bmatrix}} \tag{6.1}$$

この演算により横方向に（1次）周波数分解したことになる。画素間の（輝度）値が比較的近い値であるため，周波数成分としては低周波成分（左側）に大きな値が集まっている様子が確認できる。つぎに，縦方向の周波数分析を行うために，計算された周波数成分（1次）を転置（縦と横を並び替え）して同様の計算を行う。

$$
\overset{\text{周波数成分（1 次転置）}}{\begin{bmatrix} 781 & 788 & 829 & 840 \\ 5 & -4 & 25 & -12 \\ 13 & -4 & -11 & -4 \\ -19 & 8 & -11 & -12 \end{bmatrix}} \times \overset{\text{変換行列}}{\begin{bmatrix} 1 & 1 & 1 & 1 \\ 1 & 1 & -1 & -1 \\ 1 & -1 & -1 & 1 \\ 1 & -1 & 1 & -1 \end{bmatrix}} = \overset{\text{周波数成分（2 次）}}{\begin{bmatrix} 3\,238 & -100 & 4 & -18 \\ 14 & -12 & -28 & 46 \\ -6 & 24 & 24 & 10 \\ -34 & 12 & -28 & -26 \end{bmatrix}} \tag{6.2}
$$

これにより 2 次元周波数変換が行われたことになる。もとの画像信号において，輝度値の相関が縦方向・横方向ともに高かったので，周波数成分（2 次）のDC（左上）に周波数成分が集中していることがわかる。周波数成分は**図 6.7** に示すように，左上が縦横方向ともに低周波成分，右下が縦横方向ともに高周波成分の大きさを示しており，通常の画像でも縦・横ともに相関が高い画素値である場合が多く，今回の結果と同様の特性が示される。

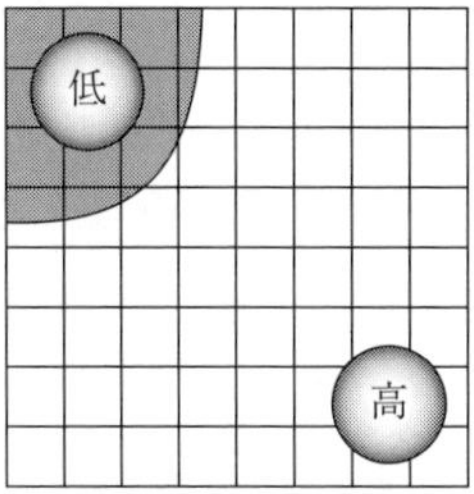

図 6.7　周波数成分

6.5.3　量子化による情報圧縮

この周波数成分（2 次）に対して，逆に周波数変換を行うと完全にもとの画素値を再現できる可逆符号化となる。しかし，圧縮の効果は少ないため，実際の符号化においては，周波数成分をそのまま使うのではなく，**量子化係数**により除算を行い，周波数成分の値を小さくすることで情報圧縮を実現している。

まず 32 で割り，量子化後の周波数成分を求める。非常に小さな値になり，除算による切り捨てで0が多発しており，ランレングスなどの符号化で情報圧縮が実現できることがわかる。実際の画像圧縮においては，同様の符号化（周波数変換）処理をブロック単位で全画面に対して行い，大画面（高解像度）画像の符号化を実現している。

$$\underset{\text{周波数成分（2次）}}{\begin{bmatrix} 3\,238 & -100 & 4 & -18 \\ 14 & -12 & -28 & 46 \\ -6 & 24 & 24 & 10 \\ -34 & 12 & -28 & -26 \end{bmatrix}} / \ 32 = \underset{\text{符号化情報}}{\begin{bmatrix} 101 & -3 & 0 & 0 \\ 0 & 0 & 0 & 1 \\ 0 & 0 & 0 & 0 \\ -1 & 0 & 0 & 0 \end{bmatrix}} \tag{6.3}$$

ここで，割る数（量子化係数）を32より大きくすれば符号化情報はさらに小さくなり，0値が増え情報量を減らすことができる。逆に，量子化係数を32より小さくすれば，0値は減って情報量が増えてしまう。一方，後で示すとおり，量子化係数を大きくすると情報量は圧縮できるが，再生時の品質（画質）が低下してしまう。JPEGやMPEGなどの画像符号化では，量子化係数を周波数成分ごとに変えて，人間の視覚特性が鈍感な範囲の周波数成分の係数を大きくし，逆に人間の視覚特性が敏感な範囲では周波数成分の係数を小さくすることで最適な画像符号化を実現している。人間の視覚特性に合わせて，周波数成分ごとに量子化係数を変えたものを**量子化テーブル**という。詳細は，7章でJPEGを例に説明する。

求めた周波数成分（2次）に対して，32（16 (正規化) × 2 (量子化)）で割り（切り捨て)，その結果に対して逆量子化（×2）をして画像信号に用いる逆符号化情報を得る。

$$\underset{\text{符号化情報}}{\begin{bmatrix} 101 & -3 & 0 & 0 \\ 0 & 0 & 0 & 1 \\ 0 & 0 & 0 & 0 \\ -1 & 0 & 0 & 0 \end{bmatrix}} \times 2 = \underset{\text{逆符号化情報}}{\begin{bmatrix} 202 & -6 & 0 & 0 \\ 0 & 0 & 0 & 2 \\ 0 & 0 & 0 & 0 \\ -2 & 0 & 0 & 0 \end{bmatrix}} \tag{6.4}$$

つぎに，逆符号化情報に対して，周波数変換時に用いた演算を同様に行うことで，逆変換を実現する。

$$\overset{\text{逆符号化情報}}{\begin{bmatrix} 202 & -6 & 0 & 0 \\ 0 & 0 & 0 & 2 \\ 0 & 0 & 0 & 0 \\ -2 & 0 & 0 & 0 \end{bmatrix}} \times \overset{\text{（逆）変換行列}}{\begin{bmatrix} 1 & 1 & 1 & 1 \\ 1 & 1 & -1 & -1 \\ 1 & -1 & -1 & 1 \\ 1 & -1 & 1 & -1 \end{bmatrix}} = \overset{\text{周波数成分（1 次）}}{\begin{bmatrix} 196 & 196 & 208 & 208 \\ 2 & -2 & 2 & -2 \\ 0 & 0 & 0 & 0 \\ -2 & -2 & -2 & -2 \end{bmatrix}} \tag{6.5}$$

周波数成分（1 次）を転置して，同様に演算を行うことで，再生画素値を得る。

$$\overset{\text{周波数成分（1 次）}}{\begin{bmatrix} 196 & 2 & 0 & -2 \\ 196 & -2 & 0 & -2 \\ 208 & 2 & 0 & -2 \\ 208 & -2 & 0 & -2 \end{bmatrix}} \times \overset{\text{（逆）変換行列}}{\begin{bmatrix} 1 & 1 & 1 & 1 \\ 1 & 1 & -1 & -1 \\ 1 & -1 & -1 & 1 \\ 1 & -1 & 1 & -1 \end{bmatrix}} = \overset{\text{再生画素値}}{\begin{bmatrix} 196 & 200 & 192 & 196 \\ 192 & 196 & 196 & 200 \\ 208 & 212 & 204 & 208 \\ 204 & 208 & 208 & 212 \end{bmatrix}} \tag{6.6}$$

ここで，最初に符号化に用いた画素値 (6.1) と，得られた再生画素値 (6.6) が微妙に異なっていることがわかる。これは，符号化時に行った量子化における丸め（切り捨て）誤差の影響のためである。今回の符号化により，どの程度の画質劣化が生じたか定量的に調べるために，SN 比を計算してみる。もとの画素値 a の 2 乗和を，もとの画素値と再生画素値の差（雑音）の 2 乗和を割ることで次式により求めることができる。

$$\text{SN 比} = 10 \log_{10} \frac{\sum a^2}{\sum (a-b)^2} \tag{6.7}$$

式に代入して計算すると，32 で割った場合では SN 比 = 33.58 dB となる。また同様の処理も，64 で割った場合では SN 比 = 30.06 dB となり，割る値を倍にすると SN 比が約 3 dB 低下してしまうことがわかる。

7 音声・オーディオの符号化

本章では，携帯電話，スマートフォン，メディアプレイヤーなどで用いられている音の符号化について説明する。ここでは，音の符号化について，電話などで用いられる人間の声を対象にしたものを音声符号化，音楽プレイヤーなどで用いられているものをオーディオ符号化と分類し詳解する。

音声の符号化においては，人間の声の生成機構に着目したモデル化を行い，モデル近似に最低必要なパラメータを用いて符号化を行う生成源符号化が適用されている。一方，オーディオの符号化においては，生成モデルの特定が難しく，生成源符号化だけでは十分な性能を確保できないため，人間の聴覚特性に着目し，聞こえていない音の成分を取り除くことで情報圧縮を実現している。

7.1 音声の特性

人間の音声には，いくつかの統計的な特性があり，符号化に利用されている。また，音声符号化では，情報の受け手である人間の聴覚の特性も利用すること

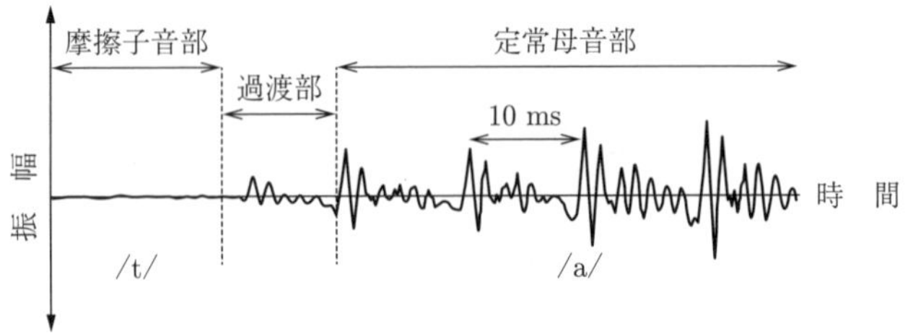

図 7.1　音声信号の例（ta）

で，高能率な情報圧縮を実現している。音声信号は**図 7.1**（「ta」発話）に示すような波形で表現され，摩擦子音部分，過渡部分，定常母音部分から構成されている。ここでは，音声信号の特性と音声の生成モデルについて説明する。

7.1.1　音声信号の振幅

音声信号の振幅の分布は，（定常）母音などの大きい音（おもに有声音）の区間では指数分布で近似でき，（摩擦）子音などの小さい音（おもに無声音の）区間では正規分布で近似できる。また，人間の音声信号の場合，発話時の振幅，時間ともに，母音区間が圧倒的に多いため，音声信号全体の振幅を指数分布で近似できることが知られている。これらの特性により，音声信号は振幅次元での近似が可能であることがわかる。

音声波形のエネルギーは定常母音部に集中しており，この区間では同様の波形が約 10 ms の周期で現れる。このときの**基本周波数**（ピッチ周波数）は，人間の声帯（音源）での発振周波数により決まり，日本人男性では平均 125 Hz（標準偏差 20.5 Hz）程度，女性ではその 2 倍ほどである。この周期性を利用することで，音声（母音）の近似が容易になることがわかる。

7.1.2　音声信号のスペクトル成分

音声信号のスペクトル（周波数成分）のエネルギーは，800 Hz 以下の周波数成分が約 8 割であり，これより高い周波数ではおおむね 10 dB/oct. で減衰する。このため，スペクトル（周波数）での近似も可能になる。

また，音声信号のスペクトルを時間的に変化させ観察すると，エネルギーが集中する複数個（4～5 か所ほど）の周波数帯域が存在することが知られている。このエネルギーが集中する帯域を**フォルマント**といい，各母音に応じて特定のフォルマント構造が存在する。これは人間の声を生成する際の調音運動による一種の共振現象に起因しており，人間の調音器官の共振周波数がフォルマント（周波数）となって現れたものであると考えられる。この特性を利用して，音声符号化，音声認識，話者識別などを行うこともできる。

7.1.3 音声の生成モデル

人間の音声の生成モデルは**図 7.2** に示すとおり「音源」「調音」「放射」の 3 段階で構成される。ここで，音源は人間の声帯，調音は人間の発話器官，放射は人間の唇の三つから成り立っている。

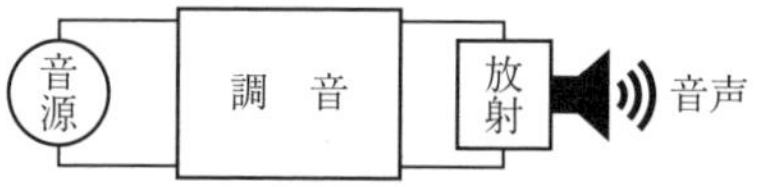

図 7.2 音声の生成モデル

音源は声帯の振動による有声音源と，調音点付近で発生する無声音源の 2 種類がある。電気回路で表現する場合，有声音源はパルス列で近似され，振幅と周期が信号特性を示す。また，無声音源は白色ランダム雑音で近似され，平均エネルギーが特性を示す。

発話器官による**調音**は，母音発話時の共振特性のみのもの（全極形）と，子音発話時にある共振・反共振の両特性を示すもの（極零形）が存在する。また，鼻から空気が抜けているような音（鼻音）もあり，これも含めて音声生成機構には 3 通りのモデルが存在すると考えられている。これらのモデルは，共振・反共振特性をもつ電気回路で近似でき，その特性は回路のインパルス応答（偏相関係数）で表すことができる。

唇からの放射は，高域強調特性（6 dB/oct. 程度）で近似できることが知られている。

これらの特性から**音声生成モデル**は，電気回路で近似した表現により，**図 7.3** に示すような回路モデルに置き換えて考えることができる。図 7.3 のように，音声波形が入力されると，音源情報と調音情報に分離して推定を行い，音源部分では音源制御情報としてパルスのピッチ周期 P，有声/無声音源判定（V/U），音源強度 A を抽出（符号化）する。また，調音部分では，声道（発話器官）での調音をインパルス応答で近似した音声スペクトルエンベロープ（係数）を偏相関係数 $k_1 \sim k_p$ として求め符号化する。

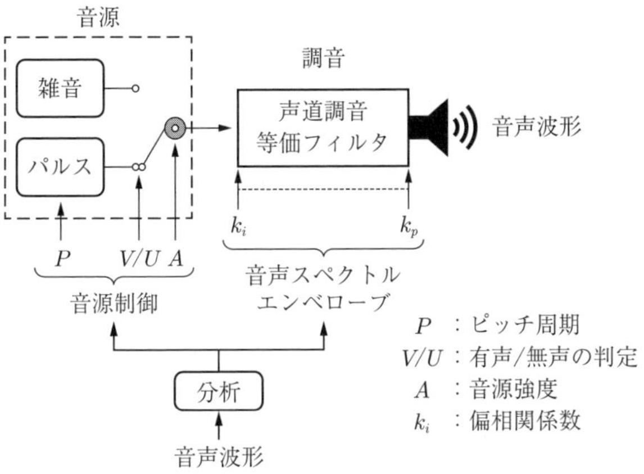

図 **7.3** 音声の生成モデルの構成

音声を再生する際には，分析時とは逆に，音源情報と調音情報を合成し，唇からの放射特性（高域強調）を近似したスピーカーから音を出すことができる。これは小学生が授業で使うリコーダー（縦笛）に似ており，音源部が頭部管，調音部が中部管，放射部が足部管に相当していると考えるとわかりやすく，頭部管の笛部分により音の大小や高低が決まり，中部管の穴の押さえ方により音色（音程）が決まり，足部管から音が出るというイメージで理解できる。こうしたモデル化により，複雑な音声信号を単純な係数の集まりで表現できるようになった。このように，音声の生成機構に着目した情報圧縮（符号化法）を**生成源符号化**という。これにより，音声信号において高能率な情報圧縮が可能になった。

7.2 音声の符号化

音声信号の圧縮符号化の中で，音声の生成モデルに基づいて，音声を音源情報と調音情報に分離（分析）して符号化（生成源符号化）で適用される，分析・合成手法について説明する。生成源符号化では，音声特有の生成機構モデルに合致した，人間の音声信号の圧縮に対しては非常に有効で，ほかの符号化よりも能率的な情報圧縮が実現できる。ここでは，生成源符号化の基本系の「線形予測分析法」と，応用系の「偏相関分析法」について述べる。

7.2.1　線形予測分析法

音声信号（図 7.1 の定常母音部分）を符号化したデータ（値）間には高い相関がある。2 章でも述べたとおり，相関（関係性）が高い信号（情報源）は，エントロピーが低い傾向にある。信号の中に含まれている線形性（関係性）を分析する手法の一つに線形予測分析がある。**線形予測分析法**では，**図 7.4** に示すように，現時点でのサンプル値 $\hat{x}_t$ を，それ以前の振幅値 x_{t-i} と線形予測係数 a_i の積和（線形荷重和）から推測する手法である。逆にいえば線形予測分析法は，現時点より以前の振幅値との線形荷重和により，現時点での振幅値と最も近い値で表すことができる線形予測係数 a_i を求める手法である。

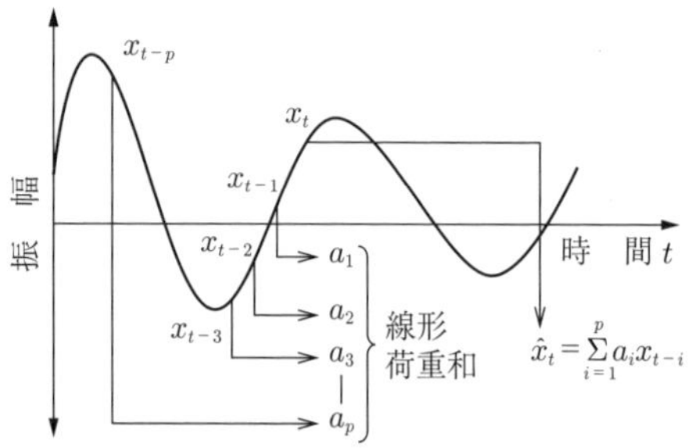

図 **7.4**　線形予測分析

この手法は，音声信号の中でも定常母音部分のように，同じ音声波形が繰り返し現れるような信号の分析において効果が高い。音声信号では母音部分のエネルギーが高く，音声波形の生成モデルの近似として実用的なものといえる。しかし，モデルを簡単にしたため，情報を大幅に圧縮できるものの，低レート時には音質の劣化が著しい。そのため改良版として偏相関分析法などが提案されている。

7.2.2　偏相関分析法

音声信号には線形予測性があるが，予測可能な部分を差し引いた予測残差間の相関として偏相関が定義される。**偏相関分析法**では図 **7.5** に示すように，線形予測を前方向と後方向に同様に行い，各予測残差を最小にする各予測係数（前向き予測係数，後向き予測係数）を求める。つぎに，前向き予測残差と後向き予測残差の相関から偏相関係数 k_i を求めることができる。線形予測分析より複雑ではあるが，予測可能な部分を除いた係数になっており，圧縮性能は高くなる。

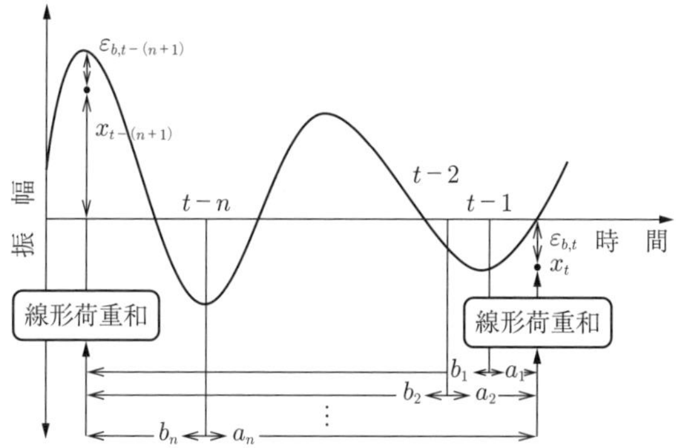

図 **7.5** 偏相関分析

7.2.3 生成源符号化の応用

生成源符号化の代表的な応用例として携帯電話（3G）がある。携帯電話では，音声信号を低レート（数 kbps 程度）の情報に圧縮することで，多くの通話回線数を確保している。例えば，cdma one（北米 IS-95）携帯電話方式では，CELP というハイブリッド型の音声符号化が適用されており，分析・合成符号化をベースに波形次元符号化により音質改善を行っている。生成源符号化は，高能率な圧縮を実現できるものの，単体では音質が十分ではないため，残差成分（原音声との差）を波形次元符号化で補正（ハイブリッド化）することで高音質を確保している。また，PHS などでは，前の音声信号（振幅）値との差分をとる PCM 方式を適用しており，振幅値を差分値にすることで量子化ビットを低減し，約半分（32 kbps）の情報量で符号化している。さらに，留守番電話や IC 録音器などの録音機器においても，生成源符号化が適用されている。

携帯電話のように，人間の音声を扱うことを前提にした場合，生成源符号化が生成源モデルをよく反映しており高い性能を確保することができる。しかし，音楽など音声以外の情報を伝送する場合には，前提となる生成源モデルとのミスマッチングが生じやすく，十分な性能を発揮できない。そのため，音楽などを扱うオーディオ用の符号化では，おもに人間の聴覚特性に着目した符号化手法を適用することで圧縮を実現している。

7.3　オーディオ符号化

7.3.1　人間の聴覚の特性

オーディオ符号化においては，人間の耳の聴覚的な周波数特性（等ラウドネス曲線）と聴覚遮断特性（マスキング効果）を利用して高能率符号化を実現している。ここでは，この二つの聴覚の特性について説明する。

(1) 等ラウドネス曲線　人間の聴覚特性として，約 20 kHz までの周波数以下の音しか聞こえないことが知られているが，周波数ごとに音の強弱を感じる感度は均一ではない。周波数ごとに，音の大きさが等しいと感じるレベルは異なっており，音の大きさごとに等高線のように聴覚の特性を図示したグラフ（曲線）を**等ラウドネス曲線**という。年齢などによっても異なるが，一般的に高周波帯域になるほど，音のレベルの差を感じにくくなる傾向が強い。そのため，高周波帯域では量子化ひずみによる音の違い（丸め誤差）も感じとられにくい。オーディオ符号化においては，周波数ごとに音声信号を分解し，低周波数帯域では量子化幅を細かく，高周波数帯域では量子化幅を大きくすることで，量子化ひずみによる音質劣化が感じられにくい符号化を実現している。

(2) マスキング効果　二つの異なる周波数の音を同時に聞いた際に，大きい音によって，小さい音が消されてしまい，大きい音しか聞こえなくなる現象を**マスキング効果**という。マスキング効果は二つの音の周波数が近いときに起きやすいことが知られている。そのため，オーディオ符号化においては，周波数帯域をいくつかのサブバンドに分割し，分割した周波数帯域ごとにレベルの大きい代表的な周波数成分のみを符号化（量子化）の対象とし，周辺帯域の弱い成分を量子化時の丸め処理により取り除くことで情報圧縮を実現している。

7.3.2 MPEG1 Audio

MPEG1 とは，8章で説明する動画像（映像）符号化規格の初期モデルである。ここでは，同方式のオーディオ符号化方式である **MPEG1 Audio** について説明する。MPEG1 Audio には，Layer 1 (MP1)，Layer 2 (MP2)，Layer 3 (MP3) の3種類がある。図 **7.6** に MPEG1 Audio 方式の符号化を示す。**変形離散コサイン変換**（**MDCT**：modified discrete cosine transform）などを用いた周波数分解によりいくつかの帯域に分解し，帯域ごとの適切な量子化を行うことで，人間の聴覚特性では気が付きにくい程度の非可逆圧縮を実現している。例えば，周波数帯域ごとに聴覚特性に合わせて非線形量子化を行ったり，心理聴覚モデル（マスキング効果）に合わせた量子化（丸め）を行ったりすることで，高能率符号化を実現する。

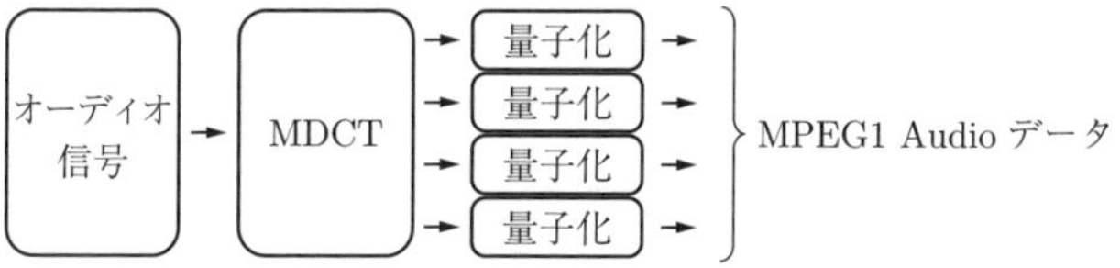

図 **7.6**　MPEG1 Audio 方式の符号化

（1）**MPEG1 Audio Layer 1**　MPEG1 Audio Layer 1（MP1）では，**直交ミラーフィルタ**（**QMF**：quadrature mirror filter）を用いて，32個のサブバンドに周波数分解して，帯域ごとに聴覚（心理）モデルに適応した量子化を行っている。周波数帯域の分割では，複数のバンドパスフィルタと間引き処理を組み合わせたポリフェイズフィルタが適用されている。基本モデルのビットレートは 320 kbps 程度で，圧縮率は高くはないが，符号化の速度が速く回路が簡素化できるので，ディジタルコンパクトカセット（DCC）などで適用されている。

（2） **MPEG1 Audio Layer 2**　MPEG1 Audio Layer 2（MP2）は，MP1 に若干の改良を加えた方式で，映像符号化方式（MPEG2）とセットで用いられることが多く，映像系メディア（D-VHS，DVD-Video，Blu-ray など）において，オーディオ符号化方式として普及している。基本モデルのビットレートは 224〜256 kbps 程度で，圧縮率はそれほど高くない。

（3） **MPEG1 Audio Layer 3**　MPEG1 Audio Layer 3（**MP3**）は，MP1 や MP2 との互換性はないものの，大幅な改良を加え，高音質で高圧縮率なオーディオ符号化を実現している。MP3 方式の符号化処理を**図 7.7** に示す。MP3 では MP1 や MP2 と同様に，ポリフェイズフィルタにより 32 帯域に周波数分割を行った後に，MDCT を用い帯域ごとに聴覚特性に合わせた非線形スカラー量子化を行う。さらに，量子化された周波数成分をハフマン符号化することで，高い圧縮率を実現している。ビットレートは 32〜320 kbps で MP1 や MP2 と大差ないが，同レート時の音質は高く，スマートフォンやメディアプレイヤーなどを中心に，非常に多くの媒体で利用されている。

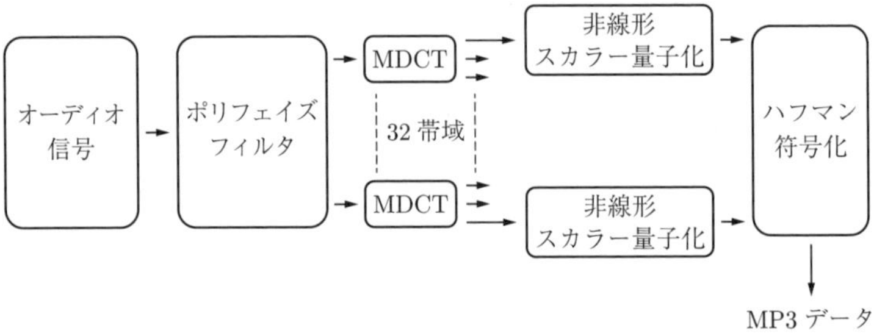

図 **7.7**　MPEG1 Audio Layer 3（MP3）方式の符号化

（4） **各種オーディオ符号化方式**　オーディオ符号化方式はサブバンドに分割した後に**適応差分 PCM**（**ADPCM**：adaptive differential pulse code modulation）を行う方法などもある。音楽 CD を符号化した際の各種方式の比較を**表 7.1** にまとめる。

表 7.1　各種オーディオ符号化方式の比較

方　式	量子化ビット数	標本化周波数〔kHz〕	伝送レート〔kbps/チャネル〕
サブバンド ADPCM	4 2	16	64 32
オーディオ符号化	11	32	384
音楽 CD	16	44.1	705.6

8 画像・映像

高度情報通信化が進み，マルチメディアを利用した情報通信が普及している中，画像・映像情報は最も利用されているメディアである。これらは，ほかのメディアに比べて情報量が格段に多く，高能率に符号化することが必要不可欠である。本章では，デジタルカメラ，デジタル放送，DVD などで用いられている画像・映像の符号化について詳解する。

ここでは，時間的に変化しない静止画を「画像」，時間的に変化する動画像を「映像」として説明する。本章では，画像（静止画）の符号化についてはデジタルカメラなどで用いられる JPEG 方式について，映像（動画像）の符号化ではデジタル放送や DVD で適用されている MPEG 方式を中心に説明する。

8.1 画像・映像の特性

8.1.1 画像・映像情報

画像・映像は人間にとって最もなじみよいメディア媒体であるため，放送・通信・記録媒体を中心にマルチメディア符号化の重要性は高い。しかし，画像情報は音声情報よりも格段に情報量が多く，限られた通信回線や記憶容量に収めるためには，情報量を大幅に圧縮する必要がある。例えば，音声信号なら，サンプリング周波数 8 kHz，量子化 8 bit で符号化しても 64 kbps の情報速度で伝送できる。しかし，例えばアナログ放送用の映像 TV 信号（NTSC）だと，白黒（輝度）映像だけだったとしても，サンプリング周波数 8.4 MHz，量子化 8 bit で符号化すると 67.2 Mbps となり，音声信号の 1 000 倍以上の情報が必要であることがわかる。

膨大な情報量をもつ映像信号を，能率的に情報通信に適用するために，さまざまな高能率符号化方式が検討されてきた。放送（録画）用の映像情報圧縮方式については，世界共通で利用できる符号化方式が必要となり，MPEG などで国際規格の検討がなされ，規格化・実用化された。一方，画像信号には音声情報よりも多くの冗長性があり，これを効果的に活用することで画像情報圧縮の可能性も高いといえる。最近のディジタル処理技術の高度化とディジタル回路の高性能化に支えられ，画像情報圧縮の進歩はめざましく，映像情報の高能率符号化は高精細 TV やディジタル録画装置での普及も進んでいる。

放送分野においては，映像の入力から加工といった局内作業もディジタル化され，変調・送信までのすべての行程で高画質が確保されている。ここでも，MPEG を用いたディジタル映像の高能率符号化により，情報圧縮は格段の進歩を遂げた。例えば，従来の NTSC 信号による放送と同程度の画質を 6 Mbps 程度で，またハイビジョンと同等な高精細画像を 30 Mbps 程度で符号化できるようになった。デジタル放送への適用では，限られた放送電波帯域の中で，できるだけ多くのチャネルを放送するために，情報圧縮は必要不可欠な技術とされてきた。さらに，映像記録の分野では，これまでに蓄積されてきた膨大な画像情報を，ディジタル画像として整理・保存する計画が進められている。ここでも情報を能率的に蓄積・保存するために，高能率符号化方式が必要になる。

インターネットにおいては，光素子と光ファイバの改良によって光回線の普及が進み，超高速な光通信が可能になった。光波技術により光通信の多重化が容易になり，情報速度だけでなく回線数も十分に確保できるようになった。これにより，光回線を用いた有線通信においては，比較的余裕のある伝送容量が確保されている。しかし，インターネットで利用されるマルチメディア情報は多種多様になってきており，通常の映像情報の数十倍の回線速度が必要なサービスも多くなってきている。加えて，マルチメディア情報通信の需要は今後もさらに増加することが見込まれており，有線回線においても決して十分な伝送容量であるとはいえない。また，インターネット回線を LAN で利用する際に使われる無線LAN（Wi-Fi）でも通信速度の高速化は進んでいるが，限られた周波数帯域を有効的にマルチメディア通信に適用するために，さらなる高能率符号化方式の開発が期待されている。

8.1.2　画像・映像符号化の原理

画像・映像情報圧縮では，人間が感じる情報の質（画質）の劣化を極力抑えて，高能率に符号化を行う。これに対して，アナログテレビ（NTSCカラー）信号中の輝度（白黒）成分だけを抽出して白黒画像として符号化した場合や，単純に量子化／標本化密度を下げて解像度を低下させた場合は，情報の質が著しく劣化した情報削減となる。画像・映像情報圧縮では，JPEGやMPEGのように，画像（映像）信号中の統計的性質や人間の視覚特性を考慮して，視聴者が画質の劣化を感じないように情報量を減らしていく。

画像・映像信号の統計的な性質に着目した圧縮手法では，音声信号の圧縮のときと同様に，画像・映像信号中の相関の高さを利用している。代表的な画像信号の特長を以下にまとめ，各項目について簡単に説明する。

(1)　画像信号では水平・垂直方向の信号（振幅値）の相関が高い

静止画では水平や垂直方向の直線成分からなる被写体が多く，画像中の水平／垂直方向の相関が高いために，DCT（離散コサイン変換）などの周波数変換を用いて空間的な冗長度を抽出している。

(2)　映像信号では時間的にも画像（フレーム）間の相関が高い

動画像において1秒間に30フレームの画像を撮影した場合，各フレーム画像間の（時間的な）相関が高い。そのため，映像符号化方式では，前後のフレーム（画像）から，動いた成分だけを予測する動き補償処理を行うことで高能率符号化を実現している。

(3)　輝度（白黒）値と色成分（色差）値の間の相関が高い

ディジタル画像・映像符号化においても，RGB 3原色信号を符号化するのではなく，輝度信号とカラー信号の相関の高さに着目し，アナログカラー（NTSC）信号で適用された，輝度信号と2色信号の差分（色差）信号を符号化に用いている。

また，画像・映像信号の符号化でも，音声信号の圧縮のときと同様に情報の受け手である人間の視覚特性に着目した圧縮手法が適用されており，画質劣化が目立たないように工夫がなされている。代表的な視覚特性について以下にまとめ，各項目について簡単に説明する。

(1) 水平／垂直成分（線）周辺にある雑音に敏感

目で見た画像（映像）中の水平または垂直な線を基準にして見る傾向にあるため，水平／垂直方向の線雑音に敏感である。そのため，画像をDCT（離散コサイン変換）して周波数成分に変換した後，量子化を行うときにジグザグスキャン（量子化テーブル）を用いて，変換係数の水平／垂直成分の量子化誤差が少なくし，量子化雑音による画質劣化を抑えている。

(2) 画面内の明るい部分よりも暗い部分の雑音に敏感

画像の明るい部分の雑音よりも暗い部分の雑音を見つけやすいため，輝度値が低い（暗い）場所では量子化幅を小さくして量子化雑音を少なくし，逆に輝度値が大きい（明るい）場所では量子化幅を大きめに設定して情報量を低減させている。

(3) 平均輝度が高いとフリッカ（ちらつき現象）に敏感

画面の平均輝度が高い（明るい）と画面がちらついて見えるフリッカを感じてしまうため，画面全体の平均輝度調節を行いフリッカの発生を抑えている。

(4) 動画像の劣化に比べて静止画像の劣化に敏感

同程度の雑音が生じた場合，静止画像の画質劣化には敏感でも，動画像の画質劣化ではそれほどでもないため，動画像（映像）符号化において動き補償処理により簡易的に動画像を構成して情報圧縮を実現している。

(5)　輝度の違いには敏感だが色成分の違いには鈍感

輝度（明るさ）の変化には敏感でも，色の変化（違い）には鈍感であるため，視覚特性の点からも色差信号（輝度＋色成分）が適用されている。

これらの圧縮手法で利用される符号化処理は，人間の視覚特性には感知されにくいが，実際の信号は変形しており，原信号の復元ができない非可逆符号化である場合が多い。また，実際の符号化処理では，これらの手法により圧縮された画像情報に対して，エントロピー符号化などの統計的な手法を用いてさらに圧縮することで，高能率符号化を実現している。

8.1.3　画像・映像符号化の考え方

画像符号化において，単純にディジタル化した場合には，情報誤りはその画素にのみ悪影響を及ぼすが，圧縮された画像情報で情報誤りが生じた場合には，合成画像が再生できないほどの劣化が生じる場合もある。また，可変長符号化を適用しているため，情報誤りが伝搬してしまい，再生画像が極端に劣化する場合もある。そのため，これら高能率符号化方式では，情報誤りが生じにくい伝送路を確保すると同時に，誤り訂正符号化を併用する必要がある。

画像信号の高能率符号化方式を評価する場合，「情報量」「画質」「処理量」の三つの指標を考慮する必要がある。限られた通信（回線）容量を有効に活用するためには，情報量を低減する必要があるが，逆に画質の劣化と処理量の増加を伴う。しかし，ハードウェア技術の進歩はめざましく，処理量の増加は周辺技術の進歩により解決されてきた。そのため最近では，情報量と画質の関係について中心に検討されている。例えば，静止画（画像）の符号化では，信号の縦・横方向の高い自己相関特性を圧縮に利用するために，DCT（離散コサイン変換）を利用する。また，動画像（映像）の符号化では，映像中の動いた画像成分だけを補正する動き補償処理（MC）を適用している。これらはいずれも処理量は膨大になるが，情報量に対して高い画質が確保できるため，実用化が進められている。さらに，画像・映像処理専用の LSI も格安に出まわるようになり，処理量の増加は解消されつつある。

画像符号化の基本的な処理過程を**図 8.1** に示す。図 8.1 の一つ目と三つ目の処理が画像・映像信号中の冗長性を利用した圧縮で，二つ目が視覚特性を利用した情報圧縮である。これら三段階の処理の中で，画像（映像）信号を最も大きく変形させる処理が二つ目の量子化であり，情報圧縮に最も貢献している処理であるともいえる。以降では，各段階の処理内容について述べる。

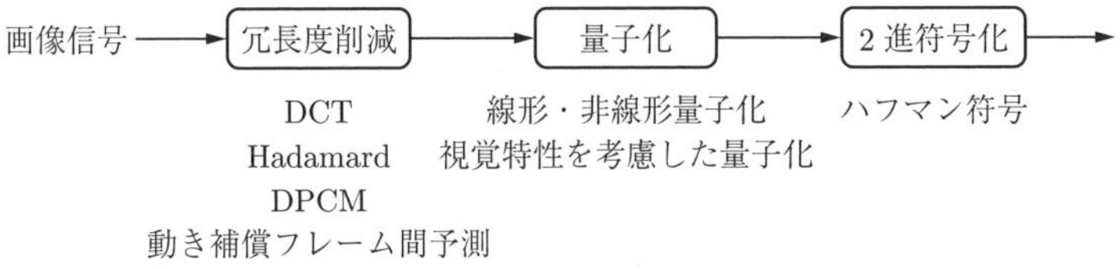

図 8.1 基本的な画像符号化処理の構成

8.1.4 冗 長 度 削 減

画像・映像情報は情報量が膨大である反面，非常に大きな冗長性をもっている。ITU で標準化された動画像テスト信号の相関係数を測定した報告では，通常の画像の相関はおおむね 0.90～0.99 の範囲にあった。画像・映像符号化処理では，冗長度削減により相関の高い成分（冗長度）を取り除くことで情報圧縮を実現している。静止画においては空間的な冗長度が高く，動画像においては時間的な冗長度が高い。JPEG などの静止画用符号化方式においては，空間的な冗長性に着目した信号予測を用いて高能率符号化を実現する。また，MPEG などに見られる動画像（映像）の高能率符号化方式では，時間的な冗長性に着目した動き補償予測（8.3 節参照）を用いている。

具体的には，冗長性を**予測符号化**（DPCM），**直交変換符号化**（DCT, Hadamard），**ハイブリッド符号化**などで削減する。直交変換符号化には，DCT, Hadamard, フーリエ変換などがあるが，コンポーネント（画像）信号に対しては DCT が最も優れた符号化効率を示したため，多くの符号化で採用されている。この直交変換符号化では，できるだけ少数の変換係数にエネルギーを集中させることで，高能率符号化を実現する。また，Y（輝度），Cr（色差），Cb（色差）信号でも，スペクトル特性が単調減少を示すため，DCT が適している。

動画像（映像）では，フレーム間符号化において，つぎに符号化する画像（フレーム）をすでに符号化した前フレーム（フィールド）の画素値を用いて補間し，誤差成分のみを伝送することで情報圧縮を実現している。ここでは，時間的（前・後画像）相関が高いほど，予測誤差値は小さくなりフレーム間符号化の効果が大きくなる。また，前・後画像の間に動きがある場合，予測誤差値を小さくするために，動き補償などの画像の補間処理が行われる。

この動き補償はフレーム間符号化として，動画像圧縮方式では非常に多く適用されている。専用 LSI やメモリの低価格化により，動き補償の有用性はさらに高いものになった。動き補償フレーム間符号化における動きベクトル検出では，後画像（フレーム）の動き領域（ブロック）について，前画像（フレーム）の中から最も近い画素領域（ブロック）を探し出す操作で，探索する画素の範囲により情報量が変化する。画素の探索範囲としては，ITU テスト（動きが激しい）画像における測定結果により，縦横 15 画素あれば十分だと予想された。そのため，動きベクトルの情報として 10 ビット（縦横 5 ビット）が最低必要となる。また，1 画素単位で動きベクトルを伝送しても効率が悪いため，DCT を行うブロック（マクロブロック）単位で画素値列の予測誤差値を最小とする動きベクトルを求めている。

8.1.5　量　　子　　化

空間的・時間的な冗長度を削減した画像信号の情報量をさらに低減するために量子化が行われる。量子化は，量子化値の間隔を均等間隔で行う**線形量子化**と，量子化の間隔を視覚特性などに合わせて変化させる**非線形量子化**に大別される。実際には可変長符号化への適用が前提となるため，同じ画質（SN 比）において最小のエントロピーを示す線形量子化を用いることが多いが，視覚特性を考慮した非線形量子化特性も利用されている。例えば，15 レベル程度までの量子化では，予測誤差ゼロ近傍で発生する粒状雑音に比べ，大きな予測誤差部で発生する勾配過負荷による劣化（雑音）のほうが，視覚的に大きな影響を与えるため，雑音が画質に与える影響の度合いを主観的に評価し，視覚特性を考慮したうえで最も優れた量子化特性を設定したものもある。この場合，線形量子化と比べて，予測誤差ゼロ近傍で量子化間隔を若干細かくし，予測誤差の大きな部分の量子化間隔を粗くすることで，視覚的に劣化を感じにくいようにしている。

8.1.6 2 進 符 号 化

ディジタル符号化では，量子化値を 2 進符号（ディジタル）に変換する。ディジタル符号化では，各量子化値に一定の符号（ビット）長を与える固定長符号化と，量子化値ごとに異なる符号長を与える可変長符号化に大別される。ここでは可変長符号化も適用し，量子化値や動きベクトルの発生確率に偏りがある場合，出現頻度が高い量子化値に短い符号長を，頻度の低い量子化値には長い符号長を割り当てることで，全体の符号量を圧縮している。可変長符号は線形量子化と組み合わせて用いることが多く，平均ビット長を最小化するハフマン符号が多く用いられている。

8.2 静止画像の圧縮

画像処理技術の進歩に支えられ，画像符号化方式の規格化が進み，優れた標準方式が生まれてきた。ここでは，静止画像用の圧縮方式 JPEG について説明する。JPEG は，1986 年にカラー画像符号化方式標準化のために設立されたワーキンググループの名称 Joint Photographic Experts Group の頭文字をとって命名された。ファイル名の拡張子としては，.jpg，.jpeg が用いられている。JPEG では，1 枚のカラー静止画像を数十 kbit に圧縮できる。静止画像を扱うインターネット配信，デジタルカメラ，写メールなどで盛んに用いられている。基本的な JPEG の符号化処理の流れを図 **8.2** に示す。基本的な JPEG

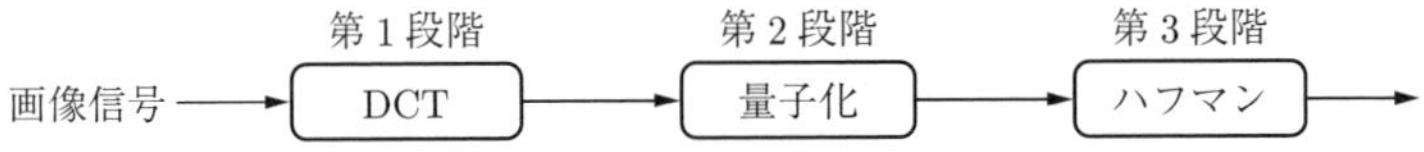

図 **8.2** JPEG 符号化処理

では図8.2のように，第1段階で冗長度を低減させるために周波数変換（DCT）を行い，第2段階で情報量を削減するために視覚特性などに合わせた量子化を行い，第3段階で統計的に情報圧縮を行うためにハフマン符号化を行っている。ただし，JPEGでは，動作モードが設定（変更）でき，目的に合わせて各段階の処理を省略，変更して適用している。

JPEGでは，(1) ベースライン方式，(2) エクステンディド (拡張) 方式，(3) ロスレス方式，(4) ハイアラーキカル（階層化）方式の四つの動作モードが規定されており，ユーザーが利用目的に合わせて選択利用できる。各モードの相違点について以下で詳解する。

(1)　ベースライン方式

画像を処理（ブロック化）する際に，走査順序に従い画面上部から順に符号化していく基本的な符号化手法で，DCT，量子化，ハフマン符号化の3段階で非可逆圧縮を行う。入力画像信号として，8ビット/画素で量子化されたものを対象に設定されている。

(2)　エクステンディド（拡張）方式

ベースライン方式に拡張機能をもたせたもので，演算精度，圧縮率，表示機能を向上させている。例えば，プログレッシブ機能では，粗い画像から徐々に細かい画像を表示することができる。基本的にDCT，量子化，ハフマン符号化の3段階で符号化を行うが，ハフマン符号化を算術符号化にすることもできる。入力画像信号として，8ビット/画素だけでなく12ビット/画素で量子化されたものも対象に設定されている。

(3)　ロスレス方式

ベースライン方式と同様に走査順序に従い画面上部から順に符号化していくが，DCTは用いず，基本的にはハフマン符号化または算術符号化により可逆（ロスレス）圧縮を行う。2～16ビット/画素で量子化された画像信号を対象に設定されている。

(4) ハイアラーキカル（階層化）方式

DCT を用いるタイプと，DCT を用いないタイプ（ロスレス）がある。入力画像を異なる解像度で段階的（階層的）に圧縮するのが特徴で，解像度が低い画像から符号化する。解像度や回線容量の異なる受信者（ディスプレイ）に伝送する場合に適している。

ここでは，JPEG（ベースライン方式など）で用いられている DCT について説明する。基本的には，6.5.2～6.5.3 項で示した 2 次元周波数変換（DCT）と量子化（テーブル）を用いて情報圧縮を実現する。ただし，JPEG では，周波数変換の関数としてコサイン波形，量子化値として視覚の周波数特性を反映させた量子化テーブルを用いる。DCT による画像信号の周波数変換の処理を図 **8.3** に示す。

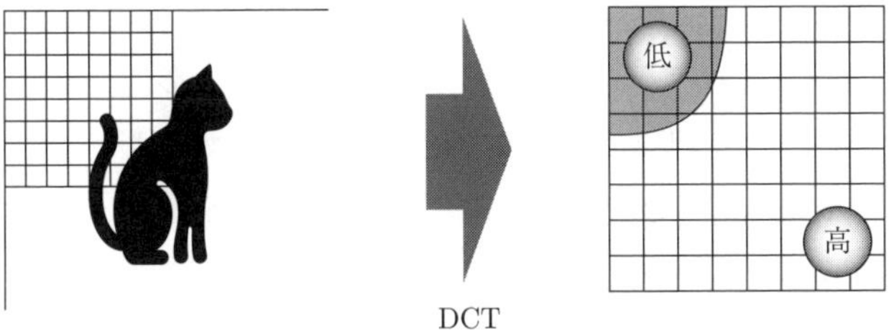

図 **8.3**　DCT による画像信号の周波数変換

画像信号を横 8 × 縦 8 画素単位でブロック化して 2 次元 DCT 変換を行うと，通常の画像信号は画素間の相関が高いので，図 8.3 のように低周波数成分にエネルギーが集まった形で DCT 係数が得られる。つぎに量子化を行うが，6.5.3 項で行ったような一律に割る（量子化）のではなく，8.1.2 項で示した人間の視覚特性と画像信号の特長を考慮した量子化テーブルで割り，剰余を丸めることで量子化を実現する。実際に JPEG で用いられている量子化テーブルを図 **8.4** に示す。

量子化テーブルは輝度（白黒）用と色差（I・Q）用の 2 種類がある。量子化はテーブルの値で除算（丸め処理）を行うので，値が大きくなるほど丸め（量子化）誤差は大きくなるが，圧縮の効率は高くなる。逆に値が小さいと圧縮の効

16	11	10	16	24	40	51	61
12	12	14	19	26	58	60	66
14	13	16	24	40	57	69	57
14	17	22	29	51	87	80	62
18	22	37	56	68	109	103	77
24	36	55	64	81	104	113	92
49	64	78	87	103	121	120	101
72	92	95	98	117	100	103	99

輝度用量子化テーブル

17	18	24	47	99	99	99	99
18	21	26	66	99	99	99	99
24	26	56	99	99	99	99	99
47	66	99	99	99	99	99	99
99	99	99	99	99	99	99	99
99	99	99	99	99	99	99	99
99	99	99	99	99	99	99	99
99	99	99	99	99	99	99	99

色差用量子化テーブル

図 8.4　量子化テーブル

果は少ないが，画質は保持されることになる。いずれも DC 成分（左上隅）付近では最低値になっており，視覚特性に重要な周波数成分では小さい値（量子化幅値）になっている。また，色差用の量子化テーブルは値が大きく，8.1.2 項でも示した色成分に対する人間の視覚の甘さを反映した形になっている。こうした量子化テーブルを用いることで，視覚特性上で重要な成分は量子化ひずみを抑えて高能率符号化を実現している。量子化テーブルにより除算を行い，符号化（テーブル）を計算する流れを**図 8.5** に示す。

つぎに，量子化テーブルの値で割られた係数を，1 次元的に並べ替えるため

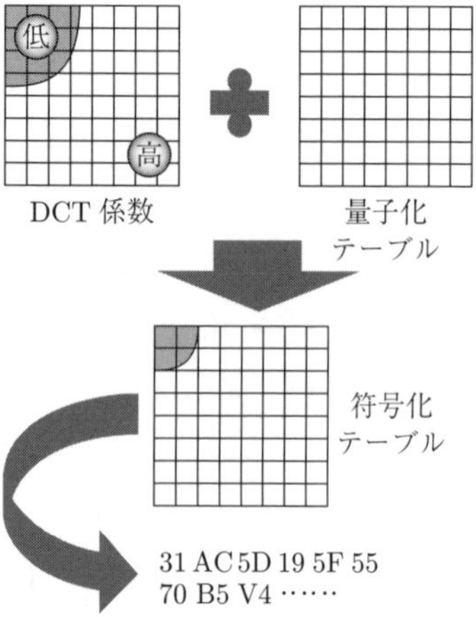

図 8.5　量子化テーブル（除算）による符号化

に，図 **8.6** に示すように低周波成分から順に**ジグザグスキャン**することで符号化値を得る。これにより，DC 成分に近く視覚特性上，重要な係数から優先的にスキャン（サンプリング）することができる。また，高周波項は量子化により 0 が多く出力されるが，ジグザグスキャンにより 0 を多く並べた形で表現できるため，(0) ランレングスにより効率的に符号化できる。JPEG では，これら一連の処理により，周波数変換（DCT）における圧縮効果をさらに有効に活用して高能率符号化を実現している。

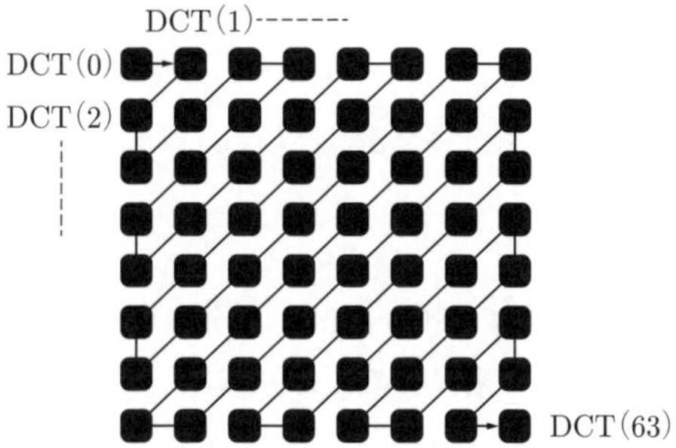

図 **8.6**　ジグザグスキャンによる走査順序

ロスレス方式は可逆符号化で，DCT による周波数変換は行わず，予測符号化とエントロピー符号化から構成されている。一般的な画像を JPEG（DCT）方式で圧縮した場合，おおむね圧縮率 10%まではほとんど画質劣化が認識されず，5%で若干の画質劣化が認識され，3%以下では極端に画質が劣化してしまうため，5～10%の圧縮率で利用される場合が多い。

JPEG は当時としては画期的なディジタル画像圧縮方式であったが，ブロック単位で符号化処理を行うため，ブロック間での画像のひずみ（**ブロックノイズ**）が生じやすい点などが課題であった。ブロックノイズの対策としては，ブロック間のスムージング（フィルタリング）処理など行われたが，逆にブロック間近隣のエッジ成分の画質を低下させてしまうこともあった。また，周波数変換としてディジタル信号処理が容易な DCT を用いたが，視覚（周波数）特性との親和性が十分ではなく，新しい JPEG では改良が検討された。JPEG の代表的な派生規格としては，以下の 4 方式がある。

(1) JPEG LS

ロスレス方式の改良版で，圧縮率を向上させた可逆符号化方式である。

(2) JPEG XR

高画質デジタルカメラ用に開発された高品質圧縮方式で，可逆圧縮も選択できる。

(3) JPEG 2000

新しい JPEG 規格で，周波数変換では視覚特性を反映しやすいとされるウェーブレット変換を，エントロピー符号化では算術符号を適用することで，より高能率な符号化を実現しており，可逆符号化も選択できる。

(4) Motion JPEG

JPEG を用いた動画符号化方式で，要素技術は JPEG と同様である。

さらに，JPEG 画像の著作権保護のために電子透かしを適用した方式や，圧縮率や画像（ファイル）形式を変換するための再符号化方式なども検討された。また，JPEG 以外の静止画像符号化方式としては，**GIF** (graphics interchange format) や **PNG** (portable network graphics) などがある。GIF はグラフィックデータの保存形式として用いられることが多く，連続的に再生することで GIF アニメも合成できる。また，PNG は画素単位で可逆符号化を行うもので，PC での画像表示用に多く用いられている。

8.3 準動画の圧縮

動画像より毎秒のフレーム枚数や画素数が少ない動画に準ずる画像を準動画と呼ぶ。準動画用の圧縮方式としては，国際的な通信方式の規格化部門 ITU–T (International Telecommunication Union Telecommunication Standardization Sector)，当時の CCITT (Comite Consultatif International Telegraphiqueet Telephonique) によって規格化された H.261 があり，当時の ISDN (integrated services digital network) を用いた画像通信や TV 会議，TV 電話などに利用

されてきた。もともと ISDN 回線の通信を目的に開発されたため，伝送情報レートは 64 kbps の整数倍で適用できるように設計された。最大情報レートで 1 920 kbps まで適用できるが，64〜256 kbps の動作モードを中心に利用された。情報レートを上げると画質が向上し，フレームレートも増加し，毎秒 30 フレームの動画に近づく。H.261 では，フレーム画像単位で圧縮しており，352 画素 × 288 ラインでフレームを構成する CIF フォーマットと，176 画素 × 144 ラインでフレームを構成する QCIF フォーマットがある。**図 8.7** に示すように，動画像符号化方式においても静止画の圧縮方式（JPEG など）と同じようにフレーム単位では DCT を適用し，量子化により情報圧縮を実現する。

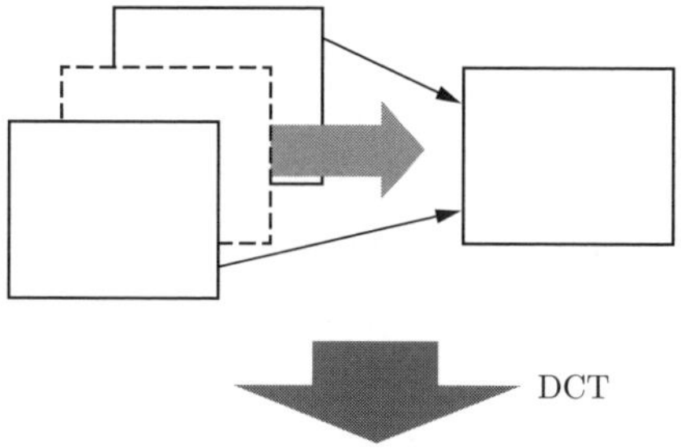

図 **8.7**　動画像符号化における DCT の適用

さらに，動画像を対象とするためフレーム間（時間）方向の冗長度を下げるために，**動き補償予測**処理を用いて，高能率符号化を実現している。動き補償予測の処理を**図 8.8** に示す。

動き補償予測処理では，前フレームと後フレームの差分（動き成分）を動きベクトルとして符号化して圧縮を実現する。具体的には図 8.8 のように，前・後のフレーム（画像）を比較し，時間的に変化するブロックを見いだし，動物体が移動した量を動きベクトルとして予測（計算）し符号化を行う。受信側では，動きベクトルを用いて前フレームから後フレームを合成することで，動き補償処理により再生動画像を得る。動画像における相関（冗長度）の高さから，前後のフレームで動物体が動く範囲も限られるため，探索範囲（**動きベクトル量**）も限定できる。

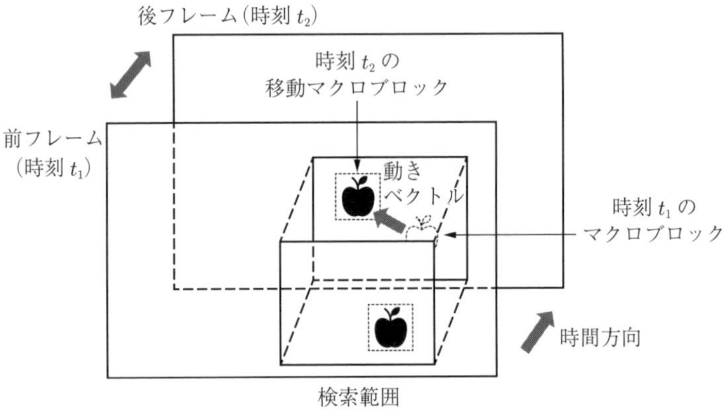

図 8.8　動き補償予測の処理

動きベクトルの検出方式については，相関法や勾配法などさまざまな方式が提案されている。例えば，**相関法**では，動きベクトルの予測精度は十分ではないが，フレーム間の動き補償予測残差を低減することはできる。また，**勾配法**においては，ある輝度（濃度）勾配をもつ画像ブロックが動いた場合に，その勾配に応じた輝度の変化を，フレーム間の差分信号として検出することで動きベクトルを予測する。そのため，テクスチャが平坦であったり，雑音の影響がある場合などは，勾配が正確に得られず予測精度が低下してしまうことがある。また，正確な動きベクトルの抽出を目的に，反復演算を適用した予測手法が提案されているが，膨大な繰返し演算が必要になり，同時に動き補償用のメモリの量も増加してしまう。

H.261 は低レートで動画像を符号化する方式としては画期的なものであったが，JPEG 同様にブロック単位で符号化処理を行うため，低レート符号化時には，ブロック間での画像のひずみ（ブロックノイズ）が生じ，動画像として再生する際にブロックノイズが揺らいで，ブロック間で蚊が飛んでいるかのように見える雑音（モスキートノイズ）が発生することがある。H.261 は TV 電話など通信用に開発されたため，符号化フォーマットは通信の開始時が起点となる。

つぎに，H.261 を改良した符号化方式として H.263 がある。H.263 では，3 次元可変長符号化を導入することで，さらに符号化効率を向上させている。ま

た，映像用（低レート）符号化にも対応できるように，符号化効率と再生画質の改善が施された **H.264** が登場した。H.264/AVC（advanced video coding）は，H.264 | MPEG4 AVC ともいわれ，ITU–T と MPEG の共同開発によって生まれた規格である。MPEG2 よりも高い符号化効率を目標に開発された規格で，複数のプロファイル（仕様）があり，用途に合わせて変更できる。そのため低ビットレートから高精細度ビデオ（HD）以上まで，幅広い映像（解像度）クラスに対応できる。実際の適用例としては，ワンセグ（地上デジタルテレビ）放送やインターネット用の動画共有サービスなどがある。ファイル名の拡張子については特に規定がないため，.avi，.flv，.mov などさまざまな形式で用いられている。また，テレビ会議用に開発された H.264/SVC（scalable video coding）では，スケーラブル（拡張）映像符号化を適用し高品質な映像通信を実現した。

8.4 映 像 の 圧 縮

8.4.1 MPEGの概要

MPEG は 1988 年に国際標準化機構 ISO（International Organization for Standardization）と国際電気標準会議 IEC（International Electrotechnical Commission）によって，映像用符号化方式の標準化のために設立されたワーキンググループの名称 Moving Picture Experts Group の頭文字をとって命名された。ファイル名の拡張子としては，.mpg，.mpeg などが用いられている。はじめに，CD に当時のアナログビデオ（VHS）と同程度の映像を 1 時間ほど記録するために，記録媒体向けに MPEG1（IS11172）方式が規格化された。つぎに，デジタル TV 放送や DVD 記録向けに開発された MPEG2（IS13818）が規格化された。さらに，低レート通信（記録）用には MPEG4（IS14496）が規格化された。また，マルチメディア情報の検索，分離，管理，処理のために規格化されたメタデータ記述（XML ベース）の MPEG7（IS15938）も MPEG 規格に含まれる。

最大情報レートで MPEG1 は約 1.85 Mbps，MPEG2 で約 15 Mbps だが，実

際に利用される情報レートはMPEG1で1Mbps程度，MPEG2で4Mbps程度である。どちらの方式もH.261（8.3節参照）と同じように，動き補償予測とDCTを基本にハイブリット符号化を行うが，MPEGではビデオ再生時などのランダム・アクセスにも対応できるように（前後）双方向の動き補償予測を適用している。また，MPEG4ではH.264（8.3節参照）と同様に目的（対象）に合わせて，数十kbps〜数十Mbps程度で符号化される。MPEGにおいて，各処理段階の圧縮手法の効率を比較すると，DCT（量子化）で1/10〜1/20程度，動き補償予測で1/2程度，可変長符号化で2/3〜1/2程度となり，全処理により1/30〜1/80程度の圧縮が可能であると考えられている。

MPEGは，おもに映像（動画像）やオーディオ（音楽）が対象で，動画像の符号化，音楽の符号化，動画像と音楽の多重化の3部分の符号化方式の総称である。なお，実際のMPEGでは，送信側で複数のメディアを多重化して受信側で分離する**多重化処理**（マルチメディア多重分離），受信側で送信側と同じタイミングでの再生を行う**タイムベース処理**，各メディア間の**同期処理**の3種類の処理が必要となる。さらに，MPEGシステムでマルチメディア情報を送受信（記録）するためには，単純に音声や画像を送受信するだけでなく，これらを一体化した情報として処理しなければならない。そのため，映像や音楽は送信側と受信側で同じタイミングであることが前提で，個々のマルチメディア情報間で時間を合わせる同期が必要となる。

MPEGでは，I，P，Bの3種類のピクチャ形式を採用しており，Iピクチャ（intra-picture）はフレーム内の符号化だけから合成され，Pピクチャ（predictive-picture）は順方向だけのフレーム間予測符号化で合成され，Bピクチャ（bidirectionally predictive-picture）は双方向のフレーム間予測符号化により合成される。これら3種類のピクチャの関係と合成の順番を**図8.9**に示す。3種類のピクチャにおいて，IピクチャはJPEG同様の効果，PピクチャではH.261同様の効果が得られる。さらに，本来なら伝送しなければならないBピクチャ分の情報を双方向予測により補間することで，大きな圧縮効果を得ている。

また，MPEGでは，動きベクトルの検出は半画素単位で行われ，検索範囲

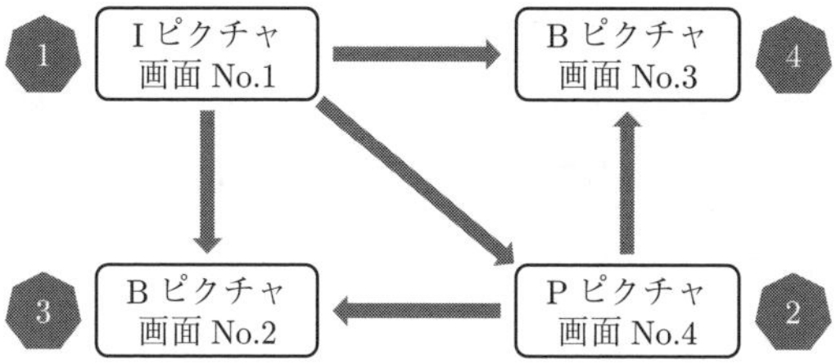

図 8.9　I，P，B ピクチャの関係（合成の順番）

は MPEG1 で ±64 画素，MPEG2 で ±128 画素である。画像フォーマットは，MPEG1 で 352 画素 × 240 ライン，MPEG2 では 720 画素 × 480 ラインで，毎秒 30 枚の動画を合成できる。さらに，MPEG2 は MPEG1 の上位互換性をもち，フレーム構造とフィールド構造の切り換えが可能になっている。ここでは，MPEG1 と MPEG2 の違いについて詳細に述べる。

8.4.2　MPEG1

MPEG1 の特徴として (1) から (4) がある。

(1)　符号化の単位をマクロブロック（MB）といい，輝度ブロック 16 × 16 画素単位で動き補償（フレーム間予測）処理を行い，時間的な画像の冗長度を利用した情報圧縮を行う。

(2)　各 MB をサブブロック（8 × 8 画素）に細分化し，画像の空間的な冗長度を DCT により圧縮する。DCT 処理の対象は MB ごとに，例えば輝度で 4 サブブロック，色差信号で 2 サブブロックとしている。

(3)　動き補償（フレーム間予測）処理，DCT（量子化）処理，ハフマン符号によるエントロピー符号化処理（可変長符号化）の 3 行程（処理）で高能率符号化を実現する。

(4)　おもに DCT 係数の量子化制御を用いて符号量（圧縮率）制御を実現している。

また，蓄積メディアへの利用を考慮して，(1) から (3) に示す処理方式が採用している。

(1)　画面内で閉じた符号化（フレーム内符号化）画面を定期的に用意し，フレーム内符号化画面が少なくとも 1 枚入った**画面群構造**（**GOP**：group of pictures）をもつことで，GOP 単位のランダム・アクセス（再生）を可能にしている。

(2)　再生（復号）処理時間の高速性を重視（逆に符号化処理時間は軽視）した設計になっており，CD–ROM などの読み出し専用処理が簡易に実現できるようにした。例えば，1 枚のフレーム内符号化をもとに予測画面を作る場合，2 枚以上先の画面を予測した後，間の画面を双方向予測により作成し補間を行っている。この双方向予測を適用することで，順方向予測のみの符号化に比べて，符号化処理時間は多少かかるが再生映像の高画質化を実現できる。

(3)　アナログ TV 形式として代表的な NTSC，PAL の両方式に対応するために，標準的な画像フォーマットとして，NTSC 用 352 × 240 画素・毎秒 30 フレームと，PAL 用 352 × 288 画素・毎秒 25 フレームの 2 形式が用意されている。

さらに，蓄積メディアにおいては，再生（復号）時にさまざまなトリック・モード（早送り，巻き戻し，途中からの再生）が要求されるため，GOP 構造（(1) 参照）が適用されている。MPEG1 では，前・後両画面のデータを利用して符号化するため，1 画面で完結した構成ではなく，何枚かの画面データを一つにまとめた GOP を単位に，ランダム・アクセスができるようになっている。同じように，ランダムなタイミングで放送を受信する場合を想定しなければならないので，GOP 構造は MPEG を放送や配信に適用する場合にも必要な要素であるといえる。

MPEG1 では，双方向予測を実現するために，図 8.9 でも示したとおり，I，P，B の 3 種類のピクチャ形式を設定している。I ピクチャはフレーム内符号化画像で，画面内の画像情報のみから符号化され，フレーム間予測を使わずに生成される。P ピクチャはフレーム間順方向予測符号化画像で，普通は I または P ピクチャから，フレーム内符号化と順方向フレーム間予測符号化の両方を行う。B ピクチャは双方向予測符号化画像で，双方向の予測からのみで符号化され，普通はフレーム間予測しか行わない（ただし，P，B ピクチャも MB 単位ではイントラ符号化を含むことがある）。

また，MPEG では，H.261 系から拡張された要素技術も適用されている。H.261 では整数画素精度の **MC**（motion compensation，動き補償予測）であったが，MPEG では半画素精度の MC が行われる。この MC の予測精度向上によって，H.261 におけるループ内フィルタの効果であった，符号化効率の向上や空間的ローパスフィルタなどの効果も期待される。量子化（逆量子化）においても，新たに量子化特性と量子化マトリックスを規定している。**量子化特性**は，符号量制御と画像に対応した MB 単位の量子化パラメータに適した設定になっている。また，**量子化マトリックス**は，視覚特性にマッチした空間周波数ごとの量子化感度を適用したものになっており，量子化による圧縮効果を高めている。

MPEG1 の主要な処理の特徴について (1) から (8) にまとめる。

(1) 予測符号化において，フレーム内予測符号化，順方向フレーム間予測，逆方向フレーム間予測，内挿的予測を切り換えることで効率的な予測符号化を実現している。基本的に二つの（予測）メモリに画像データを展開して，メモリを用いないフレーム内予測と二つ（もしくは一つ）のメモリを用いるフレーム間予測を適宜切り換えながら符号化／復号を行っている。

(2) 双方向予測において，一般に P ピクチャの予測フレームの間隔が大きくなるため，予測精度が低下してしまうおそれがある。また，B ピクチャをもたない符号方式よりも圧縮効率は向上するが，B ピクチャが挿入されるため，フレームの処理の順序とメディア（映像）コンテンツの順序が異なってしまう。また，再生時に遅延が生じるため，双方向のリアルタイム通信に適用する場合などは，レスポンスが悪くなってしまう。また，量子化特性をI，B，Pで変えなくてもBピクチャの圧縮効果は高いことが確認されているが，I，PとBで差をもたせることで圧縮効率が向上することがわかっている。さらに，I，Pピクチャは予測に利用する画像なので，量子化幅を細かくしておき，Bピクチャで画質を低く抑えて粗く量子化を行う符号化制御を行うことで，平均的画質が向上することが確認されている。

(3) GOP内のピクチャ数（N），IまたはPピクチャの周期（M）は規定されていないが，一般的には以下に示すA，Bの二つの規則がある。

A. ビットストリーム上でGOPの最初は，Iピクチャであること

B. 原フレーム順でGOPの最後はIまたはPピクチャであること（GOPの最後にBピクチャを許さないことで，予測画像の選定において復号器の判断が複雑になることを防いでいる）

実用的な符号化器で使われる一般的な条件は，Nが0.4秒から数秒に相当する値，Mは2〜3程度である。Nが小さいと符号化効率が低下し画質が劣化してしまうが，逆に大きいとランダム・アクセスの単位（時間）が大きくなってしまう。Mは動画像の動きによって最適値があるとされ，激しい動きの画像では$M=1$（Bピクチャなし），動きの少ない（遅い）画像では$M=3$がよく適用されている。

(4) 動きベクトル検出はハーフ・ペル（半画素，整数表現も可）単位で行われ，予測画素の位置が2画素間なら2画素値の丸め付き平均，4画素間なら4画素値の丸め付き平均で求められる。ハーフ・ペル予測は，予測精度を向上させることに加えて，ローパスフィルタ（[0.5, 0.5]インパルス応答）処理と等価であり，ハーフ・ペルMCがループ内フィルタの役割も果たしていることになる。

(5) 符号化の最小単位（ブロック）に対してDCTを行う際に，逆DCTと精度が一致しない場合，フレーム間予測が連続すると，符号化と復号との

間に誤差が蓄積されて，逆 DCT ミスマッチ問題が発生する。対策として，係数の逆量子化で再生される値をすべて奇数に制限することで，誤差の蓄積を回避している。

(6) 規格化において量子化はあえて規定せず，逆量子化だけを規定している。また，逆量子化はイントラと非イントラとで異なった規定に従って演算される。

(7) 符号化器の符号化制御方法は規格に含まれていない。しかし，符号化において，各ピクチャへの符号量の割り当てや，量子化パラメータの制御方法などは，復号画像の品質に大きく影響する重要な要素であるため，設定には注意が必要である。

(8) データ構造はシーケンス層，GOP 層，ピクチャ層，スライス層，マクロブロック層，ブロック層の 6 層構造になっている。各層の先頭は開始コードが設定されており，これらのビットパターンは MPEG ビットストリーム中の他では発生しないので区別できる。シーケンス層は，シーケンスヘッダと GOP の繰り返しであり，途中のシーケンスヘッダは量子化マトリックスだけが変更できる。スライス層は，任意長のマクロブロックの幅であり，ピクチャをまたがることはできない。また，スライス間のオーバーラップやギャップは許されていない。さらに，ブロック層は必要な DCT 係数を含んでいる。

8.4.3 MPEG2

MPEG2 は，MPEG1 よりも高画質なテレビ放送（映像メディア）品質の維持を目指して標準規格されたもので，おもにデジタル放送や DVD への適応を目的とし，HDTV（高精細度テレビ）を標準化対象としていた MPEG3 規格も含まれる。

MPEG2 では画質の維持を目的に，標準解像度テレビ（SDTV）ではビットレート 4～8 Mbps 程度，高精細度テレビ（HDTV）では 15～30 Mbps 程度で符号化される場合が多い。先進各国を中心に，家電，通信，コンピュータ，放送業界からも多くの参加を受けて標準化作業が進み，世界のデジタル放送の標準方式に採用された。日本国内では，地上波デジタルテレビ放送，BS・CS デジタル衛星放送や DVD などで利用されている。

MPEG1 の性能の高さが認められたため，ITU–T も同一の方針で規格を決め，広帯域ネットワーク用の放送品質動画像符号化標準 H.262 と共通テキストとなっている。このため，MPEG2 は MPEG1 を土台にしており，原理的には H.261 と JPEG の技術を継承している。技術的には MPEG1 と同様の方式が採用されているので，ここでは MPEG1 からの改良点について中心に説明する。

(1) ビデオフォーマットで規定する輝度と色差の解像度の相対的比率が，MPEG1 では 4 : 2 : 0 であったものを，MPEG2 では再生画像品質に応じて 4 : 2 : 2 や 4 : 4 : 4 などが適用できるようになった。ここで 4 : 2 : 2 とは，輝度に対して色差の解像度を縦半分にしたもので，4 : 2 : 0 とは輝度に対して色差を縦横半分にした場合である。

(2) ビットストリームを部分的に復号することにより SNR，空間解像度，時間方向の解像度を段階的に可変とするスケーラビリティ機能があり，階層符号化を容易に実現できる。ここで SNR スケーラビリティとは，量子化ステップの粗い符号化部と，細かい符号化部とが階層構成になっている構造である。また，空間スケーラビリティは，空間解像度の粗精度符号化部と高解像度符号化部との階層構造である。また，時間スケーラビリティとは，時間解像度の粗精度符号化部と高精度符号化部とを階層構成にしたものである。

(3) アナログテレビ信号で用いられたインタレーススキャン（飛び越し走査）に対応している。このため，MPEG1 ではフレーム画像（ノンインタレース）のみであったが，MPEG2 ではフィールド構成の符号化も可能となった。圧縮性能の効率化のために，フィールドモードの DCT，動き補償が用意されているが，エンコードとデコードのブロックは MPEG1 とほとんど変わらず，フィールドモードを選択したときにDCTと動き補償のブロック構成を変更するだけで対応できる。

(4) DCT係数のスキャンにおいて，選択，イントラDCT精度の高精度化，逆DCTミスマッチ対策，非線形Qスケールタイプ，エラー耐性の強化など多くの改良が施されている。

(5) さまざまな符号化が多くのアプリケーションに対応すると情報の相互利用が困難になってしまう。そこで，デコーダの性能をクラス分けすることで相互利用の問題を解決しやすくするために，レベルとプロファイルが導入された。プロファイルは機能的な区分け，レベルはその数量的な区分けである。プロファイルとレベルの組合せは「プロファイル略称@レベル略称」という表現がされ，デコーダとビットストリームの組合せを表現している。一般的によく利用されるMP@MLは，メインプロファイル@メインレベルとなり，具体的に伝送速度15 Mbps，画素数 720×576，30フレーム，スケーラビリティなし，ビデオフォーマット4 : 2 : 0を示す。

(6) データ構造は，基本的にはMPEG1と同じで6層構造をとっている。MPEG2デコーダはMPEG1の上位互換性があり，シーケンスヘッダの直後にシーケンス拡張部があればMPEG2，なければMPEG1ビットストリームと判断される。

MPEG1から付加された拡張部により，MPEG2ビットストリームはMPEG1との互換を保ちながら，多くの付加機能を実現している。MPEG2では，さらなる高画質化に対応するために，動き補償予測，周波数変換（DCT），量子化，ブロック化などを映像コンテンツや目的に合わせて最適化するための検討が進められている。また，ロスレス符号化手法の適用や，リアルタイム性の向上のために符号化処理の高速化なども進められている。

8.4.4 MPEG4

MPEG4 はおもに低レートでの符号化のために，MPEGで用いられてき

た符号化技術を基盤に規格化された。H.264|MPEG4 AVC（8.3 節参照）よりも前に規格化されたため，圧縮効率は若干劣るとされているが，実質的な性能に大差は無いようである。フレーム内予測として，ブロック単位（8 × 8 画素）で周波数変換（DCT）を行い，量子化テーブルを用いた圧縮を実現している。DCT においては DC 予測を行い，隣接する MB と DC（最低次周波数）成分の差分成分のみを符号化し圧縮の効率を高めている。また，フレーム間予測においても，I，P，B の 3 種類のピクチャ形式を用いて，ほかの MPEG 同様に予測を行っている。フレーム間予測を行わない場合は，AC 予測を選択することで，隣接する MB と AC（高次周波数）成分の差分成分を用いて符号化することで情報量を低減できる。動き補償予測では，基本的に 1/2 画素単位で処理を行うが，ASP（advanced simple profile）では 1/4 画素単位で予測する。エントロピー符号化としては，ハフマン符号を基本に可変長符号化を行っている。

単純な PCM (6.4.1 項参照)，オーディオ符号化方式でも用いられた ADPCM (7.3.2 項(4)参照)，MPEG1，MPEG2，MPEG4，H.264/AVC について，映像符号化方式の比較を**表 8.1** に示す。

表 8.1　映像符号化方式の比較

方　式	PCM	ADPCM	MPEG1	MPEG2	MPEG4	H.264
原理	線形量子化 PCM	適応差分 符号化方式	離散コサイン 変換(DCT)	離散コサイン 変換(DCT)	離散コサイン 変換(DCT)	離散コサイン 変換(DCT)
フレーム内予測	×	○	○	○	○	○
フレーム間予測	×	×	○	○	○	○
動き補償	×	×	○	○	○	○
想定符号化レート	～100 Mbps	～50 Mbps	～1.5 Mbps	4 Mbps～	1 Mbps～	～1 Mbps

テレビ放送 (NTSC) 品質の映像信号を予測符号化なしに単純に PCM で符号化すると，100 Mbps もの情報が必要になってしまう。ADPCM によりフレーム内予測を用いると約半分の情報量になるが，実際の伝送路に適用するのは難しい。映像の品質は落ちるものの，フレーム内予測（DCT）に加え，MPEG1

でフレーム間予測と動き補償を適用したことで，約 1.5 Mbps まで圧縮することができた。また，MPEG2 で示したように，予測処理を中心に改良を加えることで，4 Mbps 程度で画質の劣化に気が付かないレベルのディジタル符号化が実現された。さらに，MPEG4，H.264/AVC で述べた改良により 1 Mbps 程度でも映像品質を維持したディジタル符号化が実現できるようになった。

これら映像用符号化方式の規格化の流れについて，**図 8.10** にまとめる。通信系では H.261，メディア系では MPEG1 から始まった規格化方式が世代ごとの目的や技術的な進化に支えられ，進化している様子がわかる。

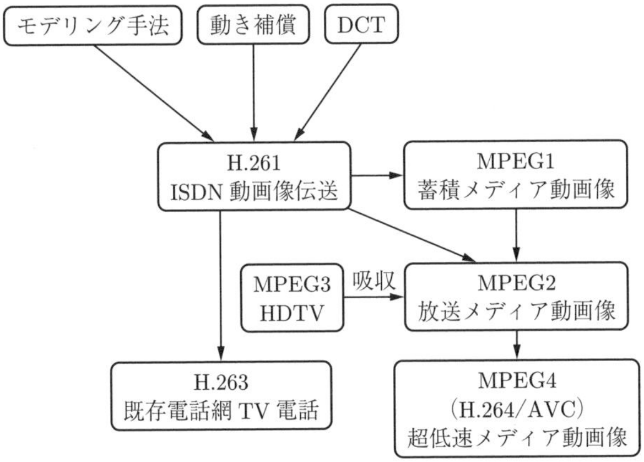

図 8.10 映像用符号化方式の規格化の流れ

8.4.5 MPEG2 システム

MPEG には，オーディオ符号化規格と映像符号化規格がある。オーディオ，映像，データを同時に扱うデジタル放送や DVD などでは，オーディオと映像（データを含む）を符号化し，パケット多重（多チャネル）化するために，MPEG2 システムが適用されている。MPEG2 システムには，MPEG2 プログラムストリーム（MPEG2 PS）と MPEG2 トランスポートストリーム（MPEG2 TS）の二つがある。MPEG2 PS は，同期の整った一組のオーディオと映像を情報誤りの発生が少ない蓄積メディア用にパック化し，連結（ストリーム）したフォーマットである。また，MPEG2 TS は，情報誤りが発生する可能性のある放送メディアのために，同期の整った一組以上のオーディオと映像に，誤り検出情報を付加してパッケージ化したフォーマットである。

引用・参考文献

1）今井秀樹：情報理論，昭晃堂（1984）

2）中川聖一：情報理論の基礎と応用，近代科学社（1992）

3）新田恒夫，岡村好庸，杉浦彰彦，小林哲則，金澤　靖，山本眞司：マルチメディア処理入門，朝倉書店（2002）

4）大石進一：例にもとづく情報理論入門，講談社（1993）

5）石村園子：すぐわかる代数，東京図書（1999）

6）島田良作，木内陽介，大松　繁：わかる情報理論（わかる工学全書），日新出版（1982）

7）中川聖一：情報理論　－基礎から応用まで－，近代科学社（2010）

8）守屋悦朗：情報・符号・暗号の理論入門（情報系のための数学），サイエンス社（2007）

9）三浦俊彦：論理パラドクス　論証力を磨く 99 問，二見書房（2003）

10）安田　浩：マルチメディア符号化の国際標準，丸善（1994）

索　引

—— 著者略歴 ——

杉浦　彰彦（すぎうら　あきひこ）

1988年　東京農工大学工学部応用物理学科卒業
1997年　東京大学大学院工学系研究科博士（工学）取得（電子情報工学専攻）
2007年　静岡大学教授
　　　　現在に至る

岡村　好庸（おかむら　よしのぶ）

1973年　神戸大学理学部物理学科卒業
1981年　ニューヨーク州立大学大学院物理学研究科博士課程修了，Ph.D.（物理学）
2003年　宇部工業高等専門学校教授
2014年　宇部工業高等専門学校退職

小暮　悟（こぐれ　さとる）

1997年　豊橋技術科学大学工学部情報工学課程卒業
2002年　豊橋技術科学大学大学院工学研究科博士課程修了（電子・情報工学専攻），博士（工学）
2017年　静岡大学准教授
　　　　現在に至る

マルチメディア情報符号化の基礎と応用
—情報伝達の効率化と信頼性の確保—
Introduction to Multimedia Information Encoding and The Application
—Efficiency of Communication and Securing of Reliability—

2020 年 10 月 23 日　初版第 1 刷発行　★

検印省略

著　者　杉　浦　彰　彦
　　　　岡　村　好　庸
　　　　小　暮　　　悟
発行者　株式会社　コロナ社
　　　　代表者　牛来真也
印刷所　三美印刷株式会社
製本所　有限会社　愛千製本所

112–0011　東京都文京区千石 4–46–10
発行所　株式会社　コ ロ ナ 社
CORONA PUBLISHING CO., LTD.
Tokyo Japan
振替 00140–8–14844・電話(03)3941–3131(代)
ホームページ　https://www.coronasha.co.jp

ISBN 978–4–339–02913–0　C3055　Printed in Japan　（新宅）